全国高职高专"十三五"规划教材

高等数学

主　编　刘彦辉　张　静

副主编　赵润峰　姚素芬　代雪莲　时耀敏

U0194796

中国水利水电出版社
www.waterpub.com.cn
·北京·

内 容 提 要

本书基于重庆工商职业学院"互联网+"教学改革的成果，以李先明教授主编的《微积分基础》和刘彦辉副教授主编的《应用数学基础》为基础编写，内容主要包括函数的极限、函数的微分、函数的积分、常微分方程初步、无穷级数、线性代数、概率论、统计初步、MATLAB 初步和数学实验。全书共 10 章，每章后面都配有基本练习题，要求读者独立完成，题目答案可通过简单演算获得，也可通过数学实验的方法获得。另外，难度较大的题目已放入数学实验教学内容之中，习题难度按大专以上水平设计。

本书既可作为高等职业院校"高等数学""工程数学"等课程的教材，也可作为成人专科学校"高等数学""工程数学"等课程的教材，还可供工程技术人员参考。

图书在版编目（CIP）数据

高等数学 / 刘彦辉，张静主编. -- 北京 ： 中国水
利水电出版社，2017.12（2024.7 重印）
全国高职高专"十三五"规划教材
ISBN 978-7-5170-6120-5

Ⅰ. ①高… Ⅱ. ①刘… ②张… Ⅲ. ①高等数学－高
等职业教育－教材 Ⅳ. ①013

中国版本图书馆CIP数据核字(2017)第302639号

策划编辑：寇文杰　　责任编辑：张玉玲　　封面设计：李　佳

书　　名	全国高职高专"十三五"规划教材 高等数学　GAODENG SHUXUE
作　　者	主　编　刘彦辉　张　静 副主编　赵润峰　姚素芬　代雪莲　时耀敏
出版发行	中国水利水电出版社 （北京市海淀区玉渊潭南路 1 号 D 座　100038） 网址：www.waterpub.com.cn E-mail: mchannel@263.net（答疑） 　　　　sales@mwr.gov.cn 电话：（010）68545888（营销中心）、82562819（组稿）
经　　售	北京科水图书销售有限公司 电话：（010）68545874、63202643 全国各地新华书店和相关出版物销售网点
排　　版	北京万水电子信息有限公司
印　　刷	三河市鑫金马印装有限公司
规　　格	184mm×260mm　16 开本　13 印张　284 千字
版　　次	2017 年 12 月第 1 版　2024 年 7 月第 11 次印刷
印　　数	26501—30000 册
定　　价	32.00 元

凡购买我社图书，如有缺页、倒页、脱页的，本社营销中心负责调换
版权所有·侵权必究

前　　言

本书是在重庆工商职业学院大力发展"互联网+"教育改革的背景下编写而成的。2015 年底，习近平总书记在贵州考察时提出了"供给侧结构改革"这一理念后，"供给侧改革"成为全国各行各业的热点和工作方向，教育行业也不例外。2016 年民进中央提交了一份《关于深化教育供给侧结构性改革的提案》。随后，新华社、人民网等主流媒体都刊发了关于教育供给侧改革的专题文章。这些声音反映出了当前高等教育面临的主要问题是"学生和企业想要的教育我们没有，我们提供的教育他们觉得太单一。教育产品的提供与需求脱节。"

同样地，在高职的数学课程中也存在着类似的问题。高等数学在高职的大多数专业中，既是一门重要的文化素质通识课，又是一门必不可少的专业工具课，对学生的后续学习和数学思维的培养起着重要的作用。但是，由于近年来高职学生数学基础下滑、数学课程改革相对滞后，造成了学生不想学、专业责任教师不想开、数学教师不愿教的局面。这种局面与十八大以后国家对教育改革"公平、效率"的要求严重背离。从供需矛盾来分析的话，主要原因有以下两个方面：

（1）需求侧（学情）。一方面，随着数学和相关学科的发展，数学在各行各业中扮演着更加重要的角色，学生和专业责任教师也希望能够用相对容易的方法掌握尽可能多的数学知识。同时，随着"互联网+"浪潮的到来，学生对课程的内容和形式提出了更高的要求。

但是另一方面，当前的高职学生由于录取分数的降低，数学基础相对以前更为薄弱，学生对数学普遍有畏难情绪，不愿意学习和使用数学。专业责任教师和学校管理部门，根据学生的学习情况，也大多不愿开设数学课程，所以数学课程的学时被一减再减。

（2）供给侧（教情）。从教学目标上看，数学的培养目标与培养应用型人才还有差距，还普遍存在着重理论轻应用的现象；从教学内容上来看，数学课程还是主要以学科知识完整为主，没有充分体现"必须、够用、适度"的原则；从教学方法上看，老师大多毕业于数学专业，应用性视角不足，多以讲授证明和运算为主；从教学模式上看，主要采用自然班大班教学，与学生交流不足，难以做到"因材施教"；从评价方式上看，还是采用了一考定成绩的纸质考试，形式单一，难以调动学生的积极性。

总体来说，高职数学课程面临着三大主要问题：提高教学质量、给学生更丰富的选择和学生实际获得知识能力的提高。因此，在当前学情短时间内不可能改善的情况下，如何通过对数学课程"供给侧"的改革，让学生既具有一定的科学素养，又具有专业学习必须的应用能力，是摆在高职数学教育者面前的一个重要课题。

本教材内容主要以一元函数微积分为基础，为学生的文化传承和后续学习打下基础，根据专业特色由学生自选数学应用能力拓展模块，培养学生的应用水平和自学能力。其中的应用拓展模块，由老师根据学生的学习兴趣制定相关内容，通过学生小组探索完成。本教材是在重庆工商职业学院李先明教授和刘彦辉副教授以往教材的基础上进行编写的。刘彦辉副教授负责思想原则确立、内容设计、统稿和定稿工作。参加本书主要编写工作的有重庆工商职业学院的张静讲师、姚素芬讲师、赵润峰讲师、时耀敏讲师和四川工商职业技术学院的代雪莲讲师。本书内容主要包括函数的极限、函数的微分、函数的积分、常微分方程初步、无穷级数、线性代数、概率论、统计初步、MATLAB 初步和数学实验。每章后面配有基本练习题，要求读者独立完成，题目答案可通过简单演算获得，也可通过数学实验的方法获得。另外，难度较大的题目已放入数学实验教学内容之中，习题难度按大专以上水平设计。

我们认为，高等职业教育已进入内涵建设阶段，数学课程教学改革任重道远，希望凭借此书吸引更多的同仁参与数学课程教育研究，推动我国高等职业教育更快地发展。

编 者
2017 年 10 月

目　　录

第1章 无穷的意义——极限与连续

作为微分学基础的极限理论来说，早在古代已有比较清楚的论述，如我国庄周所著的《庄子》一书的"天下篇"中，记有"一尺之棰，日取其半，万世不竭"；三国时期的刘徽在他的割圆术中提到"割之弥细，所失弥小，割之又割，以至于不可割，则与圆合体而无所失矣"．这些都是朴素、典型的极限概念．直到19世纪初，法国科学院以柯西为首的科学家对微积分的理论进行了认真研究，建立了极限理论，后来又经过德国数学家维尔斯特拉斯进一步的严格化，使极限理论成为了微积分的坚实基础，才使微积分进一步发展开来．

1.1 极限的几何特征

本节我们将通过三个实际例子来分析函数的几何特征，从而导出函数的极限定义．

首先，观察函数 $y_n = f(n) = \dfrac{1}{n}$（$n \in \mathbf{N}$）与函数 $y = f(x) = \dfrac{1}{x}$（$x \in \mathbf{R}^+$）的几何特征．

我们将这两个函数的图形作在同一个平面直角坐标系上进行观察，可以得出以下结论：①点集 $\{(n, f(n))\}$ 是点集 $\{(x, f(x))\}$ 的子集；②距离 $|f(n) - 0|$、$|f(x) - 0|$ 随着 n、x 的不断增大而越来越短，即动点 $(n, f(n))$、$(x, f(x))$ 到定直线 $y = 0$ 的距离越来越短，如图1.1所示．

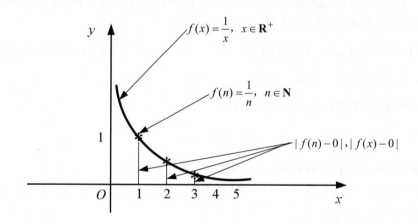

图1.1　动点 $(n, f(n))$、$(x, f(x))$ 到定直线 $y = 0$ 的距离变化情况

我们把具有这种特征的函数性质称为函数的极限，记为 $\lim\limits_{n \to \infty} \dfrac{1}{n} = 0$，$\lim\limits_{x \to \infty} \dfrac{1}{x} = 0$．

其次，观察函数 $y_n = f(n) = \dfrac{n}{n+1}$（$n \in \mathbf{N}$）与函数 $y = f(x) = \dfrac{x}{x+1}$（$x \in \mathbf{R}^+$）的几何特征．

类似地，将两个函数的图形作在同一个平面直角坐标系上进行观察，可以得出以下结

论：①点集 $\{(n, f(n))\}$ 是点集 $\{(x, f(x))\}$ 的子集；②距离 $|f(n)-1|$、$|f(x)-1|$ 随着 n、x 的不断增大而越来越短，即动点 $(n, f(n))$、$(x, f(x))$ 到定直线 $y=1$ 的距离越来越短，如图 1.2 所示.

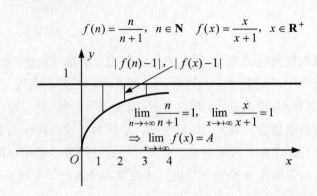

$$f(n) = \frac{n}{n+1}, \quad n \in \mathbf{N} \quad f(x) = \frac{x}{x+1}, \quad x \in \mathbf{R}^+$$

$$\lim_{n \to +\infty} \frac{n}{n+1} = 1, \quad \lim_{x \to +\infty} \frac{x}{x+1} = 1$$

$$\Rightarrow \lim_{x \to +\infty} f(x) = A$$

图 1.2　动点 $(n, f(n))$、$(x, f(x))$ 到定直线 $y=1$ 的距离变化情况

类似地，有 $\lim\limits_{n \to \infty} \dfrac{n}{n+1} = 1$，$\lim\limits_{x \to \infty} \dfrac{x}{x+1} = 1$.

定义 1.1　对于整变量函数（数列）$f(n)$，A 为常数. 如果当 n 取自然数无限增大时，$f(n)$ 的值无限趋近于常数 A，即 $|f(n)-A|$ 总能任意小，则称当 n 趋于无穷大时，函数 $f(n)$ 以 A 为极限，记为 $\lim\limits_{n \to \infty} f(n) = A$（或记作当 $n \to \infty$ 时，$f(n) \to A$）. 由此，我们可以得到如下结论：单调有界数列一定有极限.

定义 1.2　对于函数 $f(x)$，A 为常数. 如果当 x 取值无限增大时，$f(x)$ 的值无限趋近于常数 A，即 $|f(x)-A|$ 总能任意小，则称当 x 趋于无穷大时，函数 $f(x)$ 以 A 为极限，记为 $\lim\limits_{x \to \infty} f(x) = A$（或记作当 $x \to \infty$ 时，$f(x) \to A$）.

我们给出 $\lim\limits_{n \to \infty} f(n) = A$ 的精确定义如下：对于预先给定的任意小正数 $\varepsilon > 0$，存在 $N > 0$，使得当 $n > N$ 时，恒有 $|f(n)-A| < \varepsilon$.

其余极限的精确定义请读者自己完成.

再次，观察函数 $f(x) = \dfrac{x^2-1}{x-1}$ 的几何特征.

根据观察，我们可以得出如下结论：

（1）在 $y=2$ 上下方各作一条距离为 $\varepsilon(>0)$ 的直线 $y=2+\varepsilon$，$y=2-\varepsilon$，分别与函数 $f(x) = \dfrac{x^2-1}{x-1}$ 的图形交于一点.

（2）过两交点作平行于 y 轴的两条直线与 x 轴交于两点 $(1-\delta_\varepsilon, 0)$ 和 $(1+\delta_\varepsilon, 0)$，从而形成一个区间 $(1-\delta_\varepsilon, 1+\delta_\varepsilon)$.

（3）当 $x \in (1-\delta_\varepsilon, 1+\delta_\varepsilon)$ 时，恒有 $\left|\dfrac{x^2-1}{x-1} - 2\right| < \varepsilon$，如图 1.3 所示.

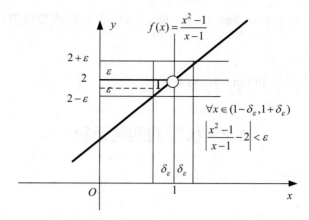

图 1.3 当 $x \in (1-\delta_\varepsilon, 1+\delta_\varepsilon)$ 时，恒有 $\left| \dfrac{x^2-1}{x-1} - 2 \right| < \varepsilon$

我们把具有这种几何特征的极限记为 $\lim\limits_{x \to 1} \dfrac{x^2-1}{x-1} = 2$，也称函数 $f(x) = \dfrac{x^2-1}{x-1}$ 在 $x \to 1$ 时的极限存在.

同时我们还可以得出结论：函数在某点处的极限是否存在仅与它在该点附近的变化有关，而与函数本身在该点有无定义无关. 也就是说，当研究函数在一点的极限时，不论函数在该点是否有定义，都仅仅关注函数在该点附近的 $(x_0 - \delta_\varepsilon, x_0) \cup (x_0, x_0 + \delta_\varepsilon)$ 变化情况而已，这种考虑将有利于区分函数在一点处的变化特性.

定义 1.3 对于函数 $f(x)$，A 为常数. 对于预先给定的任意小正数 $\varepsilon > 0$，存在 $\delta_\varepsilon > 0$，使得当 $0 < |x - x_0| < \delta_\varepsilon$ 时，恒有 $|f(x) - A| < \varepsilon$，则称函数 $f(x)$ 在 $x \to x_0$ 时的极限为 A.

为了今后应用方便，我们也考虑左右极限问题，如图 1.4 所示.

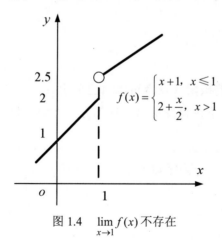

图 1.4 $\lim\limits_{x \to 1} f(x)$ 不存在

因为 $\lim\limits_{x \to 1^+} f(x) = 2.5$ （称函数的右极限），$\lim\limits_{x \to 1^-} f(x) = 2$ （称函数的左极限），这种情形我们称函数 $f(x)$ 当 $x \to 1$ 时的极限不存在.

图 1.3 中描述的极限具有特征：$\lim\limits_{x \to x_0^-} f(x) = \lim\limits_{x \to x_0^+} f(x) = A$.

因此，有下面的定理：

定理 1.1 $\lim\limits_{x \to x_0} f(x) = A \Leftrightarrow \lim\limits_{x \to x_0^-} f(x) = \lim\limits_{x \to x_0^+} f(x) = A$，即函数极限存在的充分必要条件

是左右极限存在且相等.

可以证明，极限 $\lim\limits_{x \to 0} \dfrac{|x|}{x}$ 和 $\lim\limits_{x \to 0} \sin \dfrac{1}{x}$ 均不存在.

1.2　极限的四则运算

1.2.1　四则运算

定理 1.2（唯一性）　如果 $\lim\limits_{x \to x_0} f(x) = A$，$\lim\limits_{x \to x_0} f(x) = B$，则 $A = B$.

定理 1.3（夹逼定理）　如果函数 $g(x)$、$f(x)$、$h(x)$ 满足 $g(x) \leqslant f(x) \leqslant h(x)$ 且 $\lim\limits_{x \to x_0} g(x) = A$，$\lim\limits_{x \to x_0} h(x) = A$，则 $\lim\limits_{x \to x_0} f(x) = A$.

定理 1.4（四则运算）　如果 $\lim\limits_{x \to x_0} f(x) = A$，$\lim\limits_{x \to x_0} g(x) = B$，则有

（1）$\lim\limits_{x \to x_0} [f(x) \pm g(x)] = \lim\limits_{x \to x_0} f(x) \pm \lim\limits_{x \to x_0} g(x) = A \pm B$.

（2）$\lim\limits_{x \to x_0} [f(x) \cdot g(x)] = \lim\limits_{x \to x_0} f(x) \cdot \lim\limits_{x \to x_0} g(x) = A \cdot B$.

特别地，$\lim\limits_{x \to x_0} [Cg(x)] = C \lim\limits_{x \to x_0} g(x) = CB$.

（3）$\lim\limits_{x \to x_0} \dfrac{f(x)}{g(x)} = \dfrac{\lim\limits_{x \to x_0} f(x)}{\lim\limits_{x \to x_0} g(x)} = \dfrac{A}{B}$（$B \neq 0$）.

值得注意的是我们在此仅对 $x \to x_0$ 的情形给出描述，事实上，对于 $x \to \infty$ 的情形，定理 1.2 至定理 1.4 均成立.

1.2.2　应用举例

我们给出几个简单函数的极限（读者可以自己证明）：

（1）对于常数函数 C，不论自变量以怎样的方式无限变化时，有 $\lim C = C$.

（2）$\lim\limits_{x \to x_0} x = x_0$.

（3）$\lim\limits_{x \to \infty} \dfrac{a}{x^n} = 0$（$n \in \mathbf{N}$，$a$ 为常数）.

（4）$\lim\limits_{x \to x_0} \sin x = \sin x_0$.

（5）$\lim\limits_{x \to x_0} \cos x = \cos x_0$.

（6）$\lim\limits_{x \to \infty} x = \infty$.

（7）$\lim\limits_{x \to +\infty} a^x = 0$（$0 < a < 1$）.

例 1.1　求极限 $\lim\limits_{x \to 1} (2x^3 + x^2 - 2)$.

解　$\lim_{x\to 1}(2x^3+x^2-2)=2\lim_{x\to 1}x^3+\lim_{x\to 1}x^2-\lim_{x\to 1}2$

$$=2(\lim_{x\to 1}x)^3+(\lim_{x\to 1}x)^2-2=2\cdot 1^3+1^2-2=1.$$

例 1.2　求极限 $\lim_{x\to 2}\dfrac{x^2+x+4}{x^2+1}$.

解　$\lim_{x\to 2}\dfrac{x^2+x+4}{x^2+1}=\dfrac{\lim_{x\to 2}(x^2+x+4)}{\lim_{x\to 2}(x^2+1)}=\dfrac{2^2+2+4}{2^2+1}=2.$

一般地，有 $\lim_{x\to x_0}f(x)=f(x_0)$，即函数在 x_0 处的极限值等于函数在 x_0 处的函数值.

例 1.3　求极限 $\lim_{x\to\sqrt 3}\dfrac{x^2-3}{x^4+x^2+1}$.

解　$\lim_{x\to\sqrt 3}\dfrac{x^2-3}{x^4+x^2+1}=\dfrac{(\sqrt 3)^2-3}{(\sqrt 3)^4+(\sqrt 3)^2+1}=0.$

例 1.4　求极限 $\lim_{x\to\frac{\pi}{4}}\dfrac{1+\sin 2x}{1-\cos 4x}$.

解　$\lim_{x\to\frac{\pi}{4}}\dfrac{1+\sin 2x}{1-\cos 4x}=\dfrac{1+\sin 2\left(\frac{\pi}{4}\right)}{1-\cos 4\left(\frac{\pi}{4}\right)}=\dfrac{1+\sin\frac{\pi}{2}}{1-\cos\pi}=\dfrac{2}{2}=1.$

1.3　极限数学计算方法

1.3.1　$\dfrac{\infty}{\infty}$ 型未定式极限的计算

例 1.5　求极限 $\lim_{n\to\infty}\dfrac{2n^3+5}{n^3-3n^2}$.

解　因为 $\lim_{n\to\infty}(n^3-3n^2)=\infty$，所以该极限不能直接用四则运算法则求出. 现将分子分母同除以分母的最高项 n^3，利用熟知的极限 $\lim_{n\to\infty}\dfrac{1}{n}=0$ 可以求极限，即

$$\lim_{n\to\infty}\dfrac{2n^3+5}{n^3-3n^2}=\lim_{n\to\infty}\dfrac{2+\frac{5}{n^3}}{1-\frac{3}{n}}=\dfrac{\lim_{n\to\infty}\left(2+\frac{5}{n^3}\right)}{\lim_{n\to\infty}\left(1-\frac{3}{n}\right)}=\dfrac{2+5\times 0}{1-3\times 0}=2.$$

例 1.6　求极限 $\lim_{n\to+\infty}\dfrac{(2n+1)^4-(n-1)^4}{(n+5)^4+(3n+1)^4}$.

解　$\lim_{n\to+\infty}\dfrac{(2n+1)^4-(n-1)^4}{(n+5)^4+(3n+1)^4}=\lim_{n\to+\infty}\dfrac{\frac{(2n+1)^4-(n-1)^4}{n^4}}{\frac{(n+5)^4+(3n+1)^4}{n^4}}=\lim_{n\to+\infty}\dfrac{\left(2+\frac{1}{n}\right)^4-\left(1-\frac{1}{n}\right)^4}{\left(1+\frac{5}{n}\right)^4+\left(3+\frac{1}{n}\right)^4}=\dfrac{15}{82}.$

例 1.7 求极限 $\lim\limits_{n\to\infty}\dfrac{1+2+3+\cdots+n}{n^2+1}$.

解 $\lim\limits_{n\to\infty}\dfrac{1+2+3+\cdots+n}{n^2+1}=\lim\limits_{n\to\infty}\dfrac{n(n+1)}{2(n^2+1)}=\dfrac{1}{2}\lim\limits_{n\to\infty}\dfrac{1+\dfrac{1}{n}}{1+\dfrac{1}{n^2}}=\dfrac{1}{2}$.

例 1.8 求极限 $\lim\limits_{x\to\infty}\dfrac{2x^3-3x}{x^3+x^2-1}$.

解 $\lim\limits_{x\to\infty}\dfrac{2x^3-3x}{x^3+x^2-1}=\lim\limits_{x\to\infty}\dfrac{2-\dfrac{3}{x^2}}{1+\dfrac{1}{x}-\dfrac{1}{x^3}}=\dfrac{2-0}{1+0-0}=2$.

例 1.9 求极限 $\lim\limits_{x\to\infty}\dfrac{(2x+1)^4(x-1)^{16}}{(x+5)^{20}}$.

解 $\lim\limits_{x\to\infty}\dfrac{(2x+1)^4(x-1)^{16}}{(x+5)^{20}}=\lim\limits_{x\to\infty}\dfrac{\dfrac{(2x+1)^4}{x^4}\dfrac{(x-1)^{16}}{x^{16}}}{\dfrac{(x+5)^{20}}{x^{20}}}=\lim\limits_{x\to\infty}\dfrac{\left(2+\dfrac{1}{x}\right)^4\left(1-\dfrac{1}{x}\right)^{16}}{\left(1+\dfrac{5}{x}\right)^{20}}=16$.

1.3.2 $\dfrac{0}{0}$ 型未定式极限的计算

例 1.10 求极限 $\lim\limits_{x\to1}\dfrac{x^2-1}{x-1}$.

解   因为 $\lim\limits_{x\to1}(x-1)=0$，所以该极限不能直接使用四则运算法则求出. 当 $x\to1$ 时，$x-1\neq0$，于是可以通过对分子分母进行约分以转化成极限 $\lim\limits_{x\to x_0}f(x)=f(x_0)$. 本题的解答

过程如下： $\lim\limits_{x\to1}\dfrac{x^2-1}{x-1}=\lim\limits_{x\to1}\dfrac{(x-1)(x+1)}{x-1}=\lim\limits_{x\to1}(x+1)=2$.

例 1.11 求极限 $\lim\limits_{x\to-1}\dfrac{x^3+1}{x^2-x-2}$.

解 $\lim\limits_{x\to-1}\dfrac{x^3+1}{x^2-x-2}=\lim\limits_{x\to-1}\dfrac{(x+1)(x^2-x+1)}{(x+1)(x-2)}=\lim\limits_{x\to-1}\dfrac{x^2-x+1}{x-2}=-1$.

例 1.12 求极限 $\lim\limits_{x\to-1}\dfrac{x+1}{|x+1|}$.

解   因为 $\lim\limits_{x\to-1^-}\dfrac{x+1}{|x+1|}=\lim\limits_{x\to-1^-}\dfrac{x+1}{-(x+1)}=\lim\limits_{x\to-1^-}(-1)=-1$，又 $\lim\limits_{x\to-1^+}\dfrac{x+1}{|x+1|}=\lim\limits_{x\to-1^+}\dfrac{x+1}{x+1}=$

$\lim\limits_{x\to-1^+}1=1$. 由定理 1.1 知，$\lim\limits_{x\to-1}\dfrac{x+1}{|x+1|}$ 不存在.

1.3.3 两个重要极限

重要极限： $\lim\limits_{x\to0}\dfrac{\sin x}{x}=1$.

在实践中，运用公式的理念与方法如下：

（1）适用对象特点．公式用于求解三角函数或反三角函数与其他初等函数相结合且具有变化特征为 $\dfrac{0}{0}$ 型不定式的极限问题．

（2）公式的变化形式．有 $\lim\limits_{x\to 0}\dfrac{\sin x}{x}=\lim\limits_{x\to 0}\dfrac{x}{\sin x}=1$.

（3）模式特点．公式所隐藏的模式特点为 $\lim\limits_{(\cdots)\to 0}\dfrac{\sin(\cdots)}{(\cdots)}=1$ ，其中记号 $(\cdots)$ 是指在某一变化过程中具有相同的形式．

例 1.13　求下列极限：

（1）$\lim\limits_{x\to 0}\dfrac{\sin 3x}{2x}$ ；

（2）$\lim\limits_{x\to 0}\dfrac{1-\cos x}{x^{2}}$.

解　（1）$\lim\limits_{x\to 0}\dfrac{\sin 3x}{2x}=\lim\limits_{x\to 0}\left(\dfrac{\sin 3x}{3x}\right)\left(\dfrac{3}{2}\right)=1\times\dfrac{3}{2}=\dfrac{3}{2}$.

（2）$\lim\limits_{x\to 0}\dfrac{1-\cos x}{x^{2}}=\lim\limits_{x\to 0}\left(\dfrac{\sin^{2}x}{x^{2}}\right)\dfrac{1-\cos x}{\sin^{2}x}=\lim\limits_{x\to 0}\left(\dfrac{\sin x}{x}\right)^{2}\dfrac{1-\cos x}{1-\cos^{2}x}$

$\qquad\qquad=\lim\limits_{x\to 0}\left(\dfrac{\sin x}{x}\right)^{2}\dfrac{1}{1+\cos x}=1^{2}\times\dfrac{1}{1+\cos 0}=\dfrac{1}{2}$.

或者 $\lim\limits_{x\to 0}\dfrac{1-\cos x}{x^{2}}=\lim\limits_{x\to 0}\dfrac{2\sin^{2}\dfrac{x}{2}}{x^{2}}=\lim\limits_{x\to 0}\dfrac{\sin^{2}\dfrac{x}{2}}{\left(\dfrac{x}{2}\right)^{2}}\cdot\dfrac{2}{4}=1^{2}\times\dfrac{1}{2}=\dfrac{1}{2}$.

重要极限：$\lim\limits_{n\to\infty}\left(1+\dfrac{1}{n}\right)^{n}=\mathrm{e}$ （无理数 $\mathrm{e}=2.71828182845\cdots$ ）.

运用公式的理念与方法如下：

（1）适用对象特点．公式用于求解幂指函数且具有变化特征为 1^{∞} 型不定式的极限问题．

（2）常用变化形式．有 $[f(x)]^{g(x)}=\mathrm{e}^{g(x)\ln f(x)}$ $(f(x)>0)$.

（3）公式的变形．常有以下形式：$\lim\limits_{n\to\infty}\left(1+\dfrac{1}{n}\right)^{n}=\lim\limits_{x\to\infty}\left(1+\dfrac{1}{x}\right)^{x}=\lim\limits_{x\to 0}(1+x)^{\frac{1}{x}}=\mathrm{e}$.

（4）模式特点．公式中所隐藏的模式特点为 $\lim\limits_{(\cdots)\to 0}[1+(\cdots)]^{\frac{1}{(\cdots)}}=\mathrm{e}$ ，其中记号 $(\cdots)$ 是指在某一变化过程中具有相同的形式．

（5）特别情况有 $\lim\limits_{x\to 2}(1+x)^{\frac{1}{x}}=\sqrt{3}$ ，$\lim\limits_{x\to +\infty}(1+x)^{x}=\infty$ 等.

例 1.14　求下列极限：

（1）$\lim\limits_{x\to\infty}\left(1+\dfrac{2}{x}\right)^{x}$ ；

（2）$\lim\limits_{x\to 0^{-}}(2+x)^{\frac{1}{x}}$.

32000

解　（1）$\lim\limits_{x\to\infty}\left(1+\dfrac{2}{x}\right)^{x}=\lim\limits_{x\to\infty}\left[1+\left(\dfrac{2}{x}\right)\right]^{\left(\frac{2}{x}\right)\cdot2}=\lim\limits_{x\to\infty}\left\{\left[1+\left(\dfrac{2}{x}\right)\right]^{\frac{1}{\left(\frac{2}{x}\right)}}\right\}^{2}=\mathrm{e}^{2}$.

（2）$\lim\limits_{x\to0^{-}}(2+x)^{\frac{1}{x}}=\lim\limits_{x\to0^{-}}\left[2\left(1+\dfrac{x}{2}\right)\right]^{\frac{1}{x}}=\lim\limits_{x\to0^{-}}2^{\frac{1}{x}}\left(1+\dfrac{x}{2}\right)^{\frac{2}{x}\cdot\frac{1}{2}}=0\cdot\mathrm{e}^{\frac{1}{2}}=0$.

1.3.4　无穷大量与无穷小量

定义 1.4（无穷大量）　设变量为 $f(x)$（$x\in D$），如果 x 按照某一方式无限变化时，变量 $f(x)$ 的值的绝对值无限增大，即 $|f(x)|$ 总能任意大，则称变量 $f(x)$ 是该变化过程中的无穷大量，或者说 $f(x)$ 趋向于无穷，记为 $\lim f(x)=\infty$. 相反地，如果在该变化过程中，变量 $f(x)$ 的值的绝对值不是总能无限增大，则称变量 $f(x)$ 不是该变化过程中的无穷大量，或者说变量 $f(x)$ 不趋向于无穷.

比如，当 $x\to0$ 时，$\dfrac{1}{x}$ 是无穷大量；当 $x\to0^{+}$ 时，$\ln x$ 是无穷大量；当 $x\to\infty$ 时，x^{2} 是无穷大量.

定义 1.5（无穷小量）　设变量为 $f(x)$（$x\in D$），如果 x 按照某一方式无限变化时，变量 $f(x)$ 以零为极限，则称变量 $f(x)$ 是该变化过程中的无穷小量. 相反地，如果在某一变化过程中，变量 $f(x)$ 不以零为极限，则称变量 $f(x)$ 不是该变化过程中的无穷小量.

比如，当 $x\to\infty$ 时，x^{2} 不是无穷小量，当 $x\to0$ 时，x^{2} 是无穷小量.

在此需要特别强调的是，无穷小量不一定是数零，而数零是可以看作无穷小量的.

定理 1.5　在某一变化过程中，无穷大量的倒数是无穷小量，非零无穷小量的倒数是无穷大量. 例如，$\lim\limits_{x\to0}x=0$，$\lim\limits_{x\to0}\dfrac{1}{x}=\infty$.

定理 1.6　若 $\lim f(x)=A\Leftrightarrow f(x)=A+\alpha$（$\alpha\to0$）.

这里给出了有极限值变量的特征的一种表达方式，也就是说对这样的变量用无穷小量的视角去看它，那么它的表达形式就简单到能用其极限值再加上一个无穷小量的形式，有利于在无限变化的过程中讨论和研究这种变量的变化属性.

定理 1.7　在同一变化过程中的有界变量与无穷小量的乘积仍是无穷小量.

这里所谓的有界变量是指在某一无限变化的过程中有界的变量. 比如，当 $x\to0$ 时，变量 $\dfrac{1}{x}$ 是无界的；而当 $x\to\infty$ 时，变量 $\dfrac{1}{x}$ 是有界的. 又由该性质可知，$\lim\limits_{x\to0}x\sin\dfrac{1}{x}=0$.

定理 1.8　在同一变化过程中的有限个无穷小量的代数和以及乘积仍然都是无穷小量.

为了进一步区分无穷小量之间在性能上的差异性和深化对无穷小量的认识，很有必要将同一变化过程中的两个无穷小量加以比较，并通过其比式的极限情况来评价其趋于零变化快慢的程度. 为此，我们给出无穷小量的阶的定义.

定义 1.6　设 α 与 β（$\beta\neq0$）是同一变化过程中的两个无穷小量，如果有 $\lim\dfrac{\alpha}{\beta}=0$，称 α

是较 β 高阶的无穷小量，记为 $\alpha = o(\beta)$；$\lim\frac{\alpha}{\beta}=\infty$，称 α 是较 β 低阶的无穷小量；$\lim\frac{\alpha}{\beta}=C(C\neq 0)$，称 α 与 β 是同阶无穷小量；特别地，$\lim\frac{\alpha}{\beta}=1$，称 α 与 β 是等价无穷小量，记为 $\alpha \sim \beta$.

例 1.15 试比较下列各组中无穷小量的阶：

（1）$\sqrt{n+1}-\sqrt{n}$ 与 $\frac{1}{\sqrt{n}}$（$n\to\infty$）；   （2）$x\cos x$ 与 $2x^2+x$（$x\to 0$）；

（3）$x^2\sin(x+2)$ 与 x^2+3x（$x\to 0$）；   （4）x^2-1 与 $(x+1)^2$（$x\to -1$）.

解 （1）因为 $\lim\limits_{n\to\infty}\dfrac{\sqrt{n+1}-\sqrt{n}}{\frac{1}{\sqrt{n}}}=\lim\limits_{n\to\infty}\dfrac{\sqrt{n}}{\sqrt{n+1}+\sqrt{n}}=\lim\limits_{n\to\infty}\dfrac{1}{\sqrt{1+\frac{1}{n}}+1}=\dfrac{1}{2}$，所以当 $n\to\infty$ 时，

$\sqrt{n+1}-\sqrt{n}$ 与 $\frac{1}{\sqrt{n}}$ 是同阶的无穷小量.

（2）因为 $\lim\limits_{x\to 0}\dfrac{x\cos x}{2x^2+x}=\lim\limits_{x\to 0}\dfrac{\cos x}{2x+1}=1$，所以当 $x\to 0$ 时，$x\cos x$ 与 $2x^2+x$ 是等价的无穷

小量（或 $x\to 0$，$x\cos x \sim 2x^2+x$）.

（3）因为 $\lim\limits_{x\to 0}\dfrac{x^2\sin(x+2)}{x^2+3x}=\lim\limits_{x\to 0}\dfrac{x\sin(x+2)}{x+3}=0$，所以当 $x\to 0$ 时，$x^2\sin(x+2)$ 是较 x^2+3x

高阶的无穷小量（或 $x\to 0$，$x^2\sin(x+2)=o(x^2+3x)$）.

（4）因为 $\lim\limits_{x\to -1}\dfrac{x^2-1}{(x+1)^2}=\lim\limits_{x\to -1}\dfrac{x-1}{x+1}=\infty$，所以当 $x\to -1$ 时，x^2-1 是较 $(x+1)^2$ 低阶的无穷

小量.

例 1.16 求下列极限：

（1）$\lim\limits_{x\to\infty}\dfrac{\sin x}{x}$；（2）$\lim\limits_{x\to 0}x\sin\dfrac{1}{x}$；（3）$\lim\limits_{x\to 0}\dfrac{x^2\cos x}{1+\mathrm{e}^x}$.

解 由定理 1.7 知，（1）$\lim\limits_{x\to\infty}\dfrac{\sin x}{x}=0$；（2）$\lim\limits_{x\to 0}x\sin\dfrac{1}{x}=0$；（3）$\lim\limits_{x\to 0}\dfrac{x^2\cos x}{1+\mathrm{e}^x}=0$.

1.4 函数的连续性

连续性是现实中存在的许多量变关系的一种重要现象，也是函数的一种重要性质. 它不仅是微积分学研究量变关系提出重要理论和概念的基础，而且也是微积分学在其他领域开展有价值的运用的基本假设.

定义 1.7（点连续） 设函数 $f(x)$ 在点 x_0 的某个有心邻域内有定义，如果有 $\lim\limits_{x\to x_0}f(x)=f(x_0)$ 成立，则称函数 $f(x)$ 在点 x_0 处连续，又称这种点 x_0 是函数的连续点；否则，称函数 $f(x)$ 在点 x_0 处不连续（或说间断），又称这种点 x_0 是函数的不连续点或间断点.

定义 1.8（左右连续）   设函数 $f(x)$ 在点 x_0 及其右侧邻近有定义，如果有 $\lim\limits_{x \to x_0^+} f(x) = f(x_0)$ 成立，则称函数在 x_0 处是右连续的；否则，称函数在 x_0 处不是右连续的．在此，读者可自行给出函数在点 x_0 处左连续的定义．

函数在一点 x_0 处连续必须同时具备下列三个条件：一是函数在点 x_0 及其附近有定义，二是极限 $\lim\limits_{x \to x_0} f(x)$ 存在，三是 $\lim\limits_{x \to x_0} f(x) = f(x_0)$，三个条件缺一不可．

函数间断点的类型：函数无定义或 $\lim\limits_{x \to x_0} f(x) \neq f(x_0)$ 的点（如图 1.5（a）所示）；函数在 x_0 处有定义，但极限 $\lim\limits_{x \to x_0} f(x)$ 不存在的点（如图 1.5（b）所示）；函数在 x_0 处无定义且极限 $\lim\limits_{x \to x_0^+} f(x)$、$\lim\limits_{x \to x_0^-} f(x)$ 至少有一个为无穷大的点（如图 1.5（c）所示）．

函数在一点连续与极限的关系是：若函数 $f(x)$ 在点 x_0 处连续，则它在点 x_0 处一定有极限；反之，则不一定成立．但是，如果函数在点 x_0 处的极限不存在，那么它在点 x_0 处一定不连续．

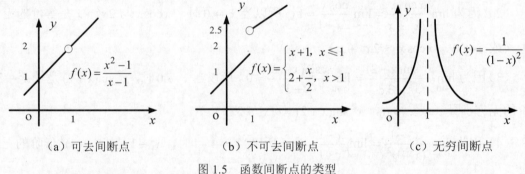

（a）可去间断点　　　　　（b）不可去间断点　　　　　（c）无穷间断点

图 1.5　函数间断点的类型

定理 1.9（连续的充要条件）   函数在一点连续的充要条件是它在该点同时左右连续．

对已知函数 $y = f(x)$（$x \in D$），设自变量从点 x_0 变化到 x，记 $\Delta x = x - x_0$（称为自变量的改变量或增量）．于是，函数值相应的改变量（或增量）记为：

$$\Delta y = f(x_0 + \Delta x) - f(x_0) \xlongequal{\diamondsuit x = x_0 + \Delta x} f(x) - f(x_0).$$

这里，应特别注意 Δy 的表现形式和表现内容，以及它的取值变化是与哪些因素的变化有关，还有，在计算 Δy 时，需要搜寻哪些基本信息，这些都是解决相关问题的关键．至此，我们给出函数在一点连续的特征，即函数 $y = f(x)$ 在点 x_0 处连续的充要条件是 $\lim\limits_{\Delta x \to 0} \Delta y = 0$（或 $\lim\limits_{x \to x_0} \Delta y = 0$）．其意义是指，如果函数在一点处连续，那么函数在该点当自变量的增量充分小时，函数值的增量也会随之充分小．

例 1.17   设 $f(x) = \begin{cases} \dfrac{\sin 3x}{x}, & x < 0 \\ 2x + k, & 0 \leqslant x < 1 \end{cases}$，试讨论：（1）$k$ 为何值时，函数在点 $x = 0$ 处连续？

（2）$f(1) = 4$，则点 $x = 1$ 是间断点吗？

解   （1）因为 $f(0) = k$，$f(0-0) = \lim\limits_{x \to 0^-} \dfrac{\sin 3x}{x} = 3$，$f(0+0) = \lim\limits_{x \to 0^+} (2x + k) = k$．又因为

函数在点 $x=0$ 处连续, 所以 $k=3$.

（2）因为 $f(1)=4$, 又 $f(1-0)=\lim\limits_{x\to 1^-}(2x+3)=5$, $f(1+0)=\lim\limits_{x\to 1^+}\dfrac{4}{x}=4$. 函数在点 $x=1$ 处的极限不存在, 所以点 $x=1$ 是函数的间断点.

定义 1.9（连续区间）　函数 $f(x)$ 在开区间 (a,b) 内连续, 如果它在 (a,b) 内每一点处都连续, 这时称函数是开区间 (a,b) 内的连续函数, 又称开区间 (a,b) 是函数的连续区间.

定义 1.10（连续函数）　函数 $f(x)$ 在闭区间 $[a,b]$ 上连续, 如果它在 (a,b) 内连续, 在闭区间的左端点右连续, 在右端点左连续, 这时称函数是闭区间 $[a,b]$ 上的连续函数, 又称闭区间 $[a,b]$ 是函数的连续区间.

连续函数在区间上的几何曲线是一条连续不断的曲线, 如正弦函数的曲线.

定理 1.10　基本初等函数在其定义区间内都是连续函数.

定理 1.11（连续函数的四则运算）　在同一区间上连续的两个函数的和、差、积、商（分母非零）仍是该区间上的连续函数.

定理 1.12（反函数的连续性）　在某区间上有反函数的连续函数的反函数也是连续函数.

定理 1.13（复合函数的连续性）　连续函数的复合函数也是连续函数, 有
$$\lim_{x\to x_0}f(\varphi(x))=f(\lim_{x\to x_0}\varphi(x))=f(\varphi(x_0)).$$

定理 1.14　初等函数在其定义区间内都是连续函数.

1.5　极限的应用

定理 1.15（最值存在性定理）　如果函数 $f(x)$ 在闭区间 $[a,b]$ 上连续, 则它在闭区间 $[a,b]$ 上有界, 并且函数在闭区间 $[a,b]$ 上的最大值与最小值都存在.

这里需要指出的是, 函数取得最大值或最小值的点可能是区间的端点, 也可能是区间的内点.

定理 1.16（介值定理）　若函数 $f(x)$ 在闭区间 $[a,b]$ 上连续, 则函数在闭区间 $[a,b]$ 上任意两点的函数值之间的任何实数都是函数值.

定理 1.17（零点定理）　设函数 $f(x)$ 在闭区间 $[a,b]$ 上连续, 且 $f(a)\cdot f(b)<0$, 则至少存在一点 $\xi\in(a,b)$, 使 $f(\xi)=0$.

例 1.18　证明方程 $4x=2^x$ 在 $\left(0,\dfrac{1}{2}\right)$ 内有一个实根.

证明　设 $f(x)=4x-2^x$, $x\in\left[0,\dfrac{1}{2}\right]$. 因为 $f(x)$ 是初等函数且在 $\left[0,\dfrac{1}{2}\right]$ 上有定义, 所以 $f(x)$ 在 $\left[0,\dfrac{1}{2}\right]$ 上连续. 又 $f(0)\cdot f\left(\dfrac{1}{2}\right)=\sqrt{2}-2<0$, 由定理 1.4 可知, 至少存在一点 $\xi\in\left(0,\dfrac{1}{2}\right)$,

使 $f(\xi)=0$，即方程 $4x=2^x$ 在 $\left(0,\dfrac{1}{2}\right)$ 内有一个实根.

例 1.19（黄山旅游问题）　一个旅游者某日早上 7 点离开安徽黄山脚下的旅馆，沿着一条上山的路，在当天下午 7 点走到黄山顶上的旅馆. 第二天早上 7 点，他从山顶沿原路下山，在当天下午 7 点回到黄山脚下的旅馆. 试证明在这条路上存在这样一个点，旅游者在两天中的同一时刻都经过此点.

解　设两个旅馆之间的路程为 L，以 $f(t)$ 表示在时刻 $t(t\in[7,19])$ 该旅游者离开山脚下的旅馆所走的路程，则可知 $f(t)$ 是区间 $[7,19]$ 上的连续函数，且有 $f(7)=0$，$f(19)=L$；以 $g(t)$ 表示该旅游者在第二天下山的 t 时刻尚未走完的路程，则可知 $g(t)$ 是区间 $[7,19]$ 上的连续函数，且有 $g(7)=L$，$g(19)=0$.

于是原问题可转化为：证明存在 $\xi\in[7,19]$，使 $f(\xi)=g(\xi)$. 作辅助函数 $\varphi(t)=f(t)-g(t)$，则 $\varphi(t)$ 在区间 $[7,19]$ 上连续，且有

$$\varphi(7)\cdot\varphi(19)=[f(7)-g(7)][f(19)-g(19)]=-L^2<0.$$

根据闭区间上连续函数的零点定理可知，一定存在 $\xi\in[7,19]$，使 $\varphi(\xi)=0$，就得到了所需证明的结论.

习题 1

1．求下列函数的极限：

（1）$\displaystyle\lim_{n\to\infty}\dfrac{n^2+n+1}{(n-1)^2}$；

（2）$\displaystyle\lim_{n\to\infty}\left(\dfrac{1}{n^2}+\dfrac{2}{n^2}+\cdots+\dfrac{n-1}{n^2}\right)$；

（3）$\displaystyle\lim_{n\to\infty}\dfrac{2n+1}{3n^2-n+1}$；

（4）$\displaystyle\lim_{n\to\infty}\dfrac{2^n+3^n+4^n}{3^n+4^n}$；

（5）$\displaystyle\lim_{x\to\infty}\dfrac{2x^2+x-2}{x^2+3x+1}$；

（6）$\displaystyle\lim_{x\to\infty}\dfrac{x^2+x+3}{3x^3-2x^2+2}$；

（7）$\displaystyle\lim_{x\to\infty}\dfrac{x^3+3x-1}{2x^2+x+1}$；

（8）$\displaystyle\lim_{x\to\infty}\left(1-\dfrac{2}{x}+\dfrac{3}{x^2}\right)$.

2．求下列函数的极限：

（1）$\displaystyle\lim_{x\to\infty}\left(2-\dfrac{1}{x}-\dfrac{1}{x^2}\right)$；

（2）设 $f(x)=\sqrt{x}$，求 $\displaystyle\lim_{h\to0}\dfrac{f(x+h)-f(x)}{h}$；

（3）$\displaystyle\lim_{x\to1}\dfrac{x^3-1}{x^2-4x+3}$；

（4）$\displaystyle\lim_{x\to1}\left(\dfrac{x}{x-1}-\dfrac{1}{x^2-x}\right)$.

3．求下列函数在指定点处的左右极限，并判断函数在该点的极限是否存在：

（1）$f(x)=\cos x+\dfrac{x}{|x|}$，在 $x=0$ 处.

（2）$f(x)=\mathrm{e}^{\frac{1}{x}}$，在 $x=0$ 处.

（3）$f(x) = \begin{cases} 2^x, & x \leqslant 1 \\ 2 + \sin(x-1), & 1 < x \end{cases}$，在 $x = 1$ 处.

（4）设 $f(x) = \begin{cases} 2(x+1)^2 + a, & x < 0 \\ 9, & x = 0 \\ \ln(e + x), & 0 < x \end{cases}$，问在 $x = 0$ 处，当 a 取何值时函数的极限存在.

4．求下列函数的极限：

（1）$\lim\limits_{x \to 0} \dfrac{\sin \sqrt{2} x}{x}$；

（2）$\lim\limits_{x \to 0} \dfrac{\sin 3x}{\sin 6x}$；

（3）$\lim\limits_{x \to \pi} \dfrac{\sin 3x}{x - \pi}$；

（4）$\lim\limits_{x \to 1} \dfrac{\tan(x-1)}{x^2 - 1}$；

（5）$\lim\limits_{x \to 0} \dfrac{\tan x - \sin x}{1 - \cos 2x}$；

（6）$\lim\limits_{x \to -1} \dfrac{x^3 + 1}{\sin(x+1)}$；

（7）$\lim\limits_{x \to 0^+} \dfrac{x}{\sqrt{1 - \cos x}}$；

（8）$\lim\limits_{x \to 0} \dfrac{\tan x - \sin x}{\sin^3 x}$.

5．求下列函数的极限：

（1）$\lim\limits_{x \to \infty} \left(1 + \dfrac{2}{x}\right)^{x+1}$；

（2）$\lim\limits_{x \to 0} \left(\dfrac{2 + x}{2}\right)^{\frac{1}{2x}}$；

（3）$\lim\limits_{x \to \infty} \left(\dfrac{x - 1}{x + 1}\right)^{x+2}$；

（4）$\lim\limits_{x \to 0} \left(\dfrac{2 + x}{2 - x}\right)^{\frac{4}{x}}$；

（5）$\lim\limits_{x \to 0} \dfrac{\ln(1 + x)}{x}$；

（6）$\lim\limits_{x \to 0^-} (3 + x)^{\frac{1}{x}}$.

6．试讨论和解决下列问题并给出问题的解：

（1）设 $\lim\limits_{x \to 3} \dfrac{x^2 + 2x + C}{x - 3} = 8$，求常数 C 的值.

（2）设 $\lim\limits_{x \to 1} \dfrac{x^2 + ax + b}{x - 1} = 3$，求常数 a 与 b 的值.

（3）设 $\lim\limits_{x \to \infty} \left(\dfrac{x^2 + 1}{x + 1} - ax - b\right) = 0$，求常数 a 与 b 的值.

7．识别并指出下列函数的间断点：

（1）$y = \dfrac{x}{(x-1)^2}$；

（2）$y = \dfrac{x}{\cos x}$；

（3）$y = \dfrac{x + 1}{x^2 - 3x + 2}$；

（4）$y = (x-1)^0 + (1 + x)^{\frac{1}{x}}$.

8．证明题：

（1）证明方程 $x^6 - 4x^4 + 2x^2 - x = 1$ 在 $(1,2)$ 内至少有一个实数根.

（2）证明方程 $x \cdot 2^x = 1$ 在 $(0,1)$ 内至少有一个实数根.

（3）证明方程 $x = a \sin x + b$ 在 $(0, a+b)$（a、$b > 0$ 且 $a + b < \dfrac{\pi}{2}$）内至少有一个实数根.

（4）设 $f(x)$ 与 $g(x)$ 均在 $[a,b]$ 上连续，并且 $f(a) > g(a)$，$f(b) < g(b)$，则曲线 $y = f(x)$ 与 $y = g(x)$ 在 (a,b) 内必有一个交点．

（5）设函数 $f(x)$ 在 (a,b) 内连续，且 $f(x)$ 在 (a,b) 内没有零点．如果存在一点 $x_0 \in (a,b)$ 使 $f(x_0) > 0$（或 $f(x) < 0$），则 $f(x)$ 在 (a,b) 内每一点的函数值都会大（或小）于零（注意，这个命题给出了用"代值法"讨论函数值 $f(x)$ 的符号的一种简便方法）．

第2章　切线与增量——导数与微分

17 世纪，哥伦布发现新大陆，哥白尼创立日心说，伽利略出版《力学对话》，开普勒发现行星运动规律……航海的需要、矿山的开发、火枪的制造提出了一系列力学和数学的问题，这些问题也就成了促使微积分产生的因素，微积分在这样的条件下诞生是必然的. 归结起来，主要有四种类型的问题：

第一类问题是研究运动的时候直接出现的，也就是求即时速度的问题.

已知物体移动的距离可以表示为时间的函数，求物体在任意时刻的速度和加速度；反过来，已知物体的加速度可以表示为时间的函数，求速度和距离.

困难在于：17 世纪所涉及的速度和加速度每时每刻都在变化. 例如，计算瞬时速度就不能像计算平均速度那样，用运动的时间去除移动的距离，因为在给定的时刻，移动的距离和所用的时间都是 0，而 0/0 是无意义的. 但根据物理学，每个运动的物体在它运动的每一时刻必有速度，是不容置疑的.

第二类问题是求曲线的切线的问题.

这个问题的重要性来源于好几个方面：纯几何问题、光学中研究光线通过透镜的通道问题、运动物体在它的轨迹上任意一点处的运动方向问题等.

困难在于：曲线的"切线"的定义本身就是一个没有解决的问题.

古希腊人把圆锥曲线的切线定义为"与曲线只接触于一点而且位于曲线的一边的直线". 这个定义对于 17 世纪所用的较复杂的曲线已经不适用了.

第三类问题是求函数的最大值和最小值问题.

17 世纪初期，伽利略断定在真空中以 45° 角发射炮弹时，射程最大. 研究行星运动也涉及最大值和最小值问题.

困难在于：原有的初等计算方法已不适用于解决研究中出现的问题，但新的方法尚无眉目.

第四类问题是求曲线长度、曲线围成的面积、曲面围成的体积、物体的重心、一个体积相当大的物体作用于另一物体上的引力.

困难在于：古希腊人用穷竭法求出了一些面积和体积，尽管他们只是对于比较简单的面积和体积应用了这个方法，但也必须添加许多技巧，因为这个方法缺乏一般性，而且经常得不到数值的解答.

公正的历史评价，是不能把创建微积分归功于一两个人的偶然或不可思议的灵感的. 17 世纪的许多著名的数学家、天文学家、物理学家都为解决上述四类问题做了大量的研究工作，如法国的费马、笛卡尔、罗伯瓦、笛沙格；英国的巴罗、瓦里士；德国的开普勒；意大利的卡瓦列利等人都提出了许多很有建树的理论，为微积分的创立做出了贡献.

事实上，牛顿的老师巴罗，就曾经几乎充分认识到微分与积分之间的互逆关系，而牛顿和莱布尼茨创建的系统的微积分就是基于这一基本思想. 在牛顿与莱布尼茨创建系统的微积分之前，微积分的大量知识已经积累起来了，甚至在巴罗的一本书里就能看到求切线的方法、两个函数的积和商的微分定理、x 的幂的微分、求曲线的长度、定积分中的变量代换、隐函数的微分定理等，但最重要的人物还是牛顿和莱布尼茨。

1. 牛顿

随着 17 世纪生产力的发展推动了自然科学和技术的发展，不但已有的数学成果得到进一步巩固、充实和扩大，而且由于实践的需要，人们开始研究运动着的物体和变化的量，这样就获得了变量的概念，研究变化着的量的一般性和它们之间的依赖关系. 到了 17 世纪下半叶，在前人创造性研究的基础上，英国大数学家、物理学家艾萨克·牛顿（1642－1727）从物理学的角度研究微积分，为了解决运动问题，创立了一种和物理概念直接联系的数学理论，即牛顿称之为"流数术"的理论，这实际上就是微积分理论. 牛顿的有关"流数术"的主要著作是《求曲边形面积》《运用无穷多项方程的计算法》和《流数术和无穷级数》. 这些概念是力学概念的数学反映. 牛顿认为任何运动存在于空间、依赖于时间，因而他把时间作为自变量，把和时间有关的固变量作为流量，不仅这样，他还把几何图形——线、角、体都看作力学位移的结果. 因而，一切变量都是流量.

牛顿指出，"流数术"基本上包括以下三类问题：

（1）已知流量之间的关系，求它们的流数之间的关系，这相当于微分学.

（2）已知表示流数之间的关系的方程，求相应的流量之间的关系. 这相当于积分学. 牛顿意义下的积分法不仅包括求原函数，还包括解微分方程.

（3）"流数术"应用范围包括计算曲线的极大值、极小值，求曲线的切线和曲率，求曲线长度及计算曲边形面积等.

牛顿已完全清楚上述（1）与（2）两类问题中的运算是互逆的，于是建立起微分学和积分学之间的联系.

牛顿在 1665 年 5 月 20 日的一份手稿中提到"流数术"，因而有人把这一天作为微积分诞生的标志.

牛顿于 1642 年出生于一个贫穷的农民家庭，艰苦的成长环境造就了人类历史上的一位伟大的科学天才，他对物理问题的洞察力和他用数学方法处理物理问题的能力，都是空前卓越的. 尽管取得无数成就，但他仍保持谦逊的美德.

2. 莱布尼茨

德国数学家莱布尼茨（1646－1716）是 17、18 世纪之交德国最重要的数学家、物理学家和哲学家，一个举世罕见的科学天才. 他博览群书，涉猎百科，对丰富人类的科学知识宝库做出了不可磨灭的贡献.

在牛顿和莱布尼茨之前至少有数十位数学家研究过微积分，他们为微积分的诞生做出了开创性贡献，但是他们的这些工作都是零碎、不连贯的，缺乏统一性. 莱布尼茨创立微积分的途径和方法与牛顿是不同的. 莱布尼茨从几何方面独立发现了微积分，是经过研究曲线的切线和曲线包围的面积，运用分析学方法引进微积分概念才得出运算法则的. 而牛顿在微积分的应用上更多地结合了运动学，造诣较莱布尼茨高一等，但莱布尼茨采用数学符号的表达形式却又远远优于牛顿一筹，既简洁又准确地揭示出微积分的实质，强有力地促进了高等数学的发展.

莱布尼茨创造的微积分符号，正像印度－阿拉伯数字促进了算术与代数发展一样，促进了微积分学的发展. 莱布尼茨是数学史上最杰出的符号创造者之一.

牛顿当时采用的微分和积分符号现在已经不用了，而莱布尼茨所采用的符号现今仍在使用. 莱布尼茨比别人更早更明确地认识到，好的符号能大大节省思维劳动，运用符号的技巧是数学成功的关键之一.

2.1 函数导数的概念

2.1.1 曲线的切线

设有曲线 $y = f(x)$，考查在 x_0 处的切线，如图 2.1 所示.

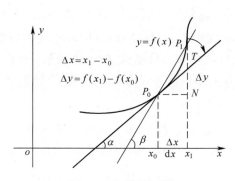

图 2.1 曲线的切线

我们在 P_0 的附近任取一点 P_1，割线 P_0P_1（P_1 沿着曲线 L（$y = f(x)$）趋于 P_0）的极限 P_0T 称为曲线 L 在点 P_0 处的切线，即 $\lim\limits_{P_1 \to P_0} P_0P = P_0T$.

令 $\Delta x = x_1 - x_0$，则有 $\Delta y = f(x_1) - f(x_0) = f(x_0 + \Delta x) - f(x_0)$，从而切线的斜率 $\tan \alpha = \lim\limits_{\beta \to \alpha} \tan \beta = \lim\limits_{\Delta x \to 0} \dfrac{\Delta y}{\Delta x} \equiv f'(x_0)$（暂时引进此符号），于是曲线 $y = f(x)$ 在 x_0 处的切线方程和法线方程分别为

$$y - y_0 = f'(x_0)(x - x_0), \quad y - y_0 = -\frac{1}{f'(x_0)}(x - x_0) \quad (f'(x_0) \neq 0).$$

值得注意的是，这里的切线定义是局部概念，而中学里的切线定义是全局概念，这是因为初等函数要比基本初等函数复杂得多的缘故. 另一点也应注意，为什么我们不仍用 $\tan \alpha$ 来表示切线的斜率，而要引进符号 $f'(x_0)$，这是因为我们完全可以用此思想来分析运动物体的瞬时速度等.

2.1.2 导数的概念

定义 2.1（导数的定义） 设函数 $y = f(x)$ 在 x_0 处有定义，给定 x 一增量 Δx 得函数的增量 $\Delta y = f(x_0 + \Delta x) - f(x_0) = f(x) - f(x_0)$，若

$$\lim_{\Delta x \to 0} \frac{\Delta y}{\Delta x} = \lim_{\Delta x \to 0} \frac{f(x_0 + \Delta x) - f(x_0)}{\Delta x} = \lim_{x \to x_0} \frac{f(x) - f(x_0)}{x - x_0}$$

存在，则称函数 $y = f(x)$ 在 x_0 处可导，其极限值称为 $y = f(x)$ 在 x_0 处的导数，记为

$$\lim_{\Delta x \to 0} \frac{\Delta y}{\Delta x} = \lim_{\Delta x \to 0} \frac{f(x_0 + \Delta x) - f(x_0)}{\Delta x} = \lim_{x \to x_0} \frac{f(x) - f(x_0)}{x - x_0} = f'(x_0) .$$

定义 2.2（左右导数的定义） 如果 $\lim\limits_{x \to x_0^-} \dfrac{f(x) - f(x_0)}{x - x_0}$ 存在，则称函数 $y = f(x)$ 在 x_0 处的左导数存在，记为 $\lim\limits_{x \to x_0^-} \dfrac{f(x) - f(x_0)}{x - x_0} = f'(x_0 - 0)$；如果 $\lim\limits_{x \to x_0^+} \dfrac{f(x) - f(x_0)}{x - x_0}$ 存在，则称函数 $y = f(x)$ 在 x_0 处的右导数存在，记为 $\lim\limits_{x \to x_0^+} \dfrac{f(x) - f(x_0)}{x - x_0} = f'(x_0 + 0)$.

显然有以下定理：

定理 2.1 函数 $y = f(x)$ 在 x_0 处可导的充分必要条件是左右导数存在且相等.

定义 2.3（导函数定义） 函数 $y = f(x)$ 在区间 (a,b) 内的 x 处是可导的，即 $f'(x)$ 存在，则称函数 $y = f(x)$ 在区间 (a,b) 内可导，称函数 $f'(x)$ 为函数 $y = f(x)$ 的导函数，简称导数.

显然有 $f'(x)|_{x=x_0} = f'(x_0)$，即函数 $y = f(x)$ 在 x_0 处的导数 $f'(x_0)$ 等于该函数的导函数 $f'(x)$ 在 x_0 处的函数值.

例 2.1 试讨论函数 $y = f(x) = |x|$ 在 $x = 0$ 处连续但不可导.

解 因为 $\lim\limits_{x \to 0} f(x) = \lim\limits_{x \to 0} |0| = 0 = f(0)$，所以函数 $y = f(x) = |x|$ 在 $x = 0$ 处连续.

又因为

$$\lim_{\Delta x \to 0^-} \frac{\Delta y}{\Delta x} = \lim_{\Delta x \to 0^-} \frac{|0 + \Delta x| - |0|}{\Delta x} = \lim_{\Delta x \to 0^-} \frac{|\Delta x|}{\Delta x} = -\lim_{\Delta x \to 0^-} \frac{\Delta x}{\Delta x} = -1$$

$$\lim_{\Delta x \to 0^+} \frac{\Delta y}{\Delta x} = \lim_{\Delta x \to 0^+} \frac{|0 + \Delta x| - |0|}{\Delta x} = \lim_{\Delta x \to 0^+} \frac{|\Delta x|}{\Delta x} = \lim_{\Delta x \to 0^+} \frac{\Delta x}{\Delta x} = 1$$

由定理 2.1 知，函数 $y = f(x) = |x|$ 在 $x = 0$ 处不可导.

定理 2.2 如果函数 $y = f(x)$ 在 x_0 处可导，则函数 $y = f(x)$ 在 x_0 处连续，反之不然.

例 2.2（增长率） 设变量 y 是时间 t 的函数 $y = f(t)$，则比值 $\dfrac{f(t + \Delta t) - f(t)}{f(t)}$ 为函数 $f(t)$ 在时间区间 $[t, t + \Delta t]$ 上的相对改变量；如果 $f(t)$ 可微，则定义极限 $\lim\limits_{\Delta t \to 0} \dfrac{f(t + \Delta t) - f(t)}{\Delta t \cdot f(t)} = \dfrac{f'(t)}{f(t)}$ 为函数 $f(t)$ 在时间点 t 的瞬时增长率.

对指数函数 $y = A_0 e^{rt}$ 而言，由于 $\dfrac{\mathrm{d}y / \mathrm{d}t}{y} = \dfrac{A_0 r e^{rt}}{A_0 e^{rt}} = r$，因此，该函数在任何时间点 t 上都以常数比率 r 增长.

关系式 $A_t = A_0 e^{rt}$ 不仅可作为复利公式，也广泛应用于经济学中，如企业的资金、投资，

国民收入、人口、劳动力等这些变量都是时间 t 的函数，若这些变量在一个较长的时间内以常数比率增长，则都可以用该式来描述．因此，指数函数 $A_0 e^{rt}$ 中的 r 在经济学中就一般解释为在任意时刻点 t 的增长率．

当函数 $A_0 e^{rt}$ 中的 r 取负值时，也认为是瞬时增长率，这是负增长，这时也称 r 为衰减率．例如贴现问题就是负增长．

（1）某国现有劳动力 2000 万，预计在今后的 50 年内劳动力每年增长 2%，问预计在 2056 年将有多少劳动力？

由于 $A_0 = 2000$，$r = 0.02$，$t = 50$，所以 2056 年将有劳动力：

$$A_{50} = 2000 e^{0.02 \times 50} = 2000 \times 2.71828 = 5436.56 \ （万）$$

（2）某机械设备折旧率为每年 5%，问连续折旧多少年，其价值是原价值的一半？

若原价值为 A_0，经过 t 年后，价值为 $\frac{1}{2} A_0$，这里 $r = -0.05$．由于 $\frac{1}{2} A_0 = A_0 e^{-0.05t}$，若取 $\ln 2 = 0.6931$，易算出 $t = 13.86$（年），即大约经过 13.86 年，机械设备的价值是原价值的一半．

2.1.3　导数的基本公式

1	$y = C$	$(C)' = 0$
2	$y = x^{\alpha}$	$(x^{\alpha})' = \alpha x^{\alpha - 1}$
3	$y = a^x$	$(a^x)' = a^x \ln a$
	$y = e^x$	$(e^x)' = e^x$
4	$y = \log_a |x|$	$(\log_a |x|)' = \dfrac{1}{x \ln a}$
	$y = \ln |x|$	$(\ln |x|)' = \dfrac{1}{x}$
5	$y = \sin x$	$(\sin x)' = \cos x$
6	$y = \cos x$	$(\cos x)' = -\sin x$
7	$y = \tan x$	$(\tan x)' = \sec^2 x$
8	$y = \cot x$	$(\cot x)' = -\csc^2 x$
9	$y = \sec x$	$(\sec x)' = \sec x \tan x$
10	$y = \csc x$	$(\csc x)' = -\csc x \cot x$
11	$y = \arcsin x$	$(\arcsin x)' = \dfrac{1}{\sqrt{1 - x^2}}$
12	$y = \arccos x$	$(\arccos x)' = -\dfrac{1}{\sqrt{1 - x^2}}$
13	$y = \arctan x$	$(\arctan x)' = \dfrac{1}{1 + x^2}$
14	$y = \text{arc cot}\, x$	$(\text{arc cot}\, x)' = -\dfrac{1}{1 + x^2}$

我们可根据定义 2.1 来证明以上公式，例如求函数 $y = \sin x$ 的导数.

解   对于给定自变量 Δx，有函数增量

$$\Delta y = f(x + \Delta x) - f(x) = \sin(x + \Delta x) - \sin x = 2\cos\frac{(x + \Delta x) + x}{2}\sin\frac{(x + \Delta x) - x}{2}$$

$$= 2\cos\left(x + \frac{\Delta x}{2}\right)\sin\frac{\Delta x}{2}.$$

$$\frac{\Delta y}{\Delta x} = \frac{1}{\Delta x} \cdot 2\cos\left(x + \frac{\Delta x}{2}\right)\sin\frac{\Delta x}{2} = \frac{1}{2} \cdot 2\cos\left(x + \frac{\Delta x}{2}\right)\sin\frac{\Delta x}{2} / \frac{\Delta x}{2}.$$

$$(\sin x)' = \lim_{\Delta x \to 0}\frac{\Delta y}{\Delta x} = \lim_{\Delta x \to 0}\cos\left(x + \frac{\Delta x}{2}\right)\sin\frac{\Delta x}{2} / \frac{\Delta x}{2} = \cos x.$$

值得注意的有以下三点：

（1）有 8 个函数求导数后其函数符号要"改变"，即 $(C)' = 0$，$(x^{\alpha})' = \alpha x^{\alpha - 1}$，$(\log_a |x|)' = \dfrac{1}{x\ln a}$，$(\ln |x|)' = \dfrac{1}{x}$，$(\arcsin x)' = \dfrac{1}{\sqrt{1 - x^2}}$，$(\arccos x)' = -\dfrac{1}{\sqrt{1 - x^2}}$，$(\arctan x)' = \dfrac{1}{1 + x^2}$，$(\text{arccot}x)' = -\dfrac{1}{1 + x^2}$.

（2）有 8 个函数求导数后其函数符号不"改变"，即 $(a^x)' = a^x \ln a$，$(e^x)' = e^x$，$(\sin x)' = \cos x$，$(\cos x)' = -\sin x$，$(\tan x)' = \sec^2 x$，$(\sec x)' = \sec x \tan x$，$(\cot x)' = -\csc^2 x$，$(\csc x)' = -\csc x \cot x$.

（3）三角函数和反三角函数中带"余"者求导数后带负号（–）.

2.2　函数导数的数学计算方法

2.2.1　四则运算法则

定理 2.3　设函数 $u = u(x)$、$v = v(x)$ 在点 x 处可导，则 $u(x) + v(x)$、$u(x) - v(x)$、$u(x)v(x)$、$\dfrac{u(x)}{v(x)}$（$v(x) \neq 0$）可导，且 $[u(x) \pm v(x)]' = u'(x) \pm v'(x)$，$[u(x)v(x)]' = u'(x)v(x) + u(x)v'(x)$，

$$\left[\frac{u(x)}{v(x)}\right]' = \frac{u'(x)v(x) - u(x)v'(x)}{v^2(x)}.$$

例 2.3　求函数 $y = 3x^4 - \dfrac{1}{x^2} + \sin x$ 的导数.

解　$y' = (3x^4)' - \left(\dfrac{1}{x^2}\right)' + (\sin x)' = 3(x^4)' - (x^{-2})' + (\sin x)' = 3(4x^3) - (-2x^{-3}) + \cos x$

$$= 12x^3 + 2x^{-3} + \cos x.$$

例 2.4　求函数 $y = x^2(\ln x + \sqrt{x})$ 的导数.

解　$y = x^2(\ln x + \sqrt{x}) = x^2 \ln x + x^{\frac{5}{2}}$.

$$y' = (x^2 \ln x)' + (x^{\frac{5}{2}})' = (x^2)' \ln x + x^2(\ln x)' + (x^{\frac{5}{2}})' = 2x \ln x + x^2 \cdot \frac{1}{x} + \frac{5}{2}x^{\frac{3}{2}}$$

$$= 2x \ln x + x + \frac{5}{2}x^{\frac{3}{2}}.$$

例 2.5　求函数 $y = \dfrac{2x}{1-x^2}$ 的导数.

解　$y' = \left(\dfrac{2x}{1-x^2}\right)' = \dfrac{(2x)'(1-x^2) - 2x(1-x^2)'}{(1-x^2)^2} = \dfrac{2(1-x^2) + 4x^2}{(1-x^2)^2} = \dfrac{2+2x^2}{(1-x^2)^2}.$

例 2.6　求函数 $y = \dfrac{1}{x + \sin x}$ 的导数.

解　$y' = \left(\dfrac{1}{x+\sin x}\right)' = \dfrac{(1)'(x+\sin x) - 1 \times (x+\sin x)'}{(x+\sin x)^2} = \dfrac{-1}{(x+\sin x)^2} \cdot (x+\sin x)'$

$$= -\frac{1+\cos x}{(x+\sin x)^2}.$$

例 2.7　求函数 $y = \tan x$ 的导数.

解　$y = \tan x = \dfrac{\sin x}{\cos x}$.

$$(\tan x)' = \left(\frac{\sin x}{\cos x}\right)' = \frac{(\sin x)'\cos x - \sin x(\cos x)'}{\cos^2 x} = \frac{\cos x \cos x - \sin x(-\sin x)}{\cos^2 x}$$

$$= \frac{\cos^2 x + \sin^2 x}{\cos^2 x} = \frac{1}{\cos^2 x} = \sec^2 x.$$

例 2.8　求函数 $y = 10^x e^x$ 的导数.

解　$y = 10^x e^x = (10e)^x$.

$$y' = (10e)^x \ln(10e) = (10e)^x(\ln 10 + 1).$$

2.2.2　复合函数求导法

定理 2.4　设 $y = f(u)$ 在 u 处可导，$u = \varphi(x)$ 在 x 处可导，则复合函数 $y = f(\varphi(x))$ 在 x 处可导，且 $\dfrac{\mathrm{d}y}{\mathrm{d}x} = \dfrac{\mathrm{d}y}{\mathrm{d}u} \cdot \dfrac{\mathrm{d}u}{\mathrm{d}x}$（简记为 $y'_x = y'_u \cdot u'_x$），即函数 y 对 x（自变量）的导数等于函数 y 对 u（中间变量）的导数乘以 u 对 x 的导数.

例 2.9　求函数 $y = \sin(ax+b)$（a、b 为常数）的导数.

解　此函数可分解为 $y = \sin u$，$u = ax + b$.

而 $y'_u = (\sin u)' = \cos u$，$u'_x = a$，从而 $y'_x = y'_u \cdot u'_x = \cos u \cdot a = a\cos(ax+b)$.

例 2.10　求函数 $y = \ln \sin x^3$ 的导数.

解　此函数可分解为 $y = \ln u$，$u = \sin v$，$v = x^3$.

而 $y'_u = (\ln u)' = \dfrac{1}{u} = \dfrac{1}{\sin x^3}$，$u'_v = (\sin v)' = \cos v = \cos x^3$，$v'_x = (x^3)' = 3x^2$.

从而 $y'_x = y'_u \cdot u'_v \cdot v'_x = \dfrac{1}{\sin x^3} \cdot \cos x^3 \cdot 3x^2 = 3x^2 \cot x^3$.

例 2.11   求函数 $y = \sqrt{\cos^3 5x + 1}$ 的导数.

解   此函数可分解为 $y = \sqrt{u}$, $u = v^3 + 1$, $v = \cos w$, $w = 5x$.

$$y' = y'_u \cdot u'_v \cdot v'_w \cdot w'_x = \frac{1}{2\sqrt{\cos^3 5x + 1}} \cdot 3\cos^2 5x \cdot (-\sin 5x) \cdot 5 = -\frac{15\cos^2 5x \cdot \sin 5x}{2\sqrt{\cos^3 5x + 1}} .$$

例 2.12   求函数 $y = \sin \dfrac{x}{\sqrt{x+1}}$ 的导数.

解   此函数可分解为 $y = \sin u$, $u = \dfrac{x}{\sqrt{x+1}}$.

$$y' = y'_u \cdot u'_x = \cos \frac{x}{\sqrt{x+1}} \cdot \frac{(x)'\sqrt{x+1} - x(\sqrt{x+1})'}{(\sqrt{x+1})^2} = \cos \frac{x}{\sqrt{x+1}} \cdot \frac{\sqrt{x+1} - x\dfrac{1}{2\sqrt{x+1}}}{x+1}$$

$$= \cos \frac{x}{\sqrt{x+1}} \cdot \frac{x+2}{2(x+1)\sqrt{x+1}} .$$

例 2.13   求函数 $y = \sqrt{x} + \arccos \dfrac{2}{x}$ 的导数.

解 $y' = (\sqrt{x})' + \left(\arccos \dfrac{2}{x} \right)' = \dfrac{1}{2\sqrt{x}} + \dfrac{-1}{\sqrt{1 - \left(\dfrac{2}{x} \right)^2}} \cdot \left(-\dfrac{2}{x^2} \right) = \dfrac{1}{2\sqrt{x}} + \dfrac{1}{\sqrt{x^2 - 4}} \cdot \dfrac{2}{x}$.

例 2.14   求函数 $y = \cos^2(x^2 + 1)$ 的导数.

解 $y' = -\sin 2(x^2 + 1) \cdot 2x = -2x \sin 2(x^2 + 1)$.

注意：这里用了结论 $(\cos^2 x)' = -\sin 2x$.

2.2.3   隐函数求导法

定义 2.4（隐函数和显函数定义）   由方程 $F(x, y) = 0$ 确定的函数 $y = f(x)$ 称为隐函数，具有明确函数表达式的函数称为显函数.

例如，由方程 $y = 1 - x\mathrm{e}^y$ 确定的函数 $y = f(x)$ 是隐函数，函数 $y = A\sin(\omega t + \varphi)$ 是显函数.

求由方程 $x^2 + y^2 = R^2$ 确定的隐函数 $y = \sqrt{R^2 - x^2}$ 的导数，只需把 $x^2 + y^2 = R^2$ 中的 y 看作是 x 的函数，即 $x^2 + [f(x)]^2 \equiv R^2$ ，两边对 x 求导得

$$2x + 2f(x) \cdot f'(x) = 0 , \quad y' = f'(x) = -\frac{x}{f(x)} = -\frac{x}{y} .$$

事实上，$y' = (\sqrt{R^2 - x^2})' = \dfrac{-2x}{2\sqrt{R^2 - x^2}} = -\dfrac{x}{\sqrt{R^2 - x^2}} = -\dfrac{x}{y}$.

例 2.15   设函数 $y = f(x)$ 由方程 $\mathrm{e}^{xy} + y\ln x = \cos 2x$ 确定，求 y' .

解   把 y 看作是 x 的函数，方程两边对 x 求导得

$$\mathrm{e}^{xy}(y + xy') + y'\ln x + \frac{y}{x} = -2\sin 2x .$$

$$(xe^{xy} + \ln x)y' = -2\sin 2x - \frac{y}{x} - ye^{xy}$$

$$y' = -\frac{2\sin 2x + \dfrac{y}{x} + ye^{xy}}{xe^{xy} + \ln x}.$$

例 2.16 设函数 $y = y(x)$ 由方程 $e^{x^2+2y} + \sin(xy) = 1$ 确定，求 $y'(0)$.

解 把 y 看作是 x 的函数，方程两边对 x 求导得

$$e^{x^2+2y}(2x + 2y') + \cos(xy)(y + xy') = 0$$

$$[2e^{x^2+2y} + x\cos(xy)]y' = -y\cos(xy) - 2xe^{x^2+2y}$$

$$y' = -\frac{y\cos(xy) + 2xe^{x^2+2y}}{2e^{x^2+2y} + x\cos(xy)}.$$

将 $x = 0$ 代入原方程得 $e^{2y} = 1$，即 $y = 0$. 所以

$$y'(0) = y'\Big|_{\substack{x=0\\y=0}} = 0.$$

例 2.17 求函数 $y = \sqrt{\dfrac{(x+1)(x+2)}{x+3}}$ 的导数.

解 两边取对数得 $\ln y = \dfrac{1}{2}[\ln(x+1) + \ln(x+2) - \ln(x+3)]$.

把 y 看作是 x 的函数，方程两边对 x 求导得

$$\frac{1}{y}y' = \frac{1}{2}\left(\frac{1}{x+1} + \frac{1}{x+2} - \frac{1}{x+3}\right)$$

$$y' = \frac{y}{2}\left(\frac{1}{x+1} + \frac{1}{x+2} - \frac{1}{x+3}\right) = \frac{1}{2}\sqrt{\frac{(x+1)(x+2)}{x+3}}\left(\frac{1}{x+1} + \frac{1}{x+2} - \frac{1}{x+3}\right).$$

2.2.4 函数的高阶导数

定义 2.5 设函数 $f(x)$ 的导函数 $f'(x)$ 在 x 处可导，即 $\lim\limits_{\Delta x\to 0}\dfrac{f'(x+\Delta x) - f'(x)}{\Delta x}$ 存在，则称

函数 $f(x)$ 在 x 处的二阶导数存在. 其二阶导数记为 $\lim\limits_{\Delta x\to 0}\dfrac{f'(x+\Delta x) - f'(x)}{\Delta x} = f''(x)$ 或

$\dfrac{\mathrm{d}^2 y}{\mathrm{d}x^2} \cdot \dfrac{\mathrm{d}^2 y}{\mathrm{d}x^2} = \dfrac{\mathrm{d}}{\mathrm{d}x}\left(\dfrac{\mathrm{d}y}{\mathrm{d}x}\right)$ 或 $f''(x) = (f'(x))' = (y')' = y''$. 类似地有，三阶导数 y'''，四阶导数 $y^{(4)}$，…，

n 阶导数 $y^{(n)}$.

例 2.18 求函数 $P_n(x) = a_0 x^n + a_1 x^{n-1} + \cdots + a_{n-1}x + a_n$ 的 n 阶导数.

解 $P_n'(x) = a_0 n x^{n-1} + a_1(n-1)x^{n-2} + \cdots + a_{n-1}$,

$P_n''(x) = a_0 n(n-1)x^{n-2} + a_1(n-1)(n-2)x^{n-3} + \cdots + a_{n-2}$,

$P_n^{(n)}(x) = a_0 n(n-1)(n-2)\cdots 2 \cdot 1 = n! a_0$.

例 2.19 求函数 $y = a^x$ 的 n 阶导数.

解 $y' = a^x \ln a$，$y'' = a^x(\ln a)^2$，$y''' = a^x(\ln a)^3$，…，$y^{(n)} = a^x(\ln a)^n$.

例 2.20 求函数 $y = \sin x$ 的 n 阶导数.

解 $y' = \cos x = \sin\left(\dfrac{\pi}{2} + x\right)$，$y'' = \cos\left(\dfrac{\pi}{2} + x\right) = \sin\left(2 \cdot \dfrac{\pi}{2} + x\right)$，…，$y^{(n)} = \sin\left(n \cdot \dfrac{\pi}{2} + x\right)$.

2.3 函数微分及计算方法

2.3.1 微分的概念

例 2.21 设函数 $y = x^3$，现给自变量 x 一增量 Δx，则函数的增量

$$\Delta y = f(x + \Delta x) - f(x) = (x + \Delta x)^3 - x^3 = 3x^2\Delta x + 3x(\Delta x)^2 + (\Delta x)^3.$$

显然，当 $\Delta x \to 0$ 时，$3x(\Delta x)^2$ 与 $(\Delta x)^3$ 为较 Δx 高阶的无穷小量，Δy 的值主要集中在 $3x^2\Delta x$，即 $\Delta y \approx 3x^2\Delta x$．我们称 $3x^2\Delta x$ 为 Δy 的线性主部．

定义 2.6 设函数 $f(x)$，如果给定自变量 x 一增量 Δx，则相应的函数增量 $\Delta y = f(x + \Delta x) - f(x)$ 可表示成 Δx 的线性主部，即 $\Delta y \approx A\Delta x$．我们称函数 $f(x)$ 在 x 处可微，线性主部 $A\Delta x$ 称为函数 $f(x)$ 在 x 处的微分，记为 $dy = A\Delta x$．

由图 2.1 知，$dy \equiv \overline{TN}$．令 $\Delta x \equiv dx$，则 $dy = Adx$ 且 $A = f'(x)$，从而 $dy = y'dx = f'(x)dx$．

定理 2.5 如果函数 $f(x)$ 在 x 处可导，则函数 $f(x)$ 在 x 处可微，反之亦然.

定理 2.6（一阶微分形式不变性） 设 $y = f(u)$ 在 u 处可导，$u = \varphi(x)$ 在 x 处可导，则复合函数 $y = f(\varphi(x))$ 的微分是 $dy = f'(\varphi(x))\varphi'(x)dx = f'(u)du$．

2.3.2 求函数的微分

定义 2.7 设函数 $u = u(x)$、$v = v(x)$ 在点 x 处可微，则 $u(x) \pm v(x)$、$u(x)v(x)$、$\dfrac{u(x)}{v(x)}$（$v(x) \neq 0$）可微且 $d(u \pm v) = du \pm dv$，$d(uv) = vdu + udv$，$d\left(\dfrac{u}{v}\right) = \dfrac{vdu - udv}{v^2}$．

例 2.22 求下列函数的微分：

（1）$y = \lg(1 - 3x^2)$；

（2）$y = (x + \sin^2 x)^4$；

（3）$y = \ln\dfrac{\sqrt{x^2 + 1}}{3\sqrt{2 + x}}$；

（4）$\arctan\dfrac{y}{x} = \ln\sqrt{x^2 + y^2}$．

解   （1）$dy = d\lg(1 - 3x^2) = \dfrac{\lg e}{1 - 3x^2}d(1 - 3x^2) = -\dfrac{6x \cdot \lg e}{1 - 3x^2}dx$．

（2）$dy = d(x + \sin^2 x)^4 = 4(x + \sin^2 x)^3 d(x + \sin^2 x) = 4(x + \sin^2 x)^3(1 + \sin 2x)dx$．

（3）$y = \ln\dfrac{\sqrt{x^2 + 1}}{3\sqrt{2 + x}} = \dfrac{1}{2}\ln(x^2 + 1) - \ln 3 - \dfrac{1}{2}\ln(2 + x)$

$$dy = \dfrac{1}{2}d\ln(x^2 + 1) - d\ln 3 - \dfrac{1}{2}d\ln(2 + x) = \dfrac{1}{2}\dfrac{2x}{x^2 + 1}dx - \dfrac{1}{2}\dfrac{1}{2 + x}dx$$

$$= \left(\frac{x}{x^2+1} - \frac{1}{4+2x} \right) \mathrm{d}x \ .$$

（4） $\mathrm{d}\arctan\dfrac{y}{x} = \mathrm{d}\ln\sqrt{x^2+y^2}$ ，　 $\dfrac{1}{1+\left(\dfrac{y}{x}\right)^2} \mathrm{d}\left(\dfrac{y}{x}\right) = \dfrac{1}{2}\dfrac{1}{x^2+y^2}\mathrm{d}(x^2+y^2)$ ，

$$\frac{x^2}{x^2+y^2}\frac{x\mathrm{d}y-y\mathrm{d}x}{x^2} = \frac{1}{2}\frac{1}{x^2+y^2}(2x\mathrm{d}x+2y\mathrm{d}y) , \quad x\mathrm{d}y-y\mathrm{d}x = x\mathrm{d}x+y\mathrm{d}y , \quad \mathrm{d}y = \frac{x+y}{x-y}\mathrm{d}x .$$

例 2.23（参数方程表示的函数的求导法）　设函数 $y=f(x)$ 的参数方程为 $x=\varphi(t)$ 、 $y=\psi(t)$ ，求 $\dfrac{\mathrm{d}y}{\mathrm{d}x}$.

解　因为 $\mathrm{d}y=f'(x)\mathrm{d}x$ ，所以 $f'(x)=\dfrac{\mathrm{d}y}{\mathrm{d}x}=\dfrac{\mathrm{d}\psi(t)}{\mathrm{d}\varphi(t)}=\dfrac{\psi'(t)\mathrm{d}t}{\varphi'(t)\mathrm{d}t}=\dfrac{\psi'(t)}{\varphi'(t)}$.

例 2.24　求下列参数方程所确定的函数的导数：

（1）设 $x=a\cos t$ 、 $y=b\sin t$ ，求 $\dfrac{\mathrm{d}y}{\mathrm{d}x}$ ；（2）设 $x=R\cos t$ 、 $y=R\sin t$ ，求 $\dfrac{\mathrm{d}^2 y}{\mathrm{d}x^2}$.

解　（1） $\dfrac{\mathrm{d}y}{\mathrm{d}x}=\dfrac{\psi'(t)}{\varphi'(t)}=\dfrac{(b\sin t)'}{(a\cos t)'}=\dfrac{b\cos t}{-a\sin t}=-\dfrac{b}{a}\cot t$.

（2） $\dfrac{\mathrm{d}y}{\mathrm{d}x}=\dfrac{\psi'(t)}{\varphi'(t)}=\dfrac{(R\sin t)'}{(R\cos t)'}=\dfrac{R\cos t}{-R\sin t}=-\cot t$

$$\frac{\mathrm{d}^2 y}{\mathrm{d}x^2}=\frac{\mathrm{d}}{\mathrm{d}x}\left(\frac{\mathrm{d}y}{\mathrm{d}x}\right)=\frac{\mathrm{d}(-\cot t)}{\mathrm{d}(R\cos t)}=-\frac{-\csc^2 t\,\mathrm{d}t}{-R\sin t\,\mathrm{d}t}=\frac{1}{R\sin^3 t} .$$

例 2.25　求曲线 $x=\sin t$ 、 $y=\cos 2t$ 在 $t=\dfrac{\pi}{4}$ 处的切线方程.

解　当 $t=\dfrac{\pi}{4}$ 时， $x=\dfrac{1}{\sqrt{2}}$ 、 $y=0$ ，切线方程的切点为 $\left(\dfrac{1}{\sqrt{2}},0\right)$ ，方程的斜率为

$$\left.\frac{\mathrm{d}y}{\mathrm{d}x}\right|_{t=\frac{\pi}{4}}=\left.\frac{(\cos 2t)'}{(\sin t)'}\right|_{t=\frac{\pi}{4}}=\left.\frac{-2\sin 2t}{\cos t}\right|_{t=\frac{\pi}{4}}=-2\sqrt{2} ,$$

从而所求切线方程为 $y-0=-2\sqrt{2}\left(x-\dfrac{1}{\sqrt{2}}\right)$ ，即 $y=-2\sqrt{2}x+2$.

2.4　函数微分的应用

2.4.1　泰勒公式及近似计算

对于在 x_0 处可导的函数 $y=f(x)$ ，给定自变量 x 的一增量 Δx ，可得到相应函数的增量 $\Delta y=f(x_0+\Delta x)-f(x_0)\approx\mathrm{d}y=f'(x_0)\Delta x$.

若令 $x_0=0$ ，则 $\Delta x=x$. 从而有

$$f(x)\approx f(0)+f'(0)x$$

也就是说，这时的函数 $y = f(x)$ 可由一个一次多项式来近似替代．由此可得以下推论：

若函数 $y = f(x)$ 在 x_0 处有 1 到 2 阶导数存在，则该函数可由一个二次多项式来替代；

若函数 $y = f(x)$ 在 x_0 处有 1 到 n 阶导数存在，则该函数可由一个 n 次多项式来替代．

以上推论是否成立，先让我们分析一下 n 次多项式函数 $P_n(x)$．不妨设

$$P_n(x) = A_0 + A_1(x - x_0) + A_2(x - x_0)^2 + \cdots + A_{n-1}(x - x_0)^{n-1} + A_n(x - x_0)^n$$

当 $x = x_0$ 时，$A_0 = P_n(x_0)$；

$$P_n'(x) = A_1 + 2A_2(x - x_0) + 3A_3(x - x_0)^2 + \cdots + (n-1)A_{n-1}(x - x_0)^{n-2} + nA_n(x - x_0)^{n-1}$$

当 $x = x_0$ 时，$A_1 = P_n'(x_0)$；

$$P_n''(x) = 2A_2 + 3 \cdot 2A_3(x - x_0) + 4 \cdot 3A_4(x - x_0)^2 + \cdots + n(n-1)A_n(x - x_0)^{n-2}$$

当 $x = x_0$ 时，$A_2 = \dfrac{P_n''(x_0)}{2!}$，$\cdots$，$A_n = \dfrac{P_n^{(n)}(x_0)}{n!}$．于是

$$P_n(x) = P_n(x_0) + P_n'(x_0)(x - x_0) + \frac{P_n''(x_0)}{2!}(x - x_0)^2 + \cdots + \frac{P_n^{(n)}(x_0)}{n!}(x - x_0)^n$$

当 $x = 0$ 时，$P_n(x) = P_n(0) + P_n'(0)x + \dfrac{P_n''(0)}{2!}x^2 + \cdots + \dfrac{P_n^{(n)}(0)}{n!}x^n$．

我们进一步分析，不难得出以下定理：

定理 2.7　设函数 $f(x)$ 在 $x = 0$ 处有 1 到 n 阶导数，且 n 阶导数在 $x = 0$ 的某邻域内连续，则

$$f(x) = f(0) + \frac{f'(0)}{1!}x + \frac{f''(0)}{2!}x^2 + \cdots + \frac{f^{(n)}(0)}{n!}x^n + o(x^n).$$

称表达式的右端为函数 $f(x)$（在 $x = 0$ 处）的麦克劳林公式．

一般地有

$$f(x) = f(x_0) + f'(x_0)(x - x_0) + \frac{f''(x_0)}{2!}(x - x_0)^2 + \cdots + \frac{f^{(n)}(x_0)}{n!}(x - x_0)^n + o((x - x_0)^n)$$

称表达式的右端为函数 $f(x)$（在 $x = x_0$ 处）的泰勒公式．

例 2.26　求下列函数的麦克劳林公式：

（1）$y = e^x$；（2）$y = \sin x$．

解　（1）因为 $(e^x)' = (e^x)'' = (e^x)''' = \cdots = (e^x)^{(n)} = e^x$，且

$(e^x)'|_{x=0} = (e^x)''|_{x=0} = (e^x)'''|_{x=0} = \cdots = (e^x)^{(n)}|_{x=0} = e^x|_{x=0} = 1$，所以

$$e^x = 1 + x + \frac{1}{2!}x^2 + \frac{1}{3!}x^3 + \cdots + \frac{1}{n!}x^n + o(x^n)$$

$$e = 1 + 1 + \frac{1}{2!} + \frac{1}{3!} + \cdots + \frac{1}{n!} + \cdots$$

$$e^{-x} = 1 - x + \frac{1}{2!}x^2 - \frac{1}{3!}x^3 + \cdots + (-1)^n \frac{1}{n!}x^n + o(x^n).$$

（2）因为 $y' = \cos x = \sin\left(\dfrac{\pi}{2} + x\right)$，$y'' = \cos\left(\dfrac{\pi}{2} + x\right) = \sin\left(2 \cdot \dfrac{\pi}{2} + x\right)$，$\ldots$，$y^{(n)} = \sin\left(n \cdot \dfrac{\pi}{2} + x\right)$．且 $y'(0) = 1$，$y''(0) = 0$，$y'''(0) = -1$，$\ldots$，$y^{(2m+1)}(0) = (-1)^{2m+1}$．所以

$$\sin x = x - \frac{1}{3!}x^3 + \frac{1}{5!}x^5 + \cdots + \frac{(-1)^{2m+1}}{(2m+1)!}x^{2m+1} + o(x^{2m+2}).$$

其余三个常用函数的麦克劳林公式如下：

$$\cos x = 1 - \frac{1}{2!}x^2 + \frac{1}{4!}x^4 + \cdots + \frac{(-1)^{2m}}{(2m)!}x^{2m} + o(x^{2m+1})$$

$$\ln(1+x) = x - \frac{1}{2}x^2 + \frac{1}{3}x^3 + \cdots + (-1)^{n-1}\frac{1}{n}x^n + o(x^n)$$

$$(1+x)^\alpha = 1 + \alpha x + \frac{\alpha(\alpha-1)}{2!}x^2 + \frac{\alpha(\alpha-1)(\alpha-2)}{3!}x^3 + \cdots$$
$$+ \frac{\alpha(\alpha-1)(\alpha-2)\cdots(\alpha-n+1)}{n!}x^n + o(x^n).$$

例 2.27 利用微分方法计算 $\sqrt[3]{26}$ 的近似值.

解 设 $f(x) = \sqrt[3]{x}$，由 $f(x + \Delta x) \approx f(x) + f'(x)\Delta x$，则 $f(x + \Delta x) = \sqrt[3]{x + \Delta x} \approx \sqrt[3]{x} + \frac{1}{3}x^{-\frac{2}{3}}\Delta x$.

从而 $\sqrt[3]{26} = \sqrt[3]{27-1} = 3\sqrt[3]{1 - \frac{1}{27}} \approx 3\left[\sqrt[3]{1} + \frac{1}{3}\left(-\frac{1}{27}\right)\right] = 3\left(1 - \frac{1}{81}\right) = \frac{80}{27} \approx 2.96$.

2.4.2 中值定理与洛必达法则

定理 2.8（费马引理） 设函数 $f(x)$ 在 x_0 的附近可微（包括 x_0 在内）且 $f(x) \leqslant f(x_0)$（或 $f(x) \geqslant f(x_0)$），则 $f'(x_0) = 0$.

证明 如图 2.2 所示，不妨设 $f(x_0)$ 为极大值，于是

当 $\Delta x > 0$ 时，$\dfrac{f(x_0 + \Delta x) - f(x_0)}{\Delta x} \leqslant 0$；

当 $\Delta x < 0$ 时，$\dfrac{f(x_0 + \Delta x) - f(x_0)}{\Delta x} \geqslant 0$.

从而，当 $\Delta x \to 0$ 时，$f'(x_0) \geqslant 0$，$f'(x_0) \leqslant 0 \Rightarrow f'(x_0) = 0$.

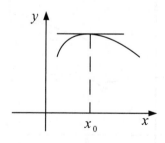

图 2.2 存在平行于 x 轴的切线

定理 2.9（罗尔定理） 如图 2.3 所示，设：

（1）函数 $f(x)$ 在闭区间 $[a,b]$ 上连续；

（2）函数 $f(x)$ 在开区间 (a,b) 内可导；

（3）$f(a) = f(b)$.

则在开区间 (a,b) 内至少存在一点 ξ，使得 $f'(\xi)=0$．

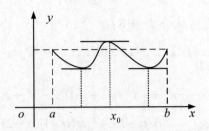

图 2.3 至少存在一条平行于 x 轴的切线

证明 因为函数 $f(x)$ 在闭区间 $[a,b]$ 上连续，由定理 2.15 知，函数 $f(x)$ 在闭区间 $[a,b]$ 上有最大值 M 和最小值 m．此时有两种可能：

（1）当 $M=m$ 时，$f(x)=M=m$，$f'(x)=0$；

（2）当 $M\ne m$ 时，因为 $f(a)=f(b)$，所以 M、m 不可能同时为 $f(a)$ 或 $f(b)$，不妨设 $m\ne f(b)$，这时在开区间 (a,b) 内至少存在一点 ξ，使得 $f(\xi)=m$，由定理 2.8 知，$f'(\xi)=0$．

定理 2.10（拉格朗日中值定理） 设：

（1）函数 $f(x)$ 在闭区间 $[a,b]$ 上连续；

（2）函数 $f(x)$ 在开区间 (a,b) 内可导，则在开区间 (a,b) 内至少存在一点 ξ，使得 $f'(\xi)=\dfrac{f(b)-f(a)}{b-a}$ 或 $f(b)-f(a)=f'(\xi)(b-a)$．

证明 作辅助函数 $\Phi(x)=f(x)-f(a)-\dfrac{f(b)-f(a)}{b-a}(x-a)$，易知 $\Phi(a)=\Phi(b)$，由函数 $f(x)$ 在闭区间 $[a,b]$ 上连续，可知 $\Phi(x)$ 在闭区间 $[a,b]$ 上连续，又由 $f(x)$ 在开区间 (a,b) 内可导，可知 $\Phi(x)$ 在开区间 (a,b) 内可导．由定理 2.9 知，在开区间 (a,b) 内至少存在一点 ξ，使得 $\Phi'(\xi)=0$，$f'(\xi)-\dfrac{f(b)-f(a)}{b-a}=0$，即 $f'(\xi)=\dfrac{f(b)-f(a)}{b-a}$．

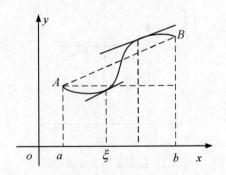

图 2.4 至少存在一条平行于弦 AB 的切线

例 2.28 试证：如果函数 $f(x)$ 在 (a,b) 内恒有 $f'(x)=0$，则 $f(x)$ 在 (a,b) 内恒等于常数．

证明 任取两点 x_1、$x_2\in(a,b)$，在区间 $[x_1,x_2]$ 上应用定理 2.10，必有 $\xi\in(x_1,x_2)$，使得

$f(x_2) - f(x_1) = f'(\xi)(x_2 - x_1)$．又因为 $f'(x) = 0$，所以 $f(x_2) - f(x_1) = 0$，即 $f(x_2) = f(x_1)$．由 x_1、x_2 的任意性知，$f(x)$ 在 (a,b) 内恒等于常数．

例 2.29　试证：如果函数在 (a,b) 内恒有 $F'(x) = G'(x)$，则在 (a,b) 内恒有 $G(x) = F(x) + C$．

证明　令 $\Phi(x) = G(x) - F(x)$，则 $\Phi'(x) = G'(x) - F'(x) = 0$．由例 2.28 知，$\Phi(x) = C$，即 $\Phi(x) = G(x) - F(x) = C$，即 $G(x) = F(x) + C$．

例 2.30　试证：当 $x > 0$ 时，$\cos x > 1 - \dfrac{1}{2}x^2$．

证明　令 $f(x) = \cos x - 1 + \dfrac{1}{2}x^2$，$x > 0$，在区间 $[0,x]$ 上应用定理 2.10，必有 $\xi \in (0,x)$，使得 $f(x) - f(0) = f'(\xi)(x-0) > 0$．即 $f(x) > 0$，$\cos x - 1 + \dfrac{1}{2}x^2 > 0$，从而 $\cos x > 1 - \dfrac{1}{2}x^2$．

例 2.31　试证：$|\sin b - \sin a| \leqslant |b - a|$．

证明　令 $f(x) = \sin x$，在区间 $[a,b]$ 应用定理 2.10，必有 $\xi \in (a,b)$，使 $f(b) - f(a) = f'(\xi)(b-a)$，即 $\sin b - \sin a = (b-a)\cos\xi$，$|\sin b - \sin a| = |b-a||\cos\xi| \leqslant |b-a|$．

定理 2.11（柯西中值定理）　设：

（1）函数 $f(x)$、$g(x)$ 在闭区间 $[a,b]$ 上连续；（2）函数 $f(x)$、$g(x)$ 在开区间 (a,b) 内可导，且 $g'(x) \neq 0$，则在开区间 (a,b) 内至少存在一点 ξ 使得 $\dfrac{f(b) - f(a)}{g(b) - g(a)} = \dfrac{f'(\xi)}{g'(\xi)}$ 成立．

提示：作辅助函数 $\Phi(x) = f(x) - f(a) - \dfrac{f(b) - f(a)}{g(b) - g(a)}[g(x) - g(a)]$，应用定理 2.9 即可证明．

值得注意的是，柯西定理是基于曲线由参数方程确定的情形，它可以看成是拉格朗日中值定理的推广，读者仔细阅读还会发现上面介绍的四个定理有如下关系：费马引理 $\xrightarrow{\text{推广}}$ 罗尔定理 $\xrightarrow{\text{推广}}$ 拉格朗日中值定理 $\xrightarrow{\text{推广}}$ 柯西中值定理，我们进一步研究易知，应用柯西中值定理可证明如下洛必达法则．

定理 2.12（洛必达法则）　设函数 $f(x)$ 在 x_0 的一个邻域（无穷区间）内可导，且

（1）$\lim\limits_{\substack{x \to x_0 \\ (x \to \infty)}} f(x) = 0\,(\infty)$，$\lim\limits_{\substack{x \to x_0 \\ (x \to \infty)}} g(x) = 0\,(\infty)$；

（2）$\lim\limits_{\substack{x \to x_0 \\ (x \to \infty)}} \dfrac{f'(x)}{g'(x)} = A$（或 ∞）（$g'(x) \neq 0$），则 $\lim\limits_{\substack{x \to x_0 \\ (x \to \infty)}} \dfrac{f(x)}{g(x)} = \lim\limits_{\substack{x \to x_0 \\ (x \to \infty)}} \dfrac{f'(x)}{g'(x)} = A$（或 ∞）．

例 2.32　求下列极限：

（1）$\lim\limits_{x \to 0} \dfrac{\sin x}{x}$；

（2）$\lim\limits_{x \to 0} \dfrac{\tan x - x}{x - \sin x}$；

（3）$\lim\limits_{x \to a} \dfrac{x^m - a^m}{x^n - a^n}$（$a$ 为常数）；

（4）$\lim\limits_{x \to 1} \left(\dfrac{x}{x-1} - \dfrac{1}{\ln x} \right)$；

（5）$\lim\limits_{x \to \infty} \left(1 + \dfrac{1}{x} \right)^x$．

解　（1）$\lim\limits_{x\to 0}\dfrac{\sin x}{x}\overset{洛}{=}\lim\limits_{x\to 0}\dfrac{(\sin x)'}{(x)'}=\lim\limits_{x\to 0}\cos x=1$.

（2）$\lim\limits_{x\to 0}\dfrac{\tan x-x}{x-\sin x}\overset{洛}{=}\lim\limits_{x\to 0}\dfrac{(\tan x-x)'}{(x-\sin x)'}=\lim\limits_{x\to 0}\dfrac{\dfrac{1}{\cos^2 x}-1}{1-\cos x}=\lim\limits_{x\to 0}\dfrac{1-\cos^2 x}{1-\cos x}\cdot\dfrac{1}{\cos^2 x}$

$\qquad\qquad =\lim\limits_{x\to 0}(1+\cos x)\cdot\dfrac{1}{\cos^2 x}=2$.

（3）$\lim\limits_{x\to a}\dfrac{x^m-a^m}{x^n-a^n}\overset{洛}{=}\lim\limits_{x\to a}\dfrac{(x^m-a^m)'}{(x^n-a^n)'}=\lim\limits_{x\to a}\dfrac{mx^{m-1}}{nx^{n-1}}=\dfrac{m}{n}a^{m-n}$.

（4）$\lim\limits_{x\to 1}\left(\dfrac{x}{x-1}-\dfrac{1}{\ln x}\right)=\lim\limits_{x\to 1}\dfrac{x\ln x-x+1}{(x-1)\ln x}\overset{洛}{=}\lim\limits_{x\to 1}\dfrac{(x\ln x-x+1)'}{[(x-1)\ln x]'}=\lim\limits_{x\to 1}\dfrac{\ln x+1-1}{\ln x+\dfrac{x-1}{x}}$

$\qquad\qquad =\lim\limits_{x\to 1}\dfrac{\ln x}{\ln x+1-\dfrac{1}{x}}\overset{洛}{=}\lim\limits_{x\to 1}\dfrac{\dfrac{1}{x}}{\dfrac{1}{x}+\dfrac{1}{x^2}}=\dfrac{1}{2}$.

（5）$\lim\limits_{x\to\infty}\left(1+\dfrac{1}{x}\right)^x=\lim\limits_{x\to\infty}\mathrm{e}^{x\ln\left(1+\frac{1}{x}\right)}=\mathrm{e}^{\lim\limits_{x\to\infty}\frac{\ln\left(1+\frac{1}{x}\right)}{\frac{1}{x}}}\overset{洛}{=}\mathrm{e}^{\lim\limits_{x\to\infty}\frac{\left(-\frac{1}{x^2}\right)\left(1+\frac{1}{x}\right)}{\left(-\frac{1}{x^2}\right)}}=\mathrm{e}^{\lim\limits_{x\to\infty}\frac{x}{x+1}}=\mathrm{e}$.

例 2.33　下列极限不能用洛必达法则，请说明理由：

（1）$\lim\limits_{x\to\infty}\dfrac{x+\sin x}{x}$ ；　　　　　　（2）$\lim\limits_{x\to 0}\dfrac{x^2\sin\dfrac{1}{x}}{\sin x}$.

解　（1）$\lim\limits_{x\to\infty}\dfrac{(x+\sin x)'}{(x)'}=\lim\limits_{x\to\infty}(1+\cos x)$ 不存在，但 $\lim\limits_{x\to\infty}\dfrac{x+\sin x}{x}=\lim\limits_{x\to\infty}\left(1+\dfrac{\sin x}{x}\right)=1$.

（2）$\lim\limits_{x\to 0}\dfrac{\left(x^2\sin\dfrac{1}{x}\right)'}{(\sin x)'}=\lim\limits_{x\to 0}\dfrac{2x\sin\dfrac{1}{x}-\cos\dfrac{1}{x}}{\cos x}$ 不存在，但 $\lim\limits_{x\to 0}\dfrac{x^2\sin\dfrac{1}{x}}{\sin x}=\lim\limits_{x\to 0}\dfrac{x}{\sin x}\cdot x\sin\dfrac{1}{x}=0$.

2.4.3　初等函数形态研究

1．函数的单调性、极值与导数的关系

从图 2.5 中我们不难得出以下结论：

（1）导数为零（称为驻点）或导数不存在的点将函数的定义域区间划分成多个小区间；

（2）函数在被驻点或导数不存在的点划分的小区间内的单调性保持不变，同时，函数单调增加时其导数大于零，函数单调减少时其导数小于零；

（3）函数在驻点或导数不存在的点处可能取得极值；

（4）函数在驻点或导数不存在的点处，如果单调性改变，则函数在该点处取得极值（如果函数在该点有定义）.

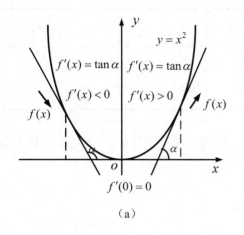

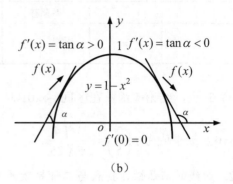

（a）　　　　　　　　　　　　　　　　　（b）

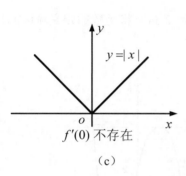

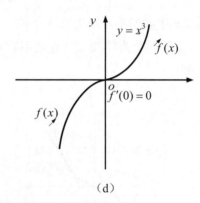

（c）　　　　　　　　　　　　　　　　　（d）

图 2.5　函数的单调性、极值与导数的关系实例

定理 2.13（函数单调性和极值判别法）　设函数 $f(x)$ 在 $(a,x_0)\cup(x_0,b)$ 内可导且 $f(x_0)$ 有意义.

（1）当 $a<x<x_0$ 时，$f'(x)>0$，函数 $f(x)$ 在 (a,x_0) 内单调增加；当 $x_0<x<b$ 时，$f'(x)<0$，函数 $f(x)$ 在 (x_0,b) 内单调减少，则 $f(x)$ 在 (a,b) 内取得极大值 $f(x_0)$.

（2）当 $a<x<x_0$ 时，$f'(x)<0$，函数 $f(x)$ 在 (a,x_0) 内单调减少；当 $x_0<x<b$ 时，$f'(x)>0$，函数 $f(x)$ 在 (x_0,b) 内单调增加，则 $f(x)$ 在 (a,b) 内取得极小值 $f(x_0)$.

注意：有极值不存在的情况如图 2.5（d）所示.

这时，我们把区间 (a,x_0) 和 (x_0,b) 称为函数 $f(x)$ 的单调增加（或减少）区间，也称单调区间.

例 2.34　求函数 $y=(x-1)\sqrt[3]{x^2}$ 的单调区间和极值.

解　第 1 步，求一阶导数找驻点或导数不存在的点.

$$y'=\frac{5}{3}x^{\frac{2}{3}}-\frac{2}{3}x^{-\frac{1}{3}}=\frac{5x-2}{3\sqrt[3]{x}}，\quad f'\left(\frac{2}{5}\right)=0，\quad f'(0)\text{ 不存在}.$$

第 2 步，列表讨论.

x	$(-\infty,0)$	0	$(0,\frac{2}{5})$	$\frac{2}{5}$	$(\frac{2}{5},+\infty)$
y'	+	不存在	−	0	+
y	↗	极大 $f(0)$	↘	极小 $f\left(\frac{2}{5}\right)$	↗

第 3 步，结论：函数在区间$(-\infty,0)\cup\left(\frac{2}{5},+\infty\right)$内增加，在区间$\left(0,\frac{2}{5}\right)$内减少，极大值为 $f(0)=0$，极小值为 $f\left(\frac{2}{5}\right)=-\frac{3}{5}\sqrt[3]{\frac{4}{25}}$.

2. 曲线的凹凸性、拐点与二阶导数的关系

$$y = x^3 - 3x - 2$$

从图 2.6 中我们不难得出以下结论：

（1）二阶导数为零或二阶导数不存在的点（参考例 2.34）将函数的定义域区间划分成多个小区间；

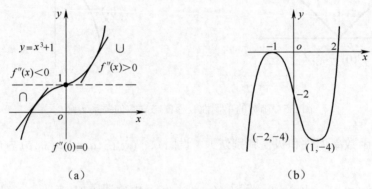

（a）   （b）

图 2.6   曲线的凹凸性、拐点与二阶导数的关系

（2）在每个小区间内的切线始终位于曲线的上方（称曲线是凸的，用符号 ∩ 表示）或下方（称曲线是凹的，用符号 ∪ 表示），同时，当函数的曲线凸时其二阶导数小于零，当函数的曲线凹时其二阶导数大于零；

（3）如果在二阶导数为零或二阶导数不存在的点附近其凹凸性改变，我们称函数的曲线在该点处有拐点（如果函数在该点有定义）.

定理 2.14（曲线凹凸性和拐点判别法） 设函数 $f(x)$ 在 $(a,x_0)\cup(x_0,b)$ 内有二阶导数且 $f(x_0)$ 有意义.

（1）当 $a<x<x_0$ 时，$f''(x)>0$，函数 $f(x)$ 的曲线在 (a,x_0) 内是凹的；当 $x_0<x<b$ 时，$f''(x)<0$，函数 $f(x)$ 的曲线在 (x_0,b) 内是凸的，则 $f(x)$ 在 (a,b) 内有拐点 $(x_0,f(x_0))$.

（2）当 $a<x<x_0$ 时，$f''(x)<0$，函数 $f(x)$ 的曲线在 (a,x_0) 内是凸的；当 $x_0<x<b$ 时，$f''(x)>0$，函数 $f(x)$ 的曲线在 (x_0,b) 内是凹的，则 $f(x)$ 在 (a,b) 内有拐点 $(x_0,f(x_0))$.

例 2.35　求曲线 $y=\sqrt[3]{x-4}+2$ 的凹凸区间和拐点.

解　第 1 步，求二阶导数为零或二阶导数不存在的点.

$$y'=\frac{1}{3}(x-4)^{-\frac{2}{3}},\ y''=-\frac{2}{9}(x-4)^{-\frac{5}{3}},\ y''(4)\text{ 不存在}.$$

第 2 步，列表讨论.

x	$(-\infty,4)$	4	$(4,+\infty)$
y''	+	不存在	$-$
y	$\cup$	拐点$(4,2)$	$\cap$

第 3 步，结论：曲线 $y=\sqrt[3]{x-4}+2$ 的凹区间是 $(-\infty,4)$，凸区间是 $(4,+\infty)$，拐点为 $(4,2)$.

2.4.4　函数的最大（小）值

在工程管理中常常要解决在一定条件下怎样使面积最小、费用最少、体积最大、距离最短、工期最短等问题，这些问题反映在数学上就是求函数的最大值和最小值问题. 函数极值是函数在某个邻域内的最大值或最小值，是一个局部概念. 函数在闭区间 $[a,b]$ 上的最大值（最小值）是指在整个区间上的所有函数值当中的最大者（最小者），是一个全局性的概念.

定理 2.15（连续函数的性质）　如果函数 $f(x)$ 在闭区间 $[a,b]$ 上连续，则函数 $f(x)$ 在 $[a,b]$ 上一定能得到最大值和最小值，当然这个最大值或最小值可能在闭区间的内点上得到，也可能在闭区间的两个端点上得到.

因此，求函数 $f(x)$ 在 $[a,b]$ 上的最大（小）值时，应首先求出函数 $f(x)$ 在 (a,b) 内的极大（小）值，然后与两个端点处的函数值 $f(a)$、$f(b)$ 进行比较，其中最大者为最大值，最小者为最小值，即

$$M=\max\{f(a),f(x_1),f(x_2),\cdots,f(x_n),f(b)\}$$
$$m=\min\{f(a),f(x_1),f(x_2),\cdots,f(x_n),f(b)\}$$

其中 $f(x_1),f(x_2),\cdots,f(x_n)$ 为函数 $f(x)$ 在 (a,b) 内的 n 个极大（小）值.

值得注意的是，在实际问题中常常遇到以下特殊情形，函数 $f(x)$ 在区间 (a,b) 内仅一个极大值，没有极小值，则这个极大值就是最大值. 类似地，函数 $f(x)$ 在区间 (a,b) 内仅一个极小值，没有极大值，则这个极小值就是最小值.

例 2.36　求函数 $f(x)=x^4-2x^2+5$ 在区间 $[-\sqrt{2},\sqrt{2}]$ 上的最大值和最小值.

解　第 1 步，求出函数 $f(x)$ 在区间 $(-\sqrt{2},\sqrt{2})$ 内的极值.

$$f'(x)=4x^3-4x=4x(x-1)(x+1)$$

令 $f'(x)=0$，得驻点：$x_1=-1$，$x_2=0$，$x_3=1$. 对应的极值为 $f(-1)=4$，$f(0)=5$，$f(1)=4$.
第 2 步，求端点的函数值 $f(-\sqrt{2})=5$，$f(\sqrt{2})=5$.
第 3 步，比较所有极值和端点函数值的大小.

$$M=\max\{f(-\sqrt{2}),f(x_1),f(x_2),f(x_3),f(\sqrt{2})\}=\max\{5,4,5,4,5\}=5.$$
$$m=\min\{f(-\sqrt{2}),f(x_1),f(x_2),f(x_3),f(\sqrt{2})\}=\min\{5,4,5,4,5\}=4.$$

例 2.37（体积最大问题） 设有一矩形的周长为 $2p$，现绕其一边旋转一周形成一圆柱体，问矩形的长和宽各为多少时圆柱体的体积最大？

解 设矩形的长、宽分别为 x、y，如图 2.7 所示.

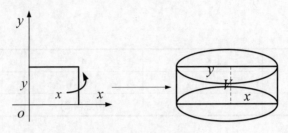

图 2.7 体积最大问题

$V = \pi x^2 y$，又 $2(x+y) = 2p$，从而函数关系为 $V = \pi x^2 (p-x) = \pi p x^2 - \pi x^3$.

又 $V' = 2\pi p x - 3\pi x^2$，令 $V' = 0$，得 $x = \dfrac{2}{3}p$. 从而，当矩形的长、宽分别为 $x = \dfrac{2}{3}p$、$y = \dfrac{1}{3}p$ 时，圆柱体的体积最大.

例 2.38（距离最短问题） 求曲线 $y^2 = x$ 上的点，使其到点 $A(3,0)$ 的距离最短.

解 曲线 $y^2 = x$ 上的点到点 $A(3,0)$ 的距离公式为 $d = \sqrt{(x-3)^2 + y^2}$.

d 与 d^2 在同一点取到最大值，为计算方便求 d^2 的最大值点，将 $y^2 = x$ 代入得，$d^2 = (x-3)^2 + x$，$(d^2)' = 2(x-3)+1$. 令 $(d^2)' = 0$，得 $x = \dfrac{5}{2}$. 由此解出 $y = \pm\dfrac{\sqrt{10}}{2}$，即曲线 $y^2 = x$ 上的点 $\left(\dfrac{5}{2}, \dfrac{\sqrt{10}}{2}\right)$ 和点 $\left(\dfrac{5}{2}, -\dfrac{\sqrt{10}}{2}\right)$ 到点 $A(3,0)$ 的距离最短.

例 2.39（平均成本为最小的生产水平问题） 设某产品在日产量为 x（件）时，其总成本函数为 $C(x) = 100 + 18x - 40\sqrt{x}$（百元），求使平均成本为最小的日产量.

解 平均成本为 $\overline{C}(x) = \dfrac{100 + 18x - 40\sqrt{x}}{x} = \dfrac{100}{x} + 18 - \dfrac{40}{\sqrt{x}}$，则有 $\dfrac{\mathrm{d}}{\mathrm{d}x}\overline{C}(x) = 0$，解得唯一驻点 $x = 25$，由于 $\dfrac{\mathrm{d}^2}{\mathrm{d}x^2}\overline{C}(x)\Big|_{x=25} = \dfrac{2}{625} > 0$，所以 $x = 25$ 是 $\overline{C}(x)$ 的最小值点. 故当每天的产量为 $x = 25$（件）时，平均成本达到最小.

例 2.40（关于经济订购批量和批次问题） 某企业需要某种物品 24000 件/年，其价格为 40 元/件，每次订货费用为 1600 元. 由于该物品不易保管，库存保管费率为 12%，所以必须分期分批订货，试求最优订购批量 Q、批次 n 及周期 T，以使全年总的订货费与仓库保管费最少.

解 设订购批量为 Q（件），则订购批次为 $n = \dfrac{24000}{Q}$（次），而进货周期为 $T = \dfrac{1}{n}$（年）. 全年总费用 C 是由仓库保管费 C_1 与订购费 C_2 两部分构成的.

由于每次进货量为 Q 件，所以仓库内常年平均库存量为 $\frac{Q}{2}\cdot 40$，可知全年仓库保管费为

$$C_1=\frac{Q}{2}\cdot 40\cdot 12\%=2.4Q.$$

而全年的订货费为 $C_2=1600n=1600\cdot\frac{24000}{Q}=3.84\times10^7Q^{-1}$.

所以目标函数（全年总费用）为 $C=C_1+C_2=2.4Q+3.84\times10^7Q^{-1}$，$Q>0$，对其求导，可得 $\frac{dC}{dQ}=2.4-3.84\times10^7Q^{-2}$.

令 $\frac{dC}{dQ}=0$，得（正数范围内）唯一驻点 $Q=4000$，则

$$\frac{d^2C}{dQ^2}=7.68\times10^7Q^{-3},\quad \left.\frac{d^2C}{dQ^2}\right|_{Q=4000}=0.0012>0,$$

故所求驻点确定是最小值点. 由此可知，最优订购批量 $Q=4000$（件），批次 $n=6$（次），进货周期 $T=\frac{1}{6}$（年），即 2 个月.

例 2.41（最经济的航行速度问题）　已知轮船在航行时的燃料费与其航行速度的立方成正比，当轮船以速度 $v=10$km/h 航行时，燃料费为每小时 80 元，又知航行途中其他开销为每小时 540 元，试问当轮船以多大速度航行时最为经济？

解　设轮船的航程为 S，若轮船以速度 v 航行，则所需要的时间就是 $t=\frac{S}{v}$，从而可以得到以速度 v 为自变量的目标函数（航行的总费用）：

$$y=(kv^3+540)t=\left(\frac{80}{10^3}v^3+540\right)\frac{S}{v}=\left(\frac{2}{25}v^2+\frac{540}{v}\right)S,\ v>0.$$

其导数为 $\frac{dy}{dv}=\left(\frac{4}{25}v-\frac{540}{v^2}\right)S$，令 $\frac{dy}{dv}=0$，可得唯一驻点 $v=15$.

由于目标函数在定义域上可导，驻点唯一，而且目标函数的最小值一定存在，由此可知 $v=15$km/h 为最经济的航行速度.

例 2.42（边际分析）　设某厂每月生产的产品固定成本为 1000 元，生产 x 个单位产品的可变成本为 $0.01x^2+10x$ 元，如果每个单位产品的售价为 30 元，试求边际成本、边际收入及边际利润为零时的产量.

边际成本：$C'(x)=0.02x+10$.

边际收入：$R'(x)=30$.

边际利润：$L'(x)=-0.02x+20$.

令 $L'(x)=0$，得 $-0.02x+20=0$，$x=1000$，即当月产量为 1000 个单位时边际利润为零. 这说明，月产量为 1000 个单位时，再多生产一个单位产品不会增加利润.

例 2.43（弹性问题）　设函数 $y=f(x)$ 在 x 处可导，函数的相对改变量 $\frac{\Delta y}{y}$ 与自变量的

相对改变量 $\dfrac{\Delta x}{x}$ 之比称为函数 $y = f(x)$ 从 x 到 $x + \Delta x$ 两点间的弹性.

$$\text{极限 } \varepsilon_{yx} = \lim_{\Delta x \to 0} \frac{\dfrac{\Delta y}{y}}{\dfrac{\Delta x}{x}} = y' \cdot \frac{x}{y} = \frac{\dfrac{\mathrm{d}y}{\mathrm{d}x}}{\dfrac{y}{x}} = \frac{\text{边际函数}}{\text{平均函数}}$$

称为函数 $y = f(x)$ 在 x 处的弹性.

例 2.44   设某商品的需求函数为 $Q = \mathrm{e}^{-\frac{p}{5}}$，求：（1）需求弹性函数；（2）$p$=3、5、6 时的需求弹性，并给以适当的经济解释.

解   （1）$Q' = -\dfrac{1}{5}\mathrm{e}^{-\frac{p}{5}}$，故 $\varepsilon_p = \dfrac{p}{Q} \cdot \dfrac{\mathrm{d}Q}{\mathrm{d}p} = \dfrac{p}{\mathrm{e}^{-\frac{p}{5}}} \cdot \left(-\dfrac{1}{5}\mathrm{e}^{-\frac{p}{5}}\right) = -\dfrac{p}{5}$.

（2）当 $p = 3$ 时，$|\varepsilon_p| = \dfrac{3}{5} = 0.6 < 1$，为低弹性，说明需求变动的幅度小于价格变动的幅度，即价格上涨 1%，需求量只减少 0.6%，此时降价将使总收益减少，提价将使总收益增加.

当 $p = 5$ 时，$|\varepsilon_p| = 1$，为单位弹性，说明需求变动的幅度与价格变动的幅度相同，即价格上涨 1%，需求量也减少 1%，此时提价或降价对总收益没有明显影响.

当 $p = 6$ 时，$|\varepsilon_p| = 1.2 > 1$，为高弹性，说明需求变动的幅度大于价格变动的幅度，即价格上涨 1%，需求量将减少 1.2%，此时降价将使总收益增加，提价将使总收益减少.

习题 2

1. 设函数 $f(x) = \begin{cases} x^2 \sin \dfrac{1}{x}, & x \neq 0 \\ 0, & x = 0 \end{cases}$，求 $f'(0)$.

2. 设 $\lim\limits_{x \to x_0} \dfrac{f(x) - f(x_0)}{x - x_0} = f'(x_0)$，试求下列极限：

（1）$\lim\limits_{\Delta x \to 0} \dfrac{f(x_0 + 2\Delta x) - f(x_0)}{\Delta x}$；   （2）$\lim\limits_{\Delta x \to 0} \dfrac{f(x_0 - \Delta x) - f(x_0)}{\Delta x}$；

（3）$\lim\limits_{\Delta x \to 0} \dfrac{f(x_0 + \Delta x) - f(x_0 - \Delta x)}{\Delta x}$；   （4）$\lim\limits_{h \to 0} \dfrac{f(x_0 - h) - f(x_0)}{h}$.

3. 求 $s = \dfrac{1}{2}gt^2$（自由落体运动）在时刻 t_0 的瞬时速度 $v(t_0)$.

4. 求下列函数的导数：

（1）$y = x^3$；   （2）$y = \sin x$；   （3）$y = \ln x$.

5. 设一企业生产某种产品的总成本函数为 $C(q) = 1100 + \dfrac{q^2}{1200}$，求：

（1）产量为 900 个单位时的总成本和平均成本；

（2）产量从 900 个到 1000 个单位时总成本的变化率；

（3）产量为 900 个单位时的边际成本．

6．根据定义 2.1 求下列函数的导数：

（1）$y = a^x$；　　　（2）$y = e^x$；　　　（3）$y = \sin x$；　　　（4）$y = \cos x$．

7．求复合函数的导数．

（1）设 $y = \sin^2(\ln x)$，求 $\dfrac{dy}{dx}$．

（2）设 $y = \ln \sin(x^2 + 1) + 2^{-x}$，求 y'．

（3）设 $y = e^{\operatorname{arctg}\sqrt{x+1}}$，求 y'．

（4）设 $y = \sin \dfrac{x}{\sqrt{x+1}}$，求 $y'(0)$．

（5）设 $y = \sqrt{1 + \cos^2 x^2}$，求 y'．

8．求隐函数的导数．

（1）设 $y = f(x)$ 是由方程 $\sin(x + y^2) = x^2 y$ 确定的函数，求 y'．

（2）设 $y = f(x)$ 是由方程 $e^{x+y} + y\ln(x+1) = \cos 2x$ 确定的函数，求 $y'(0)$．

（3）设函数 $y = f(x)$ 由方程 $y = 1 - e^y x$ 确定，求 $\dfrac{dy}{dx}$．

（4）设 $y = f(x)$ 由方程 $x(1 + y^2) - \ln(x^2 + 2y) = 0$ 确定，求 $y'(0)$．

（5）设 $y = f(x)$ 是由方程 $\cos^2(x^2 + y) = x$ 确定的函数，求 $f'(x)$．

9．求函数的高阶导数．

（1）设 $y = x\ln(x+1)$，求 $y''(1)$．

（2）求对数函数 $y = \ln(x+1)$ 的 n 阶导数．

10．求下列微分：

（1）$y = x\ln x + 2$；　　　　　　　　　　（2）$y = e^{-ax}\sin bx$；

（3）$y = x\arctan\sqrt{x}$；　　　　　　　　（4）$y = \ln\tan\dfrac{x}{2}$．

11．求下列隐函数的微分：

（1）$\cos^2(x^2 + y) = x$；　　　　　　　　（2）$xy = e^{x+y}$．

12．求下列参数方程确定的函数的导数 $\dfrac{dy}{dx}$：

（1）$\begin{cases} x = r\cos t \\ y = r\sin t \end{cases}$；　　　　　　　（2）$\begin{cases} x = 2e^t \\ y = e^{-t} \end{cases}$．

13．求下列函数的麦克劳林公式：

（1）$y = x\ln(x+1)$；　　　　　　　　　（2）$y = \cos^2 x$；

（3）$y = \ln(2 + x)$；　　　　　　　　　　（4）$y = a^x$．

14．利用微分方法计算 $\sqrt{2}$ 的近似值．

15．用洛必达法则求下列极限：

（1）$\lim\limits_{x\to 0}\dfrac{1-\cos x}{x^2}$；

（2）$\lim\limits_{x\to +\infty}\dfrac{\ln x}{x}$；

（3）$\lim\limits_{x\to 0}\dfrac{x-x\cos x}{x-\sin x}$；

（4）$\lim\limits_{x\to +\infty}\dfrac{\ln^2 x}{x}$；

（5）$\lim\limits_{x\to 0}\left(\dfrac{1}{\sin x}-\dfrac{1}{x}\right)$；

（6）$\lim\limits_{x\to 0}\dfrac{\sin(\sin x)}{x}$；

（7）$\lim\limits_{x\to +\infty}\dfrac{\ln(1+e^x)}{e^x}$；

（8）$\lim\limits_{x\to -\infty}\dfrac{\ln(1+e^x)}{e^x}$；

（9）$\lim\limits_{x\to 0}\dfrac{e^x\cos x-1}{\sin 2x}$．

16．下列极限不能用洛必达法则，请说明其理由：

（1）$\lim\limits_{x\to +\infty}\dfrac{x-\sin x}{x+\sin x}$；

（2）$\lim\limits_{x\to +\infty}\dfrac{e^x-e^{-x}}{e^x+e^{-x}}$．

17．求下列函数的单调区间和极值：

（1）$y=x^2 e^{-x}$；

（2）$y=\dfrac{x}{1+x^2}$；

（3）$y=x-\ln(1+x)$．

18．求下列曲线的凹凸区间和拐点：

（1）$y=x^2\ln x$；

（2）$y=\dfrac{1}{1+x^2}$．

19．当 a、b 为何值时，点 $(1,3)$ 是曲线 $y=ax^3+bx^2$ 的拐点？

20．求下列函数的最大值和最小值：

（1）$y=x^4-2x^2-5$，$x\in[-2,2]$；

（2）$y=\sqrt{5-4x}$，$x\in[-1,1]$．

21．某工厂生产一种产品，其固定成本为 3 万元，每生产一百件产品，成本增加 2 万元，其总收益 R（万元）与产量 q（百件）之间的函数关系为 $R=5q-\dfrac{1}{2}q^2$，求达到最大利润时的产量．

22．设某商品的需求函数为 $Q=20-\dfrac{p}{3}$，求 $p=3$ 时的需求弹性．

23．一长方形内接于由抛物线 $y=x^2$ 及直线 $y=h$（$h>0$）所围成的图形，求面积最大的长方形的长和宽．

24．内接于半径为 R 的半球内的圆柱体，试求其高为多少时体积最大？

25．一火车锅炉每小时消耗煤的费用与火车行驶速度的立方成正比．已知当火车速度为 20km/h 时，每小时耗煤价值 40 元，其他费用每小时需要 200 元，甲、乙两地相距 5km，问火车行驶速度如何才能使火车由甲地开往乙地的总费用最省？

26．在半径为 R 的半圆内作一内接梯形，使其底为直径，其他三边为圆的弦，问怎样才能使梯形的面积最大？

27．要建造一个体积为 V_0 的有盖圆柱形仓库，问其高与底半径为多少时用料最省？

28．（房租如何定价使利润最大）一房地产公司有 50 套公寓要出租.当租金定为每月 180 元时，公寓会全部租出去.当租金每月增加 10 元时，就有一套租不出去，而租出去的房子每月需花费 20 元的整修维护费.试问房租定为多少可获得最大收入？

29．某产品在市场销售中，为了提高销量降价了 15%，结果销量增长了 18%，试问该产品的需求弹性为多少？

第 3 章　无限求和——函数的积分

本章我们将讨论一元函数积分. 积分中主要有两个基本问题：不定积分和定积分. 围绕这两个问题，本章首先从积分定义、有关定理和基本公式入手，然后重点解析其计算方法，最后讲解定积分的应用.

3.1　不定积分的概念

3.1.1　原函数与不定积分

有许多实际问题都要求我们解决微分法的逆运算——就是已知某函数的导数去求原来的函数.

例如，已知自由落体任意时刻 t 的运动速度 $v(t) = gt$，求落体的运动规律（设运动开始时物体在原点）. 这个问题就是要从关系式 $s'(t) = gt$ 中还原出函数 $s(t)$ 来. 由导数公式易知，$s(t) = \dfrac{1}{2} gt^2$，这就是所求的运动规律.

一般地，如果已知 $F'(x) = f(x)$，如何求 $F(x)$ 呢？为此，引入下述定义：

定义 3.1（原函数）　已知函数 $f(x)$ 在区间 I 上有定义，如果存在函数 $F(x)$，使得在区间 I 上的任意点 x 处都有关系式

$$F'(x) = f(x) \text{ 或 } \mathrm{d}F(x) = f(x)\mathrm{d}x$$

成立，则称函数 $F(x)$ 是函数 $f(x)$ 在区间 I 上的一个原函数.

例如，因为 $(\sin x)' = \cos x$，所以 $\sin x$ 是 $\cos x$ 的一个原函数，但不是唯一的. 事实上 $(\sin x + 1)' = (\sin x + 2)' = (\sin x - \sqrt{3})' = \cdots = \cos x$，故 $\cos x$ 的原函数不是唯一的.

关于原函数的两个问题：

（1）原函数存在问题：如果 $f(x)$ 在某区间内连续，那么它的原函数一定存在（此定理将在定积分部分加以说明）.

（2）原函数的一般表达式：前面已经指出，若 $f(x)$ 存在原函数，就不是唯一的，那么这些原函数之间有什么差异？是否能写成统一的表达式呢？对此，有如下结论：

定理 3.1　若函数 $F(x)$ 是函数 $f(x)$ 的一个原函数，则 $F(x) + C$（C 为任意常数）都是函数 $f(x)$ 的原函数，并且 $f(x)$ 的任何一个原函数都可以表示成 $F(x) + C$.

证明　因为 $(F(x) + C)' = F'(x) + C' = f(x)$，所以 $F(x) + C$ 是 $f(x)$ 的原函数.

又设 $f(x)$ 的任意一个原函数为 $G(x)$，则 $G'(x) = f(x)$.

因为 $(G(x) - F(x))' = G'(x) - F'(x) = f(x) - f(x) = 0$，所以 $G(x) - F(x) = C$（C 为任意常

数），即 $G(x) = F(x) + C$.

这样就证明了 $f(x)$ 的全体原函数组成了函数族 $F(x) + C$，由此构成不定积分的概念.

定义 3.2（不定积分） 设函数 $F(x)$ 是函数 $f(x)$ 的一个原函数，则 $f(x)$ 的全体原函数 $F(x) + C$（C 为任意常数）称为 $f(x)$ 的不定积分，记为 $\int f(x)\mathrm{d}x = F(x) + C$.

上式中 x 叫作积分变量，$f(x)$ 叫作被积函数，$f(x)\mathrm{d}x$ 叫作被积表达式，C 叫作积分常数，"$\int$" 叫作积分号.

注意：求 $\int f(x)\mathrm{d}x$ 时，切记要 "$+C$"，否则求出的只是一个原函数，而不是不定积分.

例 3.1 求下列不定积分：

（1）$\int 2x\mathrm{d}x$；   （2）$\int \sin x\mathrm{d}x$；   （3）$\int \dfrac{1}{x}\mathrm{d}x$.

解 （1）因为 $(x^2)' = 2x$，所以 $\int 2x\mathrm{d}x = x^2 + C$；

（2）因为 $(-\cos x)' = \sin x$，所以 $\int \sin x\mathrm{d}x = -\cos x + C$；

（3）因为 $x > 0$ 时，$(\ln x)' = \dfrac{1}{x}$，又 $x < 0$ 时，$[\ln(-x)]' = \dfrac{-1}{-x} = \dfrac{1}{x}$，即 $(\ln|x|)' = \dfrac{1}{x}$，所以 $\int \dfrac{1}{x}\mathrm{d}x = \ln|x| + C$.

通常把一个原函数 $F(x)$ 的图像称为 $f(x)$ 的一条积分曲线，其方程为 $y = F(x)$，因此，不定积分 $\int f(x)\mathrm{d}x$ 在几何上就表示全体积分曲线所组成的曲线族，它们的方程为 $y = F(x) + C$. 这族曲线的特点是：积分曲线族 $y = F(x) + C$ 可以由其中任意一条积分曲线 $y = F(x)$ 上下平移而成，并且该曲线族在横坐标相同点 x 处切线斜率都等于 $f(x)$，即在该处各积分曲线的切线彼此平行，如图 3.1 所示.

例 3.2 设曲线过点 $(1,2)$ 且斜率为 $2x$，求曲线方程.

解 设所求曲线方程为 $y = f(x)$，则 $y' = 2x$，故 $y = \int 2x\mathrm{d}x = x^2 + C$.

又由曲线过点 $(1,2)$ 得 $2 = 1^2 + C$，所以 $C = 1$，于是所求曲线方程为 $y = x^2 + 1$，如图 3.2 所示.

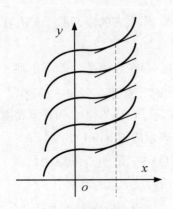

图 3.1 不定积分的几何意义

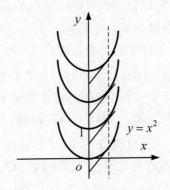

图 3.2 $y = x^2 + C$ 的图形

由积分定义知，积分与导数（或微分）互为逆运算，由此得下列性质：

（1）$\dfrac{\mathrm{d}}{\mathrm{d}x}\displaystyle\int f(x)\mathrm{d}x = f(x)$ 或 $\mathrm{d}\displaystyle\int f(x)\mathrm{d}x = f(x)\mathrm{d}x$ ；

（2）$\displaystyle\int F'(x)\mathrm{d}x = F(x)+C$ 或 $\displaystyle\int \mathrm{d}F(x) = F(x)+C$ ．

3.1.2　基本积分公式

利用导数求积分是一种间接的方法，很不方便，下面的基本积分公式及运算性质可以帮助我们直接进行积分计算．由于求不定积分是求导数（或微分）的逆运算，所以逆着导数公式可以得到相应的基本积分公式．

1	$(kx)' = k$	$\displaystyle\int k\mathrm{d}x = kx+C$ （k 为常数）
2	$\left(\dfrac{1}{\alpha+1}x^{\alpha+1}\right)' = x^{\alpha}$	$\displaystyle\int x^{\alpha}\mathrm{d}x = \dfrac{1}{\alpha+1}x^{\alpha+1}+C\,(\alpha\neq -1)$
3	$(\ln|x|)' = \dfrac{1}{x}$	$\displaystyle\int \dfrac{1}{x}\mathrm{d}x = \ln|x|+C$
4	$\left(\dfrac{1}{\ln a}a^{x}\right)' = a^{x}$	$\displaystyle\int a^{x}\mathrm{d}x = \dfrac{1}{\ln a}a^{x}+C$
5	$(\mathrm{e}^{x})' = \mathrm{e}^{x}$	$\displaystyle\int \mathrm{e}^{x}\mathrm{d}x = \mathrm{e}^{x}+C$
6	$(-\cos x)' = \sin x$	$\displaystyle\int \sin x\mathrm{d}x = -\cos x+C$
7	$(\sin x)' = \cos x$	$\displaystyle\int \cos x\mathrm{d}x = \sin x+C$
8	$(\tan x)' = \sec^{2}x$	$\displaystyle\int \sec^{2}x\mathrm{d}x = \tan x+C$
9	$(-\cot x)' = \csc^{2}x$	$\displaystyle\int \csc^{2}x\mathrm{d}x = -\cot x+C$
10	$(\arcsin x)' = \dfrac{1}{\sqrt{1-x^{2}}}$	$\displaystyle\int \dfrac{1}{\sqrt{1-x^{2}}}\mathrm{d}x = \arcsin x+C$
11	$(\arctan x)' = \dfrac{1}{1+x^{2}}$	$\displaystyle\int \dfrac{1}{1+x^{2}}\mathrm{d}x = \arctan x+C$

以上 11 个公式是积分法的基础，必须熟记．

定理 3.2　被积函数中不为零的常数因子可提到积分号外面来，即
$$\int kf(x)\mathrm{d}x = k\int f(x)\mathrm{d}x \quad (k\neq 0)$$

定理 3.3　两个函数代数和的积分等于各函数积分的代数和，即
$$\int[f(x)\pm g(x)]\mathrm{d}x = \int f(x)\mathrm{d}x \pm \int g(x)\mathrm{d}x$$

上述两定理可推广为
$$\int[af(x)\pm bg(x)]\mathrm{d}x = a\int f(x)\mathrm{d}x \pm b\int g(x)\mathrm{d}x$$

说明：（1）本性质对有限多个函数的和也是成立的．它表明和函数可逐项积分．

（2）这两个公式的证明很容易，只要验证右端的导数等于左端的被积函数，并且右端含一个常数 C 即可．顺便指出，以后我们计算不定积分时就可以用这个方法检验积分结果是否正确．

3.1.3　公式应用举例

对于不定积分的计算，如果可以利用各种恒等变形使被积函数化为和差形式，并且每一项都是基本积分公式中所具有的形式，就可以利用积分公式和性质直接积分，这种积分法称为直接积分法．

例 3.3　求下列不定积分：

（1）$\displaystyle\int\left(\frac{1}{\sqrt{x}}-\frac{2}{x^2}+3\tan^2 x\right)\mathrm{d}x$；

（2）$\displaystyle\int\frac{x^2}{1+x^2}\mathrm{d}x$；

（3）$\displaystyle\int 3^x\mathrm{e}^x\mathrm{d}x$；

（4）$\displaystyle\int(2^x+3^x)^2\mathrm{d}x$；

（5）$\displaystyle\int(x+2)^2\mathrm{d}x$；

（6）$\displaystyle\int\mathrm{e}^{5x}\mathrm{d}x$．

解　（1）$\displaystyle\int\left(\frac{1}{\sqrt{x}}-\frac{2}{x^2}+3\tan^2 x\right)\mathrm{d}x=\int\frac{1}{\sqrt{x}}\mathrm{d}x-2\int\frac{1}{x^2}\mathrm{d}x+3\int\tan^2 x\mathrm{d}x$

$$=\int x^{-\frac{1}{2}}\mathrm{d}x-2\int x^{-2}\mathrm{d}x+3\int(\sec^2 x-1)\mathrm{d}x$$

$$=2\sqrt{x}+\frac{2}{x}+3\tan x-3x+C.$$

注意：在分项积分后，不必每一个积分结果都"$+C$"，只要在总的结果中加一个 C 即可．

（2）$\displaystyle\int\frac{x^2}{1+x^2}\mathrm{d}x=\int\frac{1+x^2-1}{1+x^2}\mathrm{d}x=\int\left(1-\frac{1}{1+x^2}\right)\mathrm{d}x=x-\arctan x+C$．

（3）$\displaystyle\int 3^x\mathrm{e}^x\mathrm{d}x=\int(3\mathrm{e})^x\mathrm{d}x=\frac{(3\mathrm{e})^x}{\ln 3\mathrm{e}}+C=\frac{3^x\mathrm{e}^x}{\ln 3+1}+C$．

（4）$\displaystyle\int(2^x+3^x)^2\mathrm{d}x=\int(2^{2x}+2\cdot 2^x\cdot 3^x+3^{2x})\mathrm{d}x=\int 4^x\mathrm{d}x+2\int 6^x\mathrm{d}x+\int 9^x\mathrm{d}x$

$$=\frac{4^x}{\ln 4}+2\frac{6^x}{\ln 6}+\frac{9^x}{\ln 9}+C.$$

（5）$\displaystyle\int(x+2)^2\mathrm{d}x=\int(x^2+4x+4)\mathrm{d}x=\frac{1}{3}x^3+2x^2+4x+C_1=\frac{1}{3}(x+2)^3+C$．

（6）$\displaystyle\int\mathrm{e}^{5x}\mathrm{d}x=\int(\mathrm{e}^5)^x\mathrm{d}x=\frac{(\mathrm{e}^5)^x}{\ln\mathrm{e}^5}+C=\frac{1}{5}\mathrm{e}^{5x}+C$．

3.2　不定积分的数学计算

利用积分公式与性质只能求出一些简单的积分，对于比较复杂的积分，我们总是设法把它变形，使之成为能利用基本积分公式的形式，再求出其积分．下面讲解的换元法就是最常用的一种很有效的方法．

3.2.1　换元积分法

在例 3.3 的（5）和（6）两题中我们不难发现：

$$\int (x+2)^2 \mathrm{d}x = \int (x+2)^2 \mathrm{d}(x+2) = \frac{1}{3}(x+2)^3 + C$$

$$\int \mathrm{e}^{5x}\mathrm{d}x = \frac{1}{5}\int \mathrm{e}^{5x}\mathrm{d}(5x) = \frac{1}{5}\mathrm{e}^{5x} + C$$

只要把 $(x+2)$ 和 $(5x)$ 看成公式 $\int x^\alpha \mathrm{d}x = \dfrac{1}{\alpha+1}x^{\alpha+1} + C(\alpha \neq -1)$ 和 $\int \mathrm{e}^x \mathrm{d}x = \mathrm{e}^x + C$ 中的 x 即可得出结果．此方法的理论基础源于下述定理：

定理 3.4　如果 $\int f(x)\mathrm{d}x = F(x) + C$，则 $\int f(u)\mathrm{d}u = F(u) + C$.

其中 $u = \varphi(x)$ 是 x 的任一可导函数．

证明　因为 $\int f(x)\mathrm{d}x = F(x) + C$，所以 $\mathrm{d}F(x) = f(x)\mathrm{d}x$．根据微分形式不变性，则有 $\mathrm{d}F(u) = f(u)\mathrm{d}u$，其中 $u = \varphi(x)$ 是 x 的可导函数，由此得

$$\int f(u)\mathrm{d}u = \int \mathrm{d}F(u) = F(u) + C$$

积分步骤如下：

$$\int f[\varphi(x)]\varphi'(x)\mathrm{d}x \xrightarrow[\text{凑微分}]{\varphi'(x)\mathrm{d}x = \mathrm{d}\varphi(x)} \int f[\varphi(x)]\mathrm{d}\varphi(x) \xrightarrow[\text{积分}]{} F[\varphi(x)] + C .$$

该公式说明，在被积函数（一般为复合函数）中选择适当的中间变量 $u = \varphi(x)$ 凑成微分 $\mathrm{d}\varphi(x)$，再将该中间变量看成相应公式中的 x，就可得出积分结果．通常把这种积分方法称为凑微分法或第一换元法．

凑微分法的难点在于原题并未指明应该把哪一部分凑成 $\mathrm{d}\varphi(x)$，这需要解题经验，熟记下列凑微分形式，解题中会给我们以下启示：

1．$\mathrm{d}x = \dfrac{1}{a}\mathrm{d}(ax+b)\,(a \neq 0)$　　2．$x\mathrm{d}x = \dfrac{1}{2}\mathrm{d}(x^2)$

3．$x^2\mathrm{d}x = \dfrac{1}{3}\mathrm{d}(x^3)$　　4．$\dfrac{\mathrm{d}x}{\sqrt{x}} = 2\mathrm{d}(\sqrt{x})$

5．$\dfrac{1}{x^2}\mathrm{d}x = \mathrm{d}\left(-\dfrac{1}{x}\right)$　　6．$\dfrac{1}{x}\mathrm{d}x = \mathrm{d}(\ln x)$

7．$\mathrm{e}^x\mathrm{d}x = \mathrm{d}(\mathrm{e}^x)$　　8．$\sin x\mathrm{d}x = \mathrm{d}(-\cos x)$

9．$\cos x\mathrm{d}x = \mathrm{d}(\sin x)$　　10．$\sec^2 x\mathrm{d}x = \mathrm{d}(\tan x)$

11．$\csc^2 x\mathrm{d}x = \mathrm{d}(-\cot x)$　　12．$\dfrac{\mathrm{d}x}{1+x^2} = \mathrm{d}(\arctan x)$

13．$\dfrac{\mathrm{d}x}{\sqrt{1-x^2}} = \mathrm{d}(\arcsin x)$

例 3.4　求下列不定积分：

（1）$\int \sin(\omega t + \varphi)\mathrm{d}t$；　　（2）$\int 2x\mathrm{e}^{x^2}\mathrm{d}x$；　　（3）$\int \dfrac{x^2}{\sqrt{x^3-1}}\mathrm{d}x$；

（4）$\int \dfrac{\mathrm{d}x}{x\sqrt{1-\ln^2 x}}$ ；　　　　　（5）$\int \dfrac{\mathrm{e}^x}{1+\mathrm{e}^x}\mathrm{d}x$.

解　（1）$\int \sin(\omega t+\varphi)\mathrm{d}t = \dfrac{1}{\omega}\int \sin(\omega t+\varphi)\mathrm{d}(\omega t+\varphi) = -\dfrac{1}{\omega}\cos(\omega t+\varphi)+C$.

（2）$\int 2x\mathrm{e}^{x^2}\mathrm{d}x = \int \mathrm{e}^{x^2}\cdot 2x\mathrm{d}x = \int \mathrm{e}^{x^2}\mathrm{d}x^2 = \mathrm{e}^{x^2}+C$.

（3）$\int \dfrac{x^2}{\sqrt{x^3-1}}\mathrm{d}x = \dfrac{1}{3}\int \dfrac{1}{\sqrt{x^3-1}}\mathrm{d}x^3 = \dfrac{1}{3}\int \dfrac{1}{\sqrt{x^3-1}}\mathrm{d}(x^3-1) = \dfrac{2}{3}\sqrt{x^3-1}+C$.

（4）$\int \dfrac{\mathrm{d}x}{x\sqrt{1-\ln^2 x}} = \int \dfrac{1}{\sqrt{1-\ln^2 x}}\cdot \dfrac{\mathrm{d}x}{x} = \int \dfrac{1}{\sqrt{1-\ln^2 x}}\mathrm{d}\ln x = \arcsin \ln x+C$.

（5）$\int \dfrac{\mathrm{e}^x}{1+\mathrm{e}^x}\mathrm{d}x = \int \dfrac{1}{1+\mathrm{e}^x}\cdot \mathrm{e}^x\mathrm{d}x = \int \dfrac{1}{1+\mathrm{e}^x}\mathrm{d}\mathrm{e}^x = \int \dfrac{1}{1+\mathrm{e}^x}\mathrm{d}(1+\mathrm{e}^x) = \ln(1+\mathrm{e}^x)+C$.

例 3.5　求下列不定积分：

（1）$\int \dfrac{1}{\sqrt{a^2-x^2}}\mathrm{d}x\,(a>0)$ ；　　　　　（2）$\int \dfrac{1}{a^2-x^2}\mathrm{d}x\,(a\neq 0)$ ；

（3）$\int \tan x\mathrm{d}x$ ；　　　　　（4）$\int \sec x\mathrm{d}x$.

解　（1）$\int \dfrac{1}{\sqrt{a^2-x^2}}\mathrm{d}x = \int \dfrac{1}{a\sqrt{1-\left(\dfrac{x}{a}\right)^2}}\mathrm{d}x = \int \dfrac{1}{\sqrt{1-\left(\dfrac{x}{a}\right)^2}}\mathrm{d}\left(\dfrac{x}{a}\right) = \arcsin \dfrac{x}{a}+C$.

类似地，有 $\int \dfrac{1}{a^2+x^2}\mathrm{d}x = \dfrac{1}{a}\arctan \dfrac{x}{a}+C\,(a\neq 0)$.

（2）$\int \dfrac{1}{a^2-x^2}\mathrm{d}x = \dfrac{1}{2a}\int \left(\dfrac{1}{a+x}+\dfrac{1}{a-x}\right)\mathrm{d}x = \dfrac{1}{2a}\left[\int \dfrac{\mathrm{d}(a+x)}{a+x} - \int \dfrac{\mathrm{d}(a-x)}{a-x}\right]$

$= \dfrac{1}{2a}[\ln|a+x|-\ln|a-x|]+C = \dfrac{1}{2a}\ln\left|\dfrac{a+x}{a-x}\right|+C$.

类似地，有 $\int \dfrac{1}{x^2-a^2}\mathrm{d}x = \dfrac{1}{2a}\ln\left|\dfrac{x-a}{x+a}\right|+C$.

（3）$\int \tan x\mathrm{d}x = \int \dfrac{\sin x}{\cos x}\mathrm{d}x = -\int \dfrac{1}{\cos x}\mathrm{d}\cos x = -\ln|\cos x|+C$.

类似地，有 $\int \cot x\mathrm{d}x = \ln|\sin x|+C$.

（4）$\int \sec x\mathrm{d}x = \int \dfrac{\sec x(\sec x+\tan x)}{\sec x+\tan x}\mathrm{d}x = \int \dfrac{1}{\sec x+\tan x}\cdot(\sec^2 x\mathrm{d}x+\sec x\tan x\mathrm{d}x)$

$= \int \dfrac{1}{\sec x+\tan x}\mathrm{d}(\sec x+\tan x) = \ln|\sec x+\tan x|+C$.

类似地，有 $\int \csc x\mathrm{d}x = \ln|\csc x-\cot x|+C$.

注意：本例中的 8 个积分以后会经常用到，可以作为公式应用.

例 3.6　求下列不定积分：

（1）$\int \dfrac{3+x}{\sqrt{4-x^2}}\mathrm{d}x$ ；　　　（2）$\int \dfrac{1}{x^2+x-2}\mathrm{d}x$ ；　　　（3）$\int \dfrac{1}{x^2+2x+4}\mathrm{d}x$.

解　（1）$\displaystyle\int\frac{3+x}{\sqrt{4-x^2}}\mathrm{d}x = 3\int\frac{1}{\sqrt{2^2-x^2}}\mathrm{d}x + \int\frac{-\dfrac{1}{2}}{\sqrt{4-x^2}}\mathrm{d}(4-x^2)$

$$= 3\arcsin\frac{x}{2} - \sqrt{4-x^2} + C.$$

（2）$\displaystyle\int\frac{1}{x^2+x-2}\mathrm{d}x = \int\frac{1}{(x+2)(x-1)}\mathrm{d}x = \frac{1}{3}\int\left(\frac{1}{x-1}-\frac{1}{x+2}\right)\mathrm{d}x$

$$= \frac{1}{3}(\ln|x-1|-\ln|x+2|)+C = \frac{1}{3}\ln\left|\frac{x-1}{x+2}\right|+C.$$

（3）$\displaystyle\int\frac{1}{x^2+2x+4}\mathrm{d}x = \int\frac{1}{(\sqrt{3})^2+(x+1)^2}\mathrm{d}x = \frac{1}{\sqrt{3}}\arctan\frac{x+1}{\sqrt{3}}+C.$

形如 $\displaystyle\int\frac{\mathrm{d}x}{ax^2+bx+c}$ 可以采用分解因式拆分法或配方法，顺便指出配方法也可运用于形如 $\displaystyle\int\frac{\mathrm{d}x}{\sqrt{ax^2+bx+c}}$ 的积分.

例 3.7　求下列不定积分：

（1）$\displaystyle\int\cos^2 x\sin x\mathrm{d}x$；

（2）$\displaystyle\int\sin^2 x\mathrm{d}x$.

解　（1）$\displaystyle\int\cos^2 x\sin x\mathrm{d}x = -\int\cos^2 x\mathrm{d}\cos x = -\frac{1}{3}\cos^3 x + C.$

（2）$\displaystyle\int\sin^2 x\mathrm{d}x = \int\frac{1-\cos 2x}{2}\mathrm{d}x = \frac{1}{2}\left[\int\mathrm{d}x-\frac{1}{2}\int\cos 2x\mathrm{d}(2x)\right] = \frac{1}{2}x-\frac{1}{4}\sin 2x+C.$

注意：三角函数中其他常用公式有倍角公式、半角公式等，函数关系有平方关系、倒数关系等.

第一换元法是将中间变量 $\varphi(x)$ 看成相应公式中的 x，直接得出积分结果，但对有些被积函数则需要作相反方式的换元，即将积分变量 x 看成 $\varphi(t)$（$x=\varphi(t)$），使被积函数有理化，再用第一换元法积分.

定理 3.5　如果 $f[\varphi(t)]\varphi'(t)$ 具有原函数 $F(t)$，且 $x=\varphi(t)$ 单调可导，$\varphi'(t)\neq 0$，其反函数 $t=\varphi^{-1}(x)$ 存在，那么 $\displaystyle\int f(x)\mathrm{d}x = F[\varphi^{-1}(x)]+C.$

证明　因为 $f[\varphi(t)]\varphi'(t)$ 具有原函数 $F(t)$，所以 $F'(t)=f[\varphi(t)]\varphi'(t)$.

令 $H(x)=F[\varphi^{-1}(x)]$，利用复合函数求导法及反函数求导公式，得到

$$H'(x)=\frac{\mathrm{d}F}{\mathrm{d}t}\cdot\frac{\mathrm{d}t}{\mathrm{d}x}=F'(t)\cdot\frac{1}{\varphi'(t)}=f[\varphi(t)]\varphi'(t)\cdot\frac{1}{\varphi'(t)}=f[\varphi(t)]=f(x)$$

即 $H(x)=F[\varphi^{-1}(x)]$ 是 $f(x)$ 的原函数，所以有

$$\int f(x)\mathrm{d}x = F[\varphi^{-1}(x)]+C.$$

定理 3.5 给出的换元法称为第二换元法，其计算步骤为

$$\int f(x)\mathrm{d}x \xrightarrow[\mathrm{d}x=\varphi'(t)\mathrm{d}t]{\diamondsuit x=\varphi(t)} \int f[\varphi(t)]\varphi'(t)\mathrm{d}t = F(t)+C \xrightarrow{t=\varphi^{-1}(x)} F[\varphi^{-1}(x)]+C$$

即基本步骤为换元、积分、回代.

例 3.8　求下列不定积分：

（1）$\displaystyle\int\frac{\mathrm{d}x}{\sqrt{x-1}+1}$；

（2）$\displaystyle\int\frac{\mathrm{d}x}{\sqrt{x}+\sqrt[3]{x}}$.

解　（1）$\displaystyle\int\frac{\mathrm{d}x}{\sqrt{x-1}+1}\xlongequal[x=t^2+1]{\diamondsuit t=\sqrt{x-1}}\int\frac{\mathrm{d}(t^2+1)}{t+1}=\int\frac{2t}{t+1}\mathrm{d}t=2\int\left(1-\frac{1}{t+1}\right)\mathrm{d}t$

$$=2(t-\ln|t+1|)+C\xlongequal{\text{回代}}2(\sqrt{x-1}-\ln|\sqrt{x-1}+1|)+C.$$

（2）$\displaystyle\int\frac{\mathrm{d}x}{\sqrt{x}+\sqrt[3]{x}}\xlongequal[x=t^6]{\diamondsuit t=\sqrt[6]{x}}\int\frac{\mathrm{d}t^6}{t^3+t^2}=\int\frac{6t^5\mathrm{d}t}{t^3+t^2}=6\int\frac{t^3+1-1}{t+1}\mathrm{d}t$

$$=6\int\left(t^2-t+1-\frac{1}{t+1}\right)\mathrm{d}t=6\left(\frac{1}{3}t^3-\frac{1}{2}t^2+t-\ln|t+1|\right)+C$$

$$\xlongequal{\text{回代}}2\sqrt{x}-3\sqrt[3]{x}+6\sqrt[6]{x}-6\ln|\sqrt[6]{x}+1|+C.$$

注意：如果被积函数中所含被开方因式为一次根式 $\sqrt[n]{ax+b}$ 时，通常令 $t=\sqrt[n]{ax+b}$，称为根式代换．其主要思想是利用根式代换消去根号，使其转化为有理式的积分．

下面讨论被积函数中含有被开方因式为二次式的根式情况．

例 3.9　求下列不定积分：

（1）$\displaystyle\int\sqrt{a^2-x^2}\,\mathrm{d}x\;(a>0)$；

（2）$\displaystyle\int\frac{1}{\sqrt{a^2+x^2}}\mathrm{d}x\;(a>0)$.

分析：如果作类似于例 3.8 的根式代换，则不能消去根号，为此应使两个量的平方差表示成另一个量的平方，联想到三角函数的平方关系，可作如下的三角代换．

解　（1）$\displaystyle\int\sqrt{a^2-x^2}\,\mathrm{d}x\xlongequal{\diamondsuit x=a\sin t}\int\sqrt{a^2-a^2\sin^2 t}\,\mathrm{d}(a\sin t)$

$$=\int a\cos t\cdot a\cos t\,\mathrm{d}t=a^2\int\frac{1+\cos 2t}{2}\mathrm{d}t$$

$$=\frac{a^2}{2}\left(\int\mathrm{d}t+\frac{1}{2}\int\cos 2t\,\mathrm{d}2t\right)=\frac{a^2}{2}t+\frac{a^2}{4}\sin 2t+C$$

$$=\frac{a^2}{2}t+\frac{a^2}{2}\sin t\cos t+C.$$

为将 t 回代为 x 的函数，由 $t=\arcsin\dfrac{x}{a}$，$\sin\left(\arcsin\dfrac{x}{a}\right)=\dfrac{x}{a}$，$\cos\left(\arcsin\dfrac{x}{a}\right)=$

$\sqrt{1-\sin^2\left(\arcsin\dfrac{x}{a}\right)}=\dfrac{\sqrt{a^2-x^2}}{a}$，从而有

$$\int\sqrt{a^2-x^2}\,\mathrm{d}x=\frac{a^2}{2}\arcsin\frac{x}{a}+\frac{1}{2}x\sqrt{a^2-x^2}+C.$$

（2）$\displaystyle\int\frac{1}{\sqrt{a^2+x^2}}\mathrm{d}x\xlongequal{\diamondsuit x=a\tan t}\int\frac{1}{\sqrt{a^2+a^2\tan^2 t}}\mathrm{d}(a\tan t)=\int\frac{1}{a\sec t}\cdot a\sec^2 t\,\mathrm{d}t$

$$=\int\sec t\,\mathrm{d}t=\ln|\sec t+\tan t|+C_1.$$

由 $t=\arctan\dfrac{x}{a}$，$\tan\left(\arctan\dfrac{x}{a}\right)=\dfrac{x}{a}$，$\sec t=\sqrt{1+\tan^2 t}=\dfrac{\sqrt{a^2+x^2}}{a}$，从而有

$$\int \frac{1}{\sqrt{a^2+x^2}}\,\mathrm{d}x = \ln|x+\sqrt{a^2+x^2}|+C \quad (C=C_1-\ln a).$$

类似地，有 $\int \dfrac{1}{\sqrt{x^2-a^2}}\,\mathrm{d}x = \ln|x+\sqrt{x^2-a^2}|+C$.

一般地，若被积函数中含有

（1）$\sqrt{a^2-x^2}$，令 $x=a\sin t$（正弦代换）；

（2）$\sqrt{a^2+x^2}$，令 $x=a\tan t$（正切代换）；

（3）$\sqrt{x^2-a^2}$，令 $x=a\sec t$（正割代换）.

以上方法通常称为三角代换，当然也可作余弦（余切、余割）代换，有些甚至可不必用三角代换，而使用其他方法，学生应灵活掌握，其他类型在综合应用中再作介绍.

3.2.2　分部积分法

当被积函数是两种不同类型函数的乘积时，往往需要用下面所讲的分部积分法来解决. 分部积分法是利用乘积的求导法则而推得的一种基本积分方法.

定理 3.6　设函数 $u=u(x)$、$v=v(x)$ 具有连续导数，则

$$\int u\,\mathrm{d}v = uv - \int v\,\mathrm{d}u \quad （分部积分公式）$$

证明　因为函数 $u=u(x)$、$v=v(x)$ 具有连续导数，所以可由乘积微分公式得

$$\mathrm{d}(uv) = u\,\mathrm{d}v + v\,\mathrm{d}u$$

移项得

$$u\,\mathrm{d}v = \mathrm{d}(uv) - v\,\mathrm{d}u$$

两边积分得

$$\int u\,\mathrm{d}v = uv - \int v\,\mathrm{d}u$$

分部积分法可以将求 $\int u\,\mathrm{d}v$ 的积分转化为求 $\int v\,\mathrm{d}u$ 的积分，当后者较容易时，分部积分公式就起到了化难为易的作用.

运用分部积分法的关键是恰当地选择 u 和 $\mathrm{d}v$，一般要考虑以下两点：

（1）v 要容易求出（通常用凑微分法求出）；

（2）$\int v\,\mathrm{d}u$ 要比 $\int u\,\mathrm{d}v$ 容易积出.

分部积分法的计算步骤如下：

$$\int uv'\,\mathrm{d}x \xrightarrow[\text{凑微分}]{v'\mathrm{d}x=\mathrm{d}v} \int u\,\mathrm{d}v \xrightarrow{\text{套公式}} uv - \int v\,\mathrm{d}u \xrightarrow[\text{求微分}]{\mathrm{d}u=u'\mathrm{d}x} uv - \int vu'\,\mathrm{d}x.$$

例 3.10　求下列不定积分：

（1）$\int x\cos 2x\,\mathrm{d}x$；　　　　　　　　（2）$\int x^2 \mathrm{e}^{-x}\,\mathrm{d}x$.

分析：若取 $u=\cos 2x$，$\mathrm{d}v=x\,\mathrm{d}x=\dfrac{1}{2}\mathrm{d}x^2$，代入公式后得

$$\int x\cos 2x\,\mathrm{d}x = \frac{1}{2}\int \cos 2x\,\mathrm{d}x^2 = \frac{1}{2}\left(x^2\cos 2x - \int x^2\mathrm{d}\cos 2x\right)$$

$$= \frac{1}{2}x^2\cos 2x + \int x^2\sin 2x\,\mathrm{d}x.$$

后者比原积分更难，说明这样的选取不合适．

解　（1）应取 $u=x$，$\mathrm{d}v=\cos 2x\mathrm{d}x$（熟悉以后，此步可不必写出）．

$$\int x\cos 2x\mathrm{d}x=\frac{1}{2}\int x\cos 2x\mathrm{d}2x=\frac{1}{2}\int x\mathrm{d}\sin 2x=\frac{1}{2}\left(x\sin 2x-\int\sin 2x\mathrm{d}x\right)$$

$$=\frac{1}{2}x\sin 2x+\frac{1}{4}\cos 2x+C.$$

（2）应取 $u=x^2$，$\mathrm{d}v=\mathrm{e}^{-x}\mathrm{d}x=-\mathrm{d}\mathrm{e}^{-x}$．

$$\int x^2\mathrm{e}^{-x}\mathrm{d}x=-\int x^2\mathrm{d}\mathrm{e}^{-x}=-\left(x^2\mathrm{e}^{-x}-\int\mathrm{e}^{-x}\mathrm{d}x^2\right)=-x^2\mathrm{e}^{-x}+2\int x\mathrm{e}^{-x}\mathrm{d}x$$

$$=-x^2\mathrm{e}^{-x}-2\int x\mathrm{d}\mathrm{e}^{-x}=-x^2\mathrm{e}^{-x}-2\left(x\mathrm{e}^{-x}-\int\mathrm{e}^{-x}\mathrm{d}x\right)$$

$$=-x^2\mathrm{e}^{-x}-2x\mathrm{e}^{-x}-2\mathrm{e}^{-x}+C=-(x^2+2x+2)\mathrm{e}^{-x}+C.$$

注意：（1）$\int P_n(x)\cos mx\mathrm{d}x$、$\int P_n(x)\sin mx\mathrm{d}x$ 和 $\int P_n(x)\mathrm{e}^{mx}\mathrm{d}x$，可设 $u=P_n(x)$，即选取三角函数或指数函数先凑微分（$P_n(x)$ 为 n 次多项式）．

（2）$\int P_n(x)\ln(x+1)\mathrm{d}x$ 和 $\int P_n(x)\arctan x\mathrm{d}x$，可设 $u=\ln(x+1)$ 或 $u=\arctan x$，即选取 $P_n(x)$ 先凑微分．

例 3.11　求下列不定积分：

（1）$\int\ln(x+1)\mathrm{d}x$；　　　　　　（2）$\int x\arctan x\mathrm{d}x$．

解　（1）$\int\ln(x+1)\mathrm{d}x=\left[x\ln(x+1)-\int x\mathrm{d}\ln(x+1)\right]=x\ln(x+1)-\int\frac{x}{x+1}\mathrm{d}x$

$$=x\ln(x+1)-\int\left(1-\frac{1}{x+1}\right)\mathrm{d}x=x\ln(x+1)-x+\ln(x+1)+C.$$

（2）$\int x\arctan x\mathrm{d}x=\frac{1}{2}\int\arctan x\mathrm{d}x^2=\frac{1}{2}\left(x^2\arctan x-\int x^2\mathrm{d}\arctan x\right)$

$$=\frac{1}{2}\left(x^2\arctan x-\int\frac{x^2}{1+x^2}\mathrm{d}x\right)=\frac{1}{2}\left[x^2\arctan x-\int\left(1-\frac{1}{1+x^2}\right)\mathrm{d}x\right]$$

$$=\frac{1}{2}(x^2\arctan x-x+\arctan x)+C.$$

计算熟练后，可简化步骤为 $\int uv'\mathrm{d}x\xrightarrow[\text{凑微分}]{v'\mathrm{d}x=\mathrm{d}v}\int u\mathrm{d}v\xrightarrow{\text{套公式、求微分合二为一}}uv-\int vu'\mathrm{d}x$．

例 3.12　求 $\int\mathrm{e}^x\sin x\mathrm{d}x$．

解　$\int\mathrm{e}^x\sin x\mathrm{d}x=\int\sin x\mathrm{d}\mathrm{e}^x=\mathrm{e}^x\sin x-\int\mathrm{e}^x\cos x\mathrm{d}x$

$$=\mathrm{e}^x\sin x-\int\cos x\mathrm{d}\mathrm{e}^x=\mathrm{e}^x\sin x-\mathrm{e}^x\cos x-\int\mathrm{e}^x\sin x\mathrm{d}x.$$

经两次分部积分后，回到原积分形成循环，移项后合并，再除以 2 得所求的积分

$$\int\mathrm{e}^x\sin x\mathrm{d}x=\frac{1}{2}\mathrm{e}^x(\sin x-\cos x)+C.$$

注意：（3）$\int\mathrm{e}^{mx}\sin nx\mathrm{d}x$、$\int\mathrm{e}^{mx}\cos nx\mathrm{d}x$，可任选其一先凑微分，两次分部积分后形成循环（注意两次的选取必须一致），通过解方程可得原积分．

此方法可推广：如果在分部积分后能形成"循环现象"，则可通过解方程求得.

3.2.3　综合举例

在综合应用中，有时需要多种方法并用才能求得其解；有时也可一题多解，学习时应注意在掌握了一般规律的条件下灵活应用.

例 3.13　求下列不定积分：

（1）$\int x\cos^2 x\mathrm{d}x$ ；　　　　　　　　　　（2）$\int \mathrm{e}^{\sqrt{x}}\mathrm{d}x$.

解　（1）$\int x\cos^2 x\mathrm{d}x = \int x\cdot\dfrac{1+\cos 2x}{2}\mathrm{d}x = \dfrac{1}{2}\left(\int x\mathrm{d}x + \int x\cos 2x\mathrm{d}x\right)$

$\qquad\qquad = \dfrac{1}{4}x^2 + \dfrac{1}{4}\int x\mathrm{d}\sin 2x = \dfrac{1}{4}x^2 + \dfrac{1}{4}\left(x\sin 2x - \int \sin 2x\mathrm{d}x\right)$

$\qquad\qquad = \dfrac{1}{4}x^2 + \dfrac{1}{4}x\sin 2x + \dfrac{1}{8}\cos 2x + C$.

（2）$\int \mathrm{e}^{\sqrt{x}}\mathrm{d}x \xrightarrow[x=t^2]{\diamondsuit t=\sqrt{x}} \int \mathrm{e}^t\mathrm{d}t^2 = 2\int t\mathrm{e}^t\mathrm{d}t = 2\int t\mathrm{d}\mathrm{e}^t = 2\left(t\mathrm{e}^t - \int \mathrm{e}^t\mathrm{d}t\right)$

$\qquad\qquad = 2(t\mathrm{e}^t - \mathrm{e}^t) + C \xrightarrow{\text{回代}} 2(\sqrt{x}-1)\mathrm{e}^{\sqrt{x}} + C$.

例 3.14　求下列不定积分：

（1）$\int \dfrac{\mathrm{d}x}{x(x^2+1)}$ ；

（2）$\int \dfrac{x}{\sqrt{1+x}}\mathrm{d}x$ ；

（3）$\int \dfrac{\mathrm{d}x}{\sqrt{x-x^2}}$.

解　（1）解法 1（分项，凑微分）

$$\int \frac{\mathrm{d}x}{x(x^2+1)} = \int\left(\frac{1}{x}-\frac{x}{x^2+1}\right)\mathrm{d}x = \ln|x| - \frac{1}{2}\int\frac{1}{x^2+1}\mathrm{d}(x^2+1)$$

$$= \ln|x| - \frac{1}{2}\ln|x^2+1| + C = \ln\left|\frac{x}{\sqrt{x^2+1}}\right| + C .$$

解法 2（换元法）

$$\int \frac{\mathrm{d}x}{x(x^2+1)} \xrightarrow{\diamondsuit x=\tan t} \int\frac{\mathrm{d}\tan t}{\tan t(\tan^2 t+1)} = \int\frac{\sec^2 t}{\tan t\sec^2 t}\mathrm{d}t$$

$$= \int\cot t\mathrm{d}t = \ln|\sin t| + C \xrightarrow{\text{回代}} \ln\left|\frac{x}{\sqrt{x^2+1}}\right| + C .$$

（2）解法 1（分项，凑微分）

$$\int \frac{x}{\sqrt{1+x}}\mathrm{d}x = \int\frac{x+1-1}{\sqrt{1+x}}\mathrm{d}x = \int\sqrt{1+x}\mathrm{d}(1+x) - \int\frac{1}{\sqrt{1+x}}\mathrm{d}(1+x)$$

$$= \frac{2}{3}(1+x)^{\frac{3}{2}} - 2(1+x)^{\frac{1}{2}} + C .$$

解法 2（换元法）

$$\int \frac{x}{\sqrt{1+x}} dx \xlongequal[x=t^2-1]{\text{令}t=\sqrt{1+x}} \int \frac{t^2-1}{t} 2t dt = 2\int(t^2-1)dt = 2\left(\frac{1}{3}t^3-t\right)+C$$

$$\xlongequal{\text{回代}} \frac{2}{3}(1+x)^{\frac{3}{2}} - 2(1+x)^{\frac{1}{2}} + C.$$

解法 3（分部积分法）

$$\int \frac{x}{\sqrt{1+x}} dx = 2\int x d\sqrt{1+x} = 2x\sqrt{1+x} - 2\int \sqrt{1+x} dx$$

$$= 2x\sqrt{1+x} - \frac{4}{3}(1+x)^{\frac{3}{2}} + C.$$

（3）解法 1（配方后套公式）

$$\int \frac{dx}{\sqrt{x-x^2}} = \int \frac{1}{\sqrt{\frac{1}{4}-\left(x-\frac{1}{2}\right)^2}} d\left(x-\frac{1}{2}\right) = \arcsin \frac{x-\frac{1}{2}}{\frac{1}{2}} + C$$

$$= \arcsin 2(x-1) + C.$$

解法 2（凑微分）

$$\int \frac{dx}{\sqrt{x-x^2}} = \int \frac{dx}{\sqrt{x(1-x)}} = 2\int \frac{d\sqrt{x}}{\sqrt{1-(\sqrt{x})^2}} = 2\arcsin \sqrt{x} + C.$$

注意：选用不同的积分方法，可能得出不同形式的结果，即不定积分答案不唯一，这是因为原函数不唯一，所以原函数族即不定积分的表达式也不唯一.

3.3　定积分的概念

定积分是积分学中的第二个基本问题. 下面首先利用定积分的几何背景引出定积分的概念，然后重点研究微积分基本定理，介绍关于定积分的换元法与分部积分法.

3.3.1　曲边梯形的面积与定积分

所谓曲边梯形是指如图 3.3 所示的图形，如果我们会计算这样的曲边梯形面积，也就会计算任意曲线所围成的图形面积了，如图 3.4 所示. 在图 3.5 中，我们可以设想沿 x 轴方向纵向切割成无数个细直窄条，把每个窄条近似地看成一个矩形，这些矩形的面积加起来就是曲边梯形面积的近似值. 显而易见，分割越细，误差越小，于是当所有窄条宽度趋于零时，其近似值的极限就成为曲边梯形面积的精确值了. 具体计算过程简述如下：

（1）无限细分：在闭区间 $[a,b]$ 上任取子区间 $[x, x+dx]$，以该子区间上对应的细直窄条代表任意分割后的每个窄条，如图 3.5 所示，取每个窄条面积的近似值为 $dA = f(x)dx$.

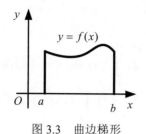

图 3.3 曲边梯形

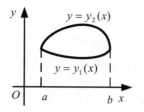

图 3.4 任意曲线所围成的图形

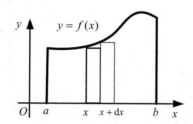

图 3.5 纵向切割成无数个细直窄条

（2）无限求和：将上述每个细直窄条面积的近似值相加，得到所求曲边梯形面积的近似值并让每个窄条的宽度趋于零取极限，得到曲边梯形面积的精确值. 该过程可简化为如下形式：$A = \int_a^b \mathrm{d}A = \int_a^b f(x)\mathrm{d}x$（符号"$\int_a^b$"代表将 $\mathrm{d}A$ 在区间 $[a, b]$ 上无限累加（积分），即将闭区间 $[a, b]$ 上的所有窄条面积的近似值相加后取极限）.

在许多实际问题中，如路程、压力等物理量；面积、体积、弧长等几何量；产量、收益、成本等经济量，都可以归结为这样的数学模型. 因此有必要将这种方法抽象出来，形成一个数学概念，称之为定积分，这种思想方法称为微元法.

定义 3.3（定积分） 设函数在 $[a, b]$ 上有定义，在该区间上任取若干个分点构成无数个小区间并将这些小区间统一记为 $[x, x + \mathrm{d}x]$，在每个小区间上作乘积 $f(x)\mathrm{d}x$ 并将这些乘积相加求和，如果当每个小区间的宽度都趋于零时，上述和式的极限存在，则称该极限值为函数在区间 $[a, b]$ 上的定积分，记为 $\int_a^b f(x)\mathrm{d}x$，其中 x 为积分变量，$f(x)$ 为被积函数，$f(x)\mathrm{d}x$ 为被积表达式，$[a, b]$ 为积分区间，a 和 b 分别为积分下限和上限，"$\int_a^b$"为定积分号.

关于定积分的几点说明：

（1）定积分是一个数，这个数只取决于被积函数与积分区间，而与积分变量采用了什么字母表示无关，即 $\int_a^b f(x)\mathrm{d}x = \int_a^b f(t)\mathrm{d}t$.

（2）定义中要求 $a < b$，为使积分限的大小没有限制，现作如下补充规定：

当 $a = b$ 时，$\int_a^b f(x)\mathrm{d}x = 0$；当 $a > b$ 时，$\int_a^b f(x)\mathrm{d}x = -\int_b^a f(x)\mathrm{d}x$.

（3）定积分的存在性：当 $f(x)$ 在 $[a, b]$ 上连续或只有有限个第一类间断点时，$f(x)$ 在 $[a, b]$ 上的定积分存在（也称可积）.

因为初等函数在定义区间内都连续，所以有重要结论：初等函数在定义区间内部都是可积的.

定积分的几何意义：

（1）当 $f(x) > 0$ 时，图形在 x 轴上方，积分值为正，有 $\int_a^b f(x)\mathrm{d}x = A$（如图 3.6 所示）.

（2）当 $f(x) \leqslant 0$ 时，图形在 x 轴下方，积分值为负，有 $\int_a^b f(x)\mathrm{d}x = -A$（如图 3.7 所示）.

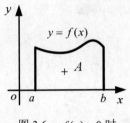

图 3.6 $f(x) > 0$ 时

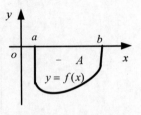

图 3.7 $f(x) \leqslant 0$ 时

（3）当 $f(x)$ 在 $[a,b]$ 上有正有负时，积分值等于曲线在 x 轴上方部分与下方部分面积的代数和，如图 3.8 所示，有 $\int_a^b f(x)\mathrm{d}x = A_1 - A_2$.

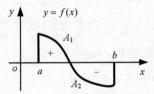

图 3.8 $f(x)$ 在 $[a,b]$ 上有正有负

定理 3.7（线性相关性）   函数和与差的定积分等于定积分的和与差，即
$$\int_a^b [f(x) \pm g(x)]\mathrm{d}x = \int_a^b f(x)\mathrm{d}x \pm \int_a^b g(x)\mathrm{d}x.$$

定理 3.8（线性相关性）   被积函数的常数因子可提到积分号外面来，即
$$\int_a^b kf(x)\mathrm{d}x = k\int_a^b f(x)\mathrm{d}x.$$

定理 3.9（可加性）   若 $a < c < b$，则 $\int_a^b f(x)\mathrm{d}x = \int_a^c f(x)\mathrm{d}x + \int_c^b f(x)\mathrm{d}x$.

定理 3.10（积分中值定理）   若 $f(x)$ 在区间 $[a,b]$ 上连续，则至少存在一点 $\xi \in [a,b]$，使得 $\int_a^b f(x)\mathrm{d}x = f(\xi)(b-a)$ 成立，如图 3.9 所示.

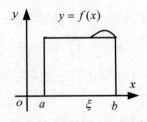

图 3.9   积分中值定理

中值定理的几何意义：曲边 $y = f(x)$ 在 $[a,b]$ 上所围成的曲边梯形面积等于以$[a,b]$为底边而高为 $f(\xi)$ 的一个矩形面积，并且把这个矩形的高称为曲边梯形的平均高度，由此给出函数 $f(x)$ 在 $[a,b]$ 上的平均值定义：

$$\bar{y} = f(\xi) = \frac{1}{b-a}\int_a^b f(x)\mathrm{d}x$$

注意：（1）上述定理均可由定积分的精确定义证得，这里证明从略.

（2）定理 4.7 与定理 4.8 可推广为函数代数和可逐项积分，即

$$\int_a^b [mf(x) + ng(x)]\mathrm{d}x = m\int_a^b f(x)\mathrm{d}x + n\int_a^b g(x)\mathrm{d}x.$$

并且此性质还可推广到有限多个函数的代数和情形.

（3）在定理 4.9 中对于 a、b、c 三点的其他任何相对位置，上述性质仍成立，即 c 既可以是 $[a,b]$ 上的内分点也可以是外分点. 例如 $a < b < c$，则

$$\int_a^c f(x)\mathrm{d}x = \int_a^b f(x)\mathrm{d}x + \int_b^c f(x)\mathrm{d}x = \int_a^b f(x)\mathrm{d}x - \int_c^b f(x)\mathrm{d}x$$

所以仍有 $\int_a^b f(x)\mathrm{d}x = \int_a^c f(x)\mathrm{d}x + \int_c^b f(x)\mathrm{d}x$ 成立.

3.3.2 微积分基本定理

定积分作为一种特定结构和式的极限，直接按定义计算是很繁杂的，我们通过一个中间概念——变上限定积分，将定积分与原函数联系起来，从而与不定积分联系起来，使定积分的计算得到简化.

定义 3.4（变上限定积分） 设 $f(x)$ 在 $[a,b]$ 上连续，任取 $x \in [a,b]$，于是积分 $\int_a^x f(x)\mathrm{d}x$ 是一个定数，显然当 x 在 $[a,b]$ 上变动时，对应于 x 的每一个值，积分 $\int_a^x f(x)\mathrm{d}x$ 都有一个确定的值与之对应，因而积分 $\int_a^x f(x)\mathrm{d}x$ 形成一个关于上限 x 的函数，记为 $\Phi(x)$，通常称函数 $\Phi(x)$ 为变上限积分函数或变上限定积分，即 $\Phi(x) = \int_a^x f(x)\mathrm{d}x \xlongequal{\text{改写}} \int_a^x f(t)\mathrm{d}t$（$a \leqslant x \leqslant b$），几何意义如图 3.10 所示.

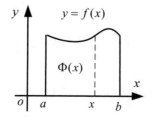

图 3.10 变上限定积分

注意：在积分 $\int_a^x f(x)\mathrm{d}x$ 中，x 既表示积分上限又表示积分变量，很不方便，因此有必要将该积分改写为 $\int_a^x f(t)\mathrm{d}t$．

关于变上限定积分有如下定理：

定理 3.11（变上限定积分的求导定理）　若 $f(x)$ 在 $[a,b]$ 上连续，则函数 $\Phi(x) = \int_a^x f(t)\mathrm{d}t$ 在 $[a,b]$ 上可积，且有 $\Phi'(x) = f(x)$，即 $\left(\int_a^x f(t)\mathrm{d}t \right)' = f(x)$．

注意：该定理证明从略．该定理表明了 $\Phi(x) = \int_a^x f(t)\mathrm{d}t$ 是 $f(x)$ 在 $[a,b]$ 上的一个原函数，因此该定理也称为连续函数原函数存在定理，这就解决了前面提出的有关原函数的存在性问题．

例 3.15　计算 $\Phi(x) = \int_a^x \sin t^2 \mathrm{d}t$ 在 $x=0$ 和 $x = \dfrac{\sqrt{\pi}}{2}$ 处的导数．

解　由定理 3.11 得 $\Phi'(x) = \sin x^2$，所以 $\Phi'(0) = \sin 0 = 0$，$\Phi'\left(\dfrac{\sqrt{\pi}}{2} \right) = \sin \dfrac{\pi}{4} = \dfrac{\sqrt{2}}{2}$．

例 3.16　求下列函数的导数：

（1）$\Phi(x) = \int_1^{x^2} \mathrm{e}^{t^2} \mathrm{d}t$；　　　　　　　（2）$\Phi(x) = \int_x^{\mathrm{e}^x} \dfrac{\ln t}{t}\mathrm{d}t$．

解　（1）$\Phi'(x) \xlongequal{\text{令}u=x^2} \left(\int_1^u \mathrm{e}^{t^2}\mathrm{d}t \right)'_u \cdot u'_x = \mathrm{e}^{u^2}(x^2)' = 2x\mathrm{e}^{x^4}$．

（2）$\Phi'(x) = \left(\int_x^a \dfrac{\ln t}{t}\mathrm{d}t + \int_a^{\mathrm{e}^x} \dfrac{\ln t}{t}\mathrm{d}t \right)' = \left(-\int_a^x \dfrac{\ln t}{t}\mathrm{d}t + \int_a^{\mathrm{e}^x} \dfrac{\ln t}{t}\mathrm{d}t \right)'$

$= -\dfrac{\ln x}{x} + \dfrac{\ln \mathrm{e}^x}{\mathrm{e}^x}(\mathrm{e}^x)' = x - \dfrac{\ln x}{x}$．

公式推广：（1）$\left(\int_a^{u(x)} f(t)\mathrm{d}t \right)' = f[u(x)]u'(x)$；

（2）$\int_{u(x)}^{v(x)} f(t)\mathrm{d}t = f[v(x)]v'(x) - f[u(x)]u'(x)$．

例 3.17　计算 $\lim\limits_{x\to 0} \dfrac{\int_0^x \sin t\,\mathrm{d}t}{x^2}$．

解　$\lim\limits_{x\to 0} \dfrac{\int_0^x \sin t\,\mathrm{d}t}{x^2} \xlongequal{\left(\frac{0}{0}\right)} \lim\limits_{x\to 0} \dfrac{\left(\int_0^x \sin t\,\mathrm{d}t \right)'}{(x^2)'} = \lim\limits_{x\to 0} \dfrac{\sin x}{2x} = \dfrac{1}{2}$．

利用求导定理可以得到关于定积分计算的重要公式．

定理 3.12（微积分基本定理）　设 $f(x)$ 在 $[a,b]$ 上连续，$F(x)$ 是 $f(x)$ 的任一原函数，则 $\int_a^b f(x)\mathrm{d}x = F(b) - F(a)$，该公式称为牛顿－莱布尼茨（Newton-Leibniz）公式，也叫微积分基本公式．

证明　由定理 3.12 知 $\Phi(x) = \int_a^x f(t)\mathrm{d}t$ 也是 $f(x)$ 的一个原函数，所以 $\Phi(x) - F(x) = C_0$，

C_0 为常数，即 $\Phi(x) = \int_a^x f(t)\mathrm{d}t = F(x) + C_0$.

令 $x = a$ ，有 $\int_a^a f(t)\mathrm{d}t = F(a) + C_0 = 0$ ，所以 $C_0 = -F(a)$.

又令 $x = b$ ，得 $\int_a^b f(x)\mathrm{d}x = \int_a^b f(t)\mathrm{d}t = F(b) - F(a)$.

在计算中上述公式常采用下面的格式：

$$\int_a^b f(x)\mathrm{d}x = F(x)\big|_a^b \ 或\ \big[F(x)\big]_a^b$$

3.3.3　公式应用举例

牛顿—莱布尼茨公式是计算定积分的基本公式，应用的关键是找到一个原函数 $F(x)$ ，一般可以用不定积分的方法寻求 $F(x)$.

例 3.18　计算下列定积分：

（1）$\displaystyle\int_0^1 \frac{2+x^2}{1+x^2}\mathrm{d}x$ ；

（2）$\displaystyle\int_1^{\mathrm{e}} \frac{1+\ln x}{x}\mathrm{d}x$ ；

（3）$\displaystyle\int_0^1 t\mathrm{e}^{-\frac{t^2}{2}}\mathrm{d}t$ ；

（4）$\displaystyle\int_1^2 \frac{\mathrm{d}x}{x+x^2}$ ；

（5）$\displaystyle\int_0^{\frac{\pi}{2}} \sin^2 x\mathrm{d}x$ ；

（6）$\displaystyle\int_{\frac{1}{\pi}}^{\frac{2}{\pi}} \frac{\sin\frac{1}{y}}{y^2}\mathrm{d}y$ ；

（7）$\displaystyle\int_0^{\ln 2} \mathrm{e}^x(1+\mathrm{e}^x)^2\mathrm{d}x$ ；

（8）$\displaystyle\int_0^3 |2-x|\mathrm{d}x$ ；

（9）$\displaystyle\int_{-1}^2 f(x)\mathrm{d}x$ ，其中 $f(x)=\begin{cases} x^2, & x\leqslant 0 \\ 2x+1, & x>0 \end{cases}$.

解　（1）$\displaystyle\int_0^1 \frac{2+x^2}{1+x^2}\mathrm{d}x = \int_0^1 \frac{1+x^2+1}{1+x^2}\mathrm{d}x = \int_0^1\left(1+\frac{1}{1+x^2}\right)\mathrm{d}x = \big[x+\arctan x\big]_0^1 = 1+\frac{\pi}{4}$.

（2）$\displaystyle\int_1^{\mathrm{e}} \frac{1+\ln x}{x}\mathrm{d}x = \int_1^{\mathrm{e}} (1+\ln x)\mathrm{d}\ln x = \left[\ln x + \frac{1}{2}\ln^2 x\right]_1^{\mathrm{e}} = \frac{3}{2}$.

（3）$\displaystyle\int_0^1 t\mathrm{e}^{-\frac{t^2}{2}}\mathrm{d}t = -\int_0^1 \mathrm{e}^{-\frac{t^2}{2}}\mathrm{d}\left(-\frac{t^2}{2}\right) = -\mathrm{e}^{-\frac{t^2}{2}}\Big|_0^1 = 1-\mathrm{e}^{-\frac{1}{2}} = 1-\frac{1}{\sqrt{\mathrm{e}}}$.

（4）$\displaystyle\int_1^2 \frac{\mathrm{d}x}{x+x^2} = \int_1^2 \frac{1+x-x}{x(1+x)}\mathrm{d}x = \int_1^2\left(\frac{1}{x}-\frac{1}{1+x}\right)\mathrm{d}x = \big[\ln|x|-\ln|1+x|\big]_1^2 = \ln\frac{4}{3}$.

（5）$\displaystyle\int_0^{\frac{\pi}{2}} \sin^2 x\mathrm{d}x = \int_0^{\frac{\pi}{2}} \frac{1-\cos 2x}{2}\mathrm{d}x = \frac{1}{2}\left(\int_0^{\frac{\pi}{2}}\mathrm{d}x - \frac{1}{2}\int_0^{\frac{\pi}{2}}\cos 2x\mathrm{d}2x\right) = \frac{1}{2}x\Big|_0^{\frac{\pi}{2}} - \frac{1}{4}\sin 2x\Big|_0^{\frac{\pi}{2}} = \frac{\pi}{4}$.

（6）$\displaystyle\int_{\frac{1}{\pi}}^{\frac{2}{\pi}} \frac{\sin\frac{1}{y}}{y^2}\mathrm{d}y = \int_{\frac{1}{\pi}}^{\frac{2}{\pi}} \sin\frac{1}{y}\cdot\frac{1}{y^2}\mathrm{d}y = -\int_{\frac{1}{\pi}}^{\frac{2}{\pi}} \sin\frac{1}{y}\mathrm{d}\frac{1}{y} = \cos\frac{1}{y}\Big|_{\frac{1}{\pi}}^{\frac{2}{\pi}} = 0-(-1) = 1$.

（7）$\int_0^{\ln 2} e^x(1+e^x)^2 dx = \int_0^{\ln 2}(1+e^x)^2 d(1+e^x) = \frac{1}{3}(1+e^x)^3\Big|_0^{\ln 2} = \frac{19}{3}$.

（8）因为当 $x<2$ 时有 $|2-x|=2-x$，当 $x\geqslant 2$ 时有 $|2-x|=x-2$，所以 $\int_0^3|2-x|dx=$

$= \int_0^2(2-x)dx + \int_2^3(x-2)dx = \left[2x-\frac{1}{2}x^2\right]_0^2 + \left[\frac{1}{2}x^2-2x\right]_2^3 = \frac{5}{2}$.

（9）$\int_{-1}^2 f(x)dx = \int_{-1}^0 f(x)dx + \int_0^2 f(x)dx = \int_{-1}^0 x^2 dx + \int_0^2(2x+1)dx$

$$=\frac{1}{3}x^3\Big|_{-1}^0 + (x^2+x)\Big|_0^2 = \frac{19}{3}.$$

注意：（1）计算定积分的基本步骤是先用不定积分的方法求出 $F(x)$，再代入牛顿—莱布尼茨公式求增量.

（2）含绝对值的定积分和分段函数的定积分可利用定积分的可加性分区间分段积分.

3.4　定积分的数学计算

与不定积分的基本积分方法相对应，定积分也有换元积分法和分部积分法，在不定积分中对积分法的全面训练为定积分的计算奠定了必要的基础，读者在学习中应注意两者的区别.

3.4.1　换元积分法

定理 3.13　设 $f(x)$ 在 $[a,b]$ 上连续，$x=\varphi(t)$ 满足下列条件：

（1）$x=\varphi(t)$ 在 $[\alpha,\beta]$ 上有连续导数；

（2）$\varphi(\alpha)=a$，$\varphi(\beta)=b$，且当 t 在 $[\alpha,\beta]$ 上变化时 $x=\varphi(t)$ 的值在 $[a,b]$ 上变化，则有换元公式：$\int_a^b f(x)dx = \int_\alpha^\beta f[\varphi(t)]\varphi'(t)dt$.

定积分换元法的计算步骤：

$$\int_a^b f(x)dx \xrightarrow[a=\varphi(\alpha),b=\varphi(\beta)]{x=\varphi(t),\,dx=\varphi'(t)dt} \int_\alpha^\beta f[\varphi(t)]\varphi'(t)dt = F(t)\Big|_\alpha^\beta$$

注意：定理证明方法与不定积分的相应公式类似，这里从略.

定积分的换元法与不定积分相比较，不定积分换元后要回代，而定积分换元后不必回代，但必须换限，并且原上限对新上限，原下限对新下限.

例 3.19　计算下列定积分：

（1）$\int_0^4 \frac{dx}{1+\sqrt{x}}$；　　　　　　（2）$\int_{-3}^0 \frac{x+1}{\sqrt{x+4}}dx$；

（3）$\int_0^2 \sqrt{4-x^2}\,dx$.

解　（1）$\displaystyle\int_0^4\frac{\mathrm{d}x}{1+\sqrt{x}}\xrightarrow[\substack{x=4,t=2\\x=0,t=0}]{\sqrt{x}=t,x=t^2}\int_0^2\frac{\mathrm{d}t^2}{1+t}=2\int_0^2\frac{1+t-1}{1+t}\mathrm{d}t=2\int_0^2\left(1-\frac{1}{1+t}\right)\mathrm{d}t$

$$=2\big[t-\ln|1+t|\big]_0^2=2(2-\ln 3)\,.$$

（2）$\displaystyle\int_{-3}^0\frac{x+1}{\sqrt{x+4}}\mathrm{d}x\xrightarrow[\substack{x=0\ ,t=2\\x=-3,t=1}]{\sqrt{x+4}=t,x=t^2-4}\int_1^2\frac{t^2-4+1}{t}\mathrm{d}(t^2-4)=\int_1^2\frac{t^2-3}{t}\cdot 2t\mathrm{d}t$

$$=2\int_1^2(t^2-3)\mathrm{d}t=2\left[\frac{1}{3}t^3-3t\right]_1^2=-\frac{4}{3}\,.$$

（3）$\displaystyle\int_0^2\sqrt{4-x^2}\mathrm{d}x\xrightarrow[\substack{x=2,t=\frac{\pi}{2}\\x=0,t=0}]{x=2\sin t}\int_0^{\frac{\pi}{2}}\sqrt{4-4\sin^2 t}\mathrm{d}(2\sin t)=4\int_0^{\frac{\pi}{2}}\cos^2 t\mathrm{d}t$

$$=4\int_0^{\frac{\pi}{2}}\frac{1+\cos 2t}{2}\mathrm{d}t=2\left[t+\frac{1}{2}\sin 2t\right]_0^{\frac{\pi}{2}}=\pi\,.$$

例 3.20　设 $f(x)$ 在对称区间 $[-a,a]$ 上连续，试证明：

$$\int_{-a}^a f(x)\mathrm{d}x=\begin{cases}2\displaystyle\int_0^a f(x)\mathrm{d}x,&\text{当}f(x)\text{为偶函数时,}\\[2mm]0,&\text{当}f(x)\text{为奇函数时.}\end{cases}$$

证明　因为 $\displaystyle\int_{-a}^a f(x)\mathrm{d}x=\int_{-a}^0 f(x)\mathrm{d}x+\int_0^a f(x)\mathrm{d}x$，而

$$\int_{-a}^0 f(x)\mathrm{d}x\xrightarrow{x=-t}\int_a^0 f(-t)\mathrm{d}(-t)=\int_0^a f(-t)\mathrm{d}t=\int_0^a f(-x)\mathrm{d}x$$

所以 $\displaystyle\int_{-a}^a f(x)\mathrm{d}x=\int_0^a[f(-x)+f(x)]\mathrm{d}x$．

当 $f(x)$ 为偶函数，即 $f(-x)=f(x)$ 时，有

$$\int_{-a}^a f(x)\mathrm{d}x=\int_0^a[f(-x)+f(x)]\mathrm{d}x=2\int_0^a f(x)\mathrm{d}x\,.$$

当 $f(x)$ 为奇函数，即 $f(-x)=-f(x)$ 时，有

$$\int_{-a}^a f(x)\mathrm{d}x=\int_0^a[-f(x)+f(x)]\mathrm{d}x=0\,.$$

注意：本题的几何意义如图 3.11 和图 3.12 所示．此例给出了具有奇偶性的函数在对称区间上积分的化简方法，以后可作为公式引用．

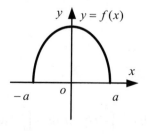

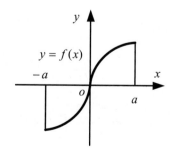

图 3.11　偶函数　　　　　　　　　图 3.12　奇函数

3.4.2　分部积分法

与不定积分的分部积分法相对应，定积分的分部积分法可叙述为：

定理 3.14　设 $u(x)$、$v(x)$ 在 $[a,b]$ 上有连续导数，则 $\displaystyle\int_a^b u\mathrm{d}v = uv\Big|_a^b - \int_a^b v\mathrm{d}u$.

注意：定理的证明与不定积分的分部积分公式的证明类似，这里从略.

其基本方法是运用分部积分公式把先积出来的那部分代限求值，余下的部分继续积分.

例 3.21　求下列定积分：

（1）$\displaystyle\int_0^{\frac{\pi}{2}} x\sin 2x\mathrm{d}x$；

（2）$\displaystyle\int_0^{\ln 2} x\mathrm{e}^{-x}\mathrm{d}x$；

（3）$\displaystyle\int_0^{2\pi} x\cos^2 x\mathrm{d}x$；

（4）$\displaystyle\int_0^{\sqrt{3}} x\arctan x\mathrm{d}x$.

解　（1）$\displaystyle\int_0^{\frac{\pi}{2}} x\sin 2x\mathrm{d}x = -\frac{1}{2}\int_0^{\frac{\pi}{2}} x\mathrm{d}\cos 2x = -\frac{1}{2}\left[x\cos 2x\Big|_0^{\frac{\pi}{2}} - \int_0^{\frac{\pi}{2}} \cos 2x\mathrm{d}x\right]$

$$= -\frac{1}{2}\left[-\frac{\pi}{2} - \frac{1}{2}\sin 2x\Big|_0^{\frac{\pi}{2}}\right] = \frac{\pi}{4}.$$

（2）$\displaystyle\int_0^{\ln 2} x\mathrm{e}^{-x}\mathrm{d}x = -\int_0^{\ln 2} x\mathrm{d}\mathrm{e}^{-x} = -\left[x\mathrm{e}^{-x}\Big|_0^{\ln 2} - \int_0^{\ln 2}\mathrm{e}^{-x}\mathrm{d}x\right]$

$$= -\frac{1}{2}\ln 2 - \mathrm{e}^{-x}\Big|_0^{\ln 2} = \frac{1}{2} - \frac{1}{2}\ln 2.$$

（3）$\displaystyle\int_0^{2\pi} x\cos^2 x\mathrm{d}x = \int_0^{2\pi} x\cdot\frac{1+\cos 2x}{2}\mathrm{d}x = \frac{1}{2}\left(\int_0^{2\pi} x\mathrm{d}x + \frac{1}{2}\int_0^{2\pi} x\mathrm{d}\sin 2x\right)$

$$= \frac{1}{2}\cdot\frac{x^2}{2}\Big|_0^{2\pi} + \frac{1}{4}\left[x\sin 2x\Big|_0^{2\pi} - \int_0^{2\pi}\sin 2x\mathrm{d}x\right] = \pi^2 + \frac{1}{4}\cdot\frac{1}{2}\cos 2x\Big|_0^{2\pi} = \pi^2.$$

（4）$\displaystyle\int_0^{\sqrt{3}} x\arctan x\mathrm{d}x = \frac{1}{2}\int_0^{\sqrt{3}}\arctan x\mathrm{d}x^2 = \frac{1}{2}\left[x^2\arctan x\Big|_0^{\sqrt{3}} - \int_0^{\sqrt{3}} x^2\mathrm{d}\arctan x\right]$

$$= \frac{1}{2}\left(3\cdot\frac{\pi}{3} - \int_0^{\sqrt{3}}\frac{x^2}{1+x^2}\mathrm{d}x\right) = \frac{\pi}{2} - \frac{1}{2}\int_0^{\sqrt{3}}\left(1 - \frac{1}{1+x^2}\right)\mathrm{d}x$$

$$= \frac{\pi}{2} - \frac{1}{2}[x - \arctan x]_0^{\sqrt{3}} = \frac{\pi}{2} - \frac{\sqrt{3}}{2} + \frac{1}{2}\cdot\frac{\pi}{3} = \frac{2}{3}\pi - \frac{\sqrt{3}}{2}.$$

3.4.3　综合举例

例 3.22　证明公式：$\displaystyle\int_0^{\frac{\pi}{2}} f(\sin x)\mathrm{d}x = \int_0^{\frac{\pi}{2}} f(\cos x)\mathrm{d}x$.

证明　$\displaystyle\int_0^{\frac{\pi}{2}} f(\sin x)\mathrm{d}x \xrightarrow[\substack{x=0,t=\frac{\pi}{2}\\ x=\frac{\pi}{2},t=0}]{x=\frac{\pi}{2}-t} \int_{\frac{\pi}{2}}^0 f\left[\sin\left(\frac{\pi}{2}-t\right)\right](-\mathrm{d}t) = \int_0^{\frac{\pi}{2}} f(\cos t)\mathrm{d}t = \int_0^{\frac{\pi}{2}} f(\cos x)\mathrm{d}x$.

例 3.23　计算定积分：$I = \int_0^{\frac{\pi}{2}} \dfrac{\mathrm{d}x}{1+\sin x}$.

解法 1（换元法）

令 $t = \tan \dfrac{x}{2}$，$\sin x = \dfrac{2t}{1+t^2}$，$\mathrm{d}x = \dfrac{2\mathrm{d}t}{1+t^2}$ ，且当 $x = 0$ 时 $t = 0$ ，当 $x = \dfrac{\pi}{2}$ 时 $t = 1$，于是有

$$I = \int_0^1 \frac{2\mathrm{d}t}{1+2t+t^2} = 2\int_0^1 \frac{\mathrm{d}t}{(1+t)^2} = -\left. \frac{2}{1+t} \right|_0^1 = 1 .$$

解法 2（凑微分法）

$$I = \int_0^{\frac{\pi}{2}} \frac{\mathrm{d}x}{\left(\sin \dfrac{x}{2} + \cos \dfrac{x}{2}\right)^2} = \int_0^{\frac{\pi}{2}} \frac{\mathrm{d}x}{\left(\tan \dfrac{x}{2} + 1\right)^2 \cos^2 \dfrac{x}{2}} = \int_0^{\frac{\pi}{2}} \frac{2\mathrm{d}\tan\dfrac{x}{2}}{\left(\tan \dfrac{x}{2} + 1\right)^2} = -\left. \frac{2}{\tan \dfrac{x}{2} + 1} \right|_0^{\frac{\pi}{2}} = 1 .$$

解法 3（利用例 4.22 中公式转换后再积分）

$$I = \int_0^{\frac{\pi}{2}} \frac{\mathrm{d}x}{1+\sin x} = \int_0^{\frac{\pi}{2}} \frac{\mathrm{d}x}{1+\cos x} = \int_0^{\frac{\pi}{2}} \frac{\mathrm{d}x}{2\cos^2 \dfrac{x}{2}} = \left. \tan \frac{x}{2} \right|_0^{\frac{\pi}{2}} = 1 .$$

$$\int_{-\frac{\pi}{2}}^{\frac{\pi}{2}} \sqrt{\cos x - \cos^3 x}\,\mathrm{d}x = \int_{-\frac{\pi}{2}}^{\frac{\pi}{2}} \sqrt{\cos x(1 - \cos^2 x)}\,\mathrm{d}x = \int_{-\frac{\pi}{2}}^{\frac{\pi}{2}} \sqrt{\cos x}\,\sin x\,\mathrm{d}x$$

$$= -\int_{-\frac{\pi}{2}}^{\frac{\pi}{2}} (\cos x)^{\frac{1}{2}}\,\mathrm{d}\cos x = -\left. \frac{2}{3}\cos^{\frac{3}{2}} x \right|_{-\frac{\pi}{2}}^{\frac{\pi}{2}} = 0 .$$

3.5　定积分的应用

定积分是一种实用性很强的数学方法，在科学技术问题中有着广泛的应用，本节重点介绍它在几何、物理、经济、电学方面的应用．

3.5.1　几何应用

利用微元法不难得到平面图形面积计算公式．

x -型区域：以 x 为积分变量，竖直矩形窄条的面积为微元，如图 3.13 和图 3.14 所示．

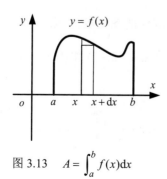

图 3.13　$A = \int_a^b f(x)\mathrm{d}x$

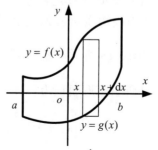

图 3.14　$A = \int_a^b [f(x) - g(x)]\mathrm{d}x$

y —型区域：以 y 为积分变量，水平矩形窄条的面积为微元，如图 3.15 和图 3.16 所示.

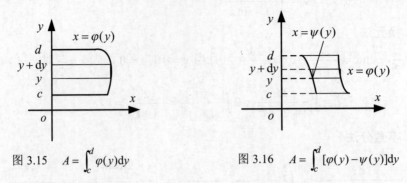

图 3.15 $A = \int_c^d \varphi(y)\mathrm{d}y$ 图 3.16 $A = \int_c^d [\varphi(y) - \psi(y)]\mathrm{d}y$

下面举例说明公式的应用.

例 3.24   求由两曲线 $y = x^2$ 和 $x = y^2$ 所围成的图形的面积.

解法 1   画图形定交点，如图 3.17 所示，以 x 为积分变量，$x \in [0,1]$.

于是所求面积为

$$A = \int_0^1 (\sqrt{x} - x^2)\mathrm{d}x = \left[\frac{2}{3}x^{\frac{3}{2}} - \frac{1}{3}x^3\right]_0^1 = \frac{1}{3}.$$

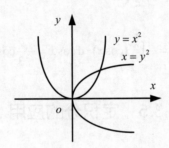

图 3.17   由两曲线 $y = x^2$ 和 $x = y^2$ 所围成的图形

解法 2   此题也可以 y 为积分变量，仍有 $y \in [0,1]$，$A = \int_0^1 (\sqrt{y} - y^2)\mathrm{d}y = \frac{1}{3}$.

求平面图形面积的基本步骤如下：

（1）画图形，求交点；

（2）确定区域类型，从而确定积分变量、积分区间及被积函数；

（3）代入相应公式计算定积分.

例 3.25   求由抛物线 $y^2 = 2x$ 与直线 $y = x - 4$ 所围成的图形的面积.

解   作图如图 3.18 所示，解方程组 $\begin{cases} y^2 = 2x \\ y = x - 4 \end{cases}$ 得交点：$(2,-2)$ 和 $(8,4)$. 取 y 为积分变量，

$y \in [-2,4]$，于是所求图形面积为

$$A = \int_{-2}^4 \left[(y+4) - \frac{1}{2}y^2\right]\mathrm{d}y = \left[\frac{1}{2}y^2 + 4y - \frac{1}{6}y^3\right]_{-2}^4 = 18.$$

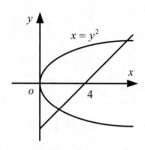

图 3.18　由抛物线 $y^2 = 2x$ 与直线 $y = x - 4$ 所围成的图形

注意：若以 x 为积分变量，则要分割成两个区域，计算较复杂.

例 3.26　求椭圆 $\begin{cases} x = a\cos\theta \\ y = b\sin\theta \end{cases}$ $(0 \leqslant \theta \leqslant 2\pi)$ 的面积，如图 3.19 所示.

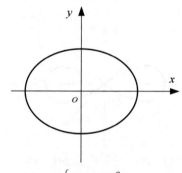

图 3.19　椭圆 $\begin{cases} x = a\cos\theta \\ y = b\sin\theta \end{cases}$ $(0 \leqslant \theta \leqslant 2\pi)$

解　由对称性可得，$A = 4\int_0^a y\mathrm{d}x = 4\int_{\frac{\pi}{2}}^0 b\sin\theta\,\mathrm{d}a\cos\theta = 4ab\int_0^{\frac{\pi}{2}}\sin^2\theta\,\mathrm{d}\theta$

$$= 4ab\int_0^{\frac{\pi}{2}}\frac{1-\cos 2\theta}{2}\mathrm{d}\theta = 2ab\left[\theta - \frac{1}{2}\sin 2\theta\right]_0^{\frac{\pi}{2}} = \pi ab .$$

特别地，当 $a = b = R$ 时，有圆的面积公式：$A = \pi R^2$.

曲边梯形的曲边为参数方程时，其面积计算法是：在上述面积公式的基础上采用定积分的换元法，特别要注意换元换限.

一般地，当曲边梯形的曲边由参数方程 $\begin{cases} x = x(t) \\ y = y(t) \end{cases}$ （$\alpha \leqslant t \leqslant \beta$）给出时，则曲边梯形面积计算公式为 $A = \int_\alpha^\beta y(t)x'(t)\mathrm{d}t$，其中 α 与 β 分别是曲边的左、右端点所对应的参数值.

有些图形用极坐标计算面积比较方便. 下面用微元法推导在极坐标下"曲边扇形"的面积计算公式：$A = \frac{1}{2}\int_\alpha^\beta r^2(\theta)\mathrm{d}\theta$.

所谓"曲边扇形"是指由曲线 $r = r^2(\theta)$ 及两条射线 $\theta = \alpha$、$\theta = \beta$ 所围成的图形，如图 3.20 所示.

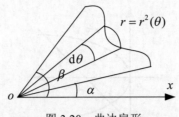

图 3.20 曲边扇形

推导：取 θ 为积分变量，$\theta \in [\alpha, \beta]$，又在该区间上任取子区间 $[\theta, \theta + \mathrm{d}\theta]$，则可取该子区间上对应的小曲边扇形面积的近似值为一个圆边扇形的面积，即 $\mathrm{d}A = \dfrac{1}{2} r^2(\theta)\mathrm{d}\theta$，将 $\mathrm{d}A$ 在 $[\alpha, \beta]$ 上积分可得所求的曲边扇形面积为 $A = \dfrac{1}{2} \displaystyle\int_{\alpha}^{\beta} r^2(\theta)\mathrm{d}\theta$.

例 3.27 计算双纽线 $r^2 = a^2 \cos 2\theta\,(a > 0)$ 所围成的图形面积，如图 3.21 所示.

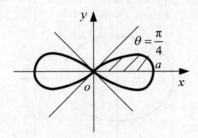

图 3.21　$r^2 = a^2 \cos 2\theta\,(a > 0)$

解 由对称性得 $A = 4A_{阴}$，且对应于阴影部分 $\theta \in \left[0, \dfrac{\pi}{4}\right]$，于是所求面积为

$$A = 4 \cdot \frac{1}{2} \int_0^{\frac{\pi}{4}} a^2 \cos 2\theta\,\mathrm{d}\theta = a^2 \sin 2\theta \Big|_0^{\frac{\pi}{4}} = a^2.$$

下面用微元法推导 $x-$型区域绕 x 轴旋转形成的旋转体（如图 3.22 所示）的体积公式：

$$V_x = \pi \int_a^b f^2(x)\mathrm{d}x.$$

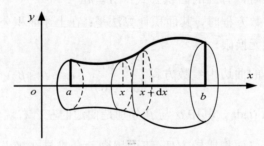

图 3.22　$x-$型区域绕 x 轴旋转形成的旋转体

推导：以 x 为积分变量，$x \in [a, b]$，任取子区间 $[x, x + \mathrm{d}x]$ 得体积微元：

$$\mathrm{d}V = \pi y^2 \mathrm{d}x = \pi f^2(x)\mathrm{d}x.$$

将 $\mathrm{d}V$ 在 $[a, b]$ 上积分得所求旋转体体积：$V_x = \pi \displaystyle\int_b^a f^2(x)\mathrm{d}x$.

公式推广：$V_x = \pi \int_a^b [f^2(x) - g^2(x)]\mathrm{d}x$ （如图 3.14 所示）.

类似地，y-型区域绕 y 轴旋转形成的旋转体体积公式：$V_y = \pi \int_c^d \varphi^2(y)\mathrm{d}y$ （如图 3.15 所示）.

公式推广：$V_y = \pi \int_c^d [\varphi^2(y) - \psi^2(y)]\mathrm{d}y$ （如图 3.16 所示）.

例 3.28 求椭圆 $\dfrac{x^2}{a^2} + \dfrac{y^2}{b^2} = 1$ $(a, b > 0)$ 绕 x 轴旋转形成的旋转椭球体的体积.

解 如图 3.23 所示，由 $\dfrac{x^2}{a^2} + \dfrac{y^2}{b^2} = 1$ 得 $y^2 = b^2\left(1 - \dfrac{x^2}{a^2}\right)$.

$$V_x = \pi \int_{-a}^a b^2\left(1 - \frac{x^2}{a^2}\right)\mathrm{d}x = 2\pi \cdot \frac{b^2}{a^2} \int_0^a (a^2 - x^2)\mathrm{d}x = 2\pi \cdot \frac{b^2}{a^2}\left[a^2 x - \frac{1}{3}x^3\right]_0^a = \frac{4}{3}\pi ab^2.$$

类似地，绕 y 轴旋转形成的立体体积：$V_y = \dfrac{4}{3}\pi a^2 b$.

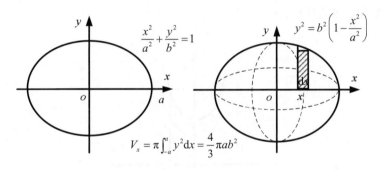

图 3.23 旋转椭球体

特别地，当 $a = b = R$ 时得球的体积：$V_{球} = \dfrac{4}{3}\pi R^3$.

注意： 在求旋转体体积时，如果旋转过程中有重合的部分不能重复计算. 如在上例中，上、下两半椭圆旋转时就是重合的，因此只能计算一半图形旋转时的体积.

例 3.29 求抛物线 $y = x^2$ 与直线 $y = x + 2$ 围成的图形面积及其分别绕两坐标轴旋转形成的立体体积，如图 3.24 所示.

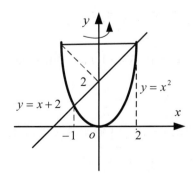

图 3.24 抛物线 $y = x^2$ 与直线 $y = x + 2$ 围成的图形面积

解 解方程组 $\begin{cases} y = x^2 \\ y = x + 2 \end{cases}$ 得交点：$(-1,1)$ 和 $(2,4)$，以 x 为积分变量，$x \in [-1,2]$，于是所求面积为

$$A = \int_{-1}^{2} [(x+2) - x^2] dx = \left[\frac{1}{2} x^2 + 2x - \frac{1}{3} x^3 \right]_{-1}^{2} = \frac{9}{2}.$$

当图形绕 x 轴旋转时，形成的立体的体积为

$$V_x = \pi \int_{-1}^{2} [(x+2)^2 - (x^2)^2] dx = \pi \left[\frac{1}{3}(x+2)^3 - \frac{1}{5} x^5 \right]_{-1}^{2} = \frac{72}{5} \pi.$$

当图形绕 y 轴旋转时形成的立体可看成由抛物线旋转形成的立体的体积与一个三角形旋转形成的圆锥的体积之差. 于是该立体的体积为

$$V_y = V_{抛} - V_{锥} = \pi \int_0^4 y dy - \frac{1}{3} \cdot \pi \cdot 2^2 \cdot (4-2) = \pi \cdot \frac{1}{2} y^2 \Big|_0^4 - \frac{8}{3} \pi = \frac{16}{3} \pi.$$

例 3.30 求由抛物线 $y = x^2 + 2$ 与直线 $x = 0$、$x = 1$、$y = 0$ 所围成的平面图形分别绕两坐标轴旋转而成的立体的体积.

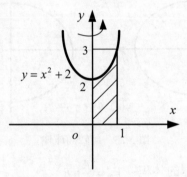

图 3.25 由抛物线 $y = x^2 + 2$ 与直线 $x = 0$、$x = 1$、$y = 0$ 所围成的平面图形

解
$$V_x = \pi \int_b^a f^2(x) dx = \pi \int_0^1 (x^2+2)^2 dx = \pi \int_0^1 (x^4 + 4x^2 + 4) dx$$

$$= \pi \left[\frac{1}{5} x^5 + \frac{4}{3} x^3 + 4x \right]_0^1 = \frac{83}{15} \pi.$$

$$V_y = V_{柱} - V_{抛} = \pi R^2 h - \pi \int_c^d \varphi^2(y) dy$$

$$= \pi \cdot 1^2 \cdot 3 - \pi \int_2^3 (y-2) dy = 3\pi - \pi \left[\frac{1}{2} y^2 - 2y \right]_2^3$$

$$= 3\pi - \frac{1}{2} \pi = \frac{5}{2} \pi.$$

下面利用微元法推导平面曲线 $y = f(x)$（假定其导数连续）从 $x = a$ 到 $x = b$ 的一段弧长 s（如图 3.26 所示）的计算公式：$s = \int_a^b \sqrt{1 + y'^2} dx$.

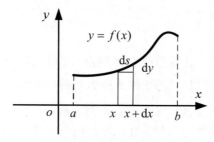

图 3.26　平面曲线

推导：以 x 为积分变量，$x \in [a,b]$，在 $[a,b]$ 内任取子区间 $[x, x+\mathrm{d}x]$ 得弧长微元：

$$\mathrm{d}s = \sqrt{(\mathrm{d}x)^2 + (\mathrm{d}y)^2} = \sqrt{1 + \left(\frac{\mathrm{d}y}{\mathrm{d}x}\right)^2}\,\mathrm{d}x = \sqrt{1 + y'^2}\,\mathrm{d}x .$$

将 $\mathrm{d}s$ 在 $[a,b]$ 上积分得所求曲线的弧长：$s = \int_a^b \sqrt{1 + y'^2}\,\mathrm{d}x$．

注意：由于弧长公式中被积函数较复杂，所以代入公式前，通常将 $\mathrm{d}s$ 部分充分化简后再积分．

例 3.31　两根电线杆之间的电线，由于自身重量而下垂成曲线，这一曲线称为悬链线．已知悬链线方程为 $y = \dfrac{a}{2}\left(\mathrm{e}^{\frac{x}{a}} + \mathrm{e}^{-\frac{x}{a}}\right)\ (a > 0)$，求从 $x = -a$ 到 $x = a$ 这一段的弧长，如图 3.27 所示．

解　$\mathrm{d}s = \sqrt{1 + y'^2}\,\mathrm{d}x = \sqrt{1 + \dfrac{1}{4}\left(\mathrm{e}^{\frac{x}{a}} - \mathrm{e}^{-\frac{x}{a}}\right)^2}\,\mathrm{d}x = \dfrac{1}{2}\left(\mathrm{e}^{\frac{x}{a}} + \mathrm{e}^{-\frac{x}{a}}\right)\mathrm{d}x$

$s = \int_{-a}^a \sqrt{1 + y'^2}\,\mathrm{d}x = \dfrac{1}{2}\int_{-a}^a \left(\mathrm{e}^{\frac{x}{a}} + \mathrm{e}^{-\frac{x}{a}}\right)\mathrm{d}x = a\int_0^a \left(\mathrm{e}^{\frac{x}{a}} + \mathrm{e}^{-\frac{x}{a}}\right)\mathrm{d}\left(\dfrac{x}{a}\right) = a\left[\mathrm{e}^{\frac{x}{a}} + \mathrm{e}^{-\frac{x}{a}}\right]_0^a = a(\mathrm{e} - \mathrm{e}^{-1})$．

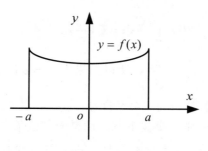

图 3.27　悬链线

若曲线由参数方程 $\begin{cases} x = x(t) \\ y = y(t) \end{cases} (\alpha \leqslant t \leqslant \beta)$ 给出，则弧长微元为 $\mathrm{d}s = \sqrt{(\mathrm{d}x)^2 + (\mathrm{d}y)^2} = \sqrt{x_t'^2 + y_t'^2}\,\mathrm{d}t$，于是所求弧长为 $s = \int_\alpha^\beta \sqrt{x_t'^2 + y_t'^2}\,\mathrm{d}t$．

例 3.32　求摆线 $\begin{cases} x = a(t - \sin t) \\ y = a(1 - \cos t) \end{cases} (0 \leqslant t \leqslant 2\pi)$ 一拱的弧长（$a > 0$）．

解　$\mathrm{d}s = \sqrt{x_t'^2 + y_t'^2}\,\mathrm{d}t = \sqrt{a^2(1 - \cos t)^2 + a^2 \sin^2 t}\,\mathrm{d}t = a\sqrt{2(1 - \cos t)}\,\mathrm{d}t = 2a\left|\sin\dfrac{t}{2}\right|\mathrm{d}t$．

$s = \int_0^{2\pi} 2a \sin\dfrac{t}{2}\,\mathrm{d}t = -4a \cos\dfrac{t}{2}\Big|_0^{2\pi} = 8a$．

3.5.2 物理应用

例 3.33 试在等温条件下，计算气体在体积由 V_1 膨胀至 V_2 时，气体膨胀力所做的功（设气体是符合玻－马定律的理想气体，当气体体积为 V_1 时，汽缸内压强为 p_1 ），如图 3.28 所示.

解 设汽缸的截面圆面积为 A，它就是活塞的面积.

在空气膨胀的过程中，活塞运动到 x 处，汽缸内气体压强为 p，气体作用在活塞底面上的正压力即膨胀力为 $F = pA$.

设此时空气体积为 V，则在等温条件下，理想气体的状态方程为 $pV = C$，其中 C 是一个常数. 注意圆柱体的高为 x，底面积为 A，所以体积为 $V = xA$.

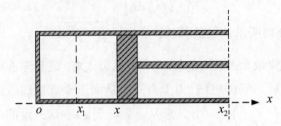

图 3.28　汽缸内气体的膨胀功问题

综合这些关系式，有 $F(x) = pA = p\dfrac{V}{x} = \dfrac{C}{x}$，这就是膨胀力. 当活塞在膨胀力作用下由 x 运动到 $x + dx$ 时，微元功为 $dW = F(x)dx = \dfrac{C}{x}dx$，所求膨胀功为

$$W = \int_{x_1}^{x_2} \frac{C}{x}dx = C\ln\frac{x_2}{x_1}.$$

由于 $C = p_1V_1 = p_2V_2$ 及 $\dfrac{x_2}{x_1} = \dfrac{V_2}{V_1} = \dfrac{p_1}{p_2}$，所以结果为 $W = p_1V_1\ln\dfrac{V_2}{V_1} = p_1V_1\ln\dfrac{p_1}{p_2}$.

例 3.34 一条长为 1.2m、质量为 2.4kg 的匀质链条，其中有 0.4m 在桌面上呈垂直于桌子边缘的直线状态，另有 0.8m 垂于桌面下方，设桌面与链条之间的摩擦系数为 $\mu = 0.4$，现在要将该链条沿桌面上原水平直线方向全部拉上桌面呈直线状态，试问需做多少功（如图 3.29 所示）？

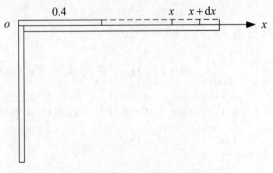

图 3.29　链条做功问题

解　先求出链条的线密度：

$$\rho = \frac{2.4}{1.2} = 2(\text{kg}/\text{m})$$

再以桌面边缘为坐标原点，拉动方向为 x 轴正向，建立坐标，如图 3.29 所示.

据题意可知，只要拉动 0.8m，即把链条在桌面上的一个端点从 $x = 0.4$ 拉到 $x = 1.2$ 处，就可把全部链条拉上桌面呈水平直线状态.

$\forall (x, x + dx) \subset (0.4, 1.2)$，当端点移动到 x 处时，需要施加的力 F 有两个部分：

（1）克服摩擦力部分 $F_1 = \mu((x\rho)g) = 7.848x$；

（2）克服重力部分 $F_2 = (1.2 - x)\rho g = 23.544 - 19.62x$.

所以 $F = F_1 + F_2 = 23.544 - 11.772x$，从而对应于位移区间 $(x, x + dx)$ 上的微元功为 $dW = Fdx = (23.544 - 11.772x)dx$.

因此，要将链条全部拉上桌面需要做的功为

$$W = \int_{0.4}^{1.2} (23.544 - 11.772x)dx \approx 11.3(\text{J}).$$

例 3.35（击水泥桩入泥土中的做功问题）　汽锤将圆柱形的水泥桩击入土中，设每次撞击汽锤所做的功相等，假定桩在泥土中前进时所受的阻力与水泥桩与泥土的接触面积成正比，即与水泥桩已经进入泥土中的深度成正比.已知汽锤第一次撞击将水泥桩击入泥土中的深度为 1m，问第二次又能将水泥桩击入多深？

解　当水泥桩进入到泥土中的深度为 x 时，所遇到的阻力为 $F(x) = \mu x$.

水泥桩在泥土中的深度由 x 变为 $x + dx$ 时，进程中的微元功为 $dW = F(x)dx = \mu xdx$，所以 $W_1 = \int_0^1 \mu xdx$，$W_2 = \int_1^{1+h} \mu xdx$.

由 $W_1 = W_2$，即 $\frac{\mu}{2} = \frac{\mu}{2}\left[(1+h)^2 - 1\right]$，可解得 $h = \sqrt{2} - 1$，即第二次撞击时又可将水泥桩再击入 $h = \sqrt{2} - 1$m.

例 3.36　一质点做直线运动的方程为 $x = t^2$，其中 x 是位移，t 是时间.已知运动过程中介质的阻力与运动速度成正比，求质点从 $x = 0$ 移动到 $x = 8$ 时外力克服阻力所做的功.

解　质点的运动速度为 $v = \frac{dx}{dt} = 3t^2$.

依题意，介质阻力 $F = 3kt^2$，其中 k 为比例系数，取 x 为积分变量，它的变化区间为 $[0,8]$，功的微元为 $dW = F(x)dx = 3kt^2dx = 3kt^2 \cdot 3t^2dt = 9kt^4dt$，于是外力克服阻力所做的功为

$$W = \int_0^2 F(x)dx = 9k\int_0^2 t^4dt = \frac{9k}{5}t^5\Big|_0^2 = \frac{288k}{5}.$$

3.5.3　经济应用

1. 由边际函数求原函数

（1）已知某产品总产量 Q 的变化率为 $\frac{dQ}{dt} = f(t)$，则该产品在时间 t 的区间 $[a,b]$ 内的总

产量为 $Q = \int_a^b f(t)\mathrm{d}t$.

（2）已知某产品的总成本 $C_T(Q)$ 的边际成本为 $\dfrac{\mathrm{d}C_T(Q)}{\mathrm{d}Q} = C_M(Q)$，则该产品从产量 a 到产量 b 的总成本为 $C_T(Q) = \int_a^b C_M(Q)\mathrm{d}Q$.

（3）已知某产品的总收益 $R_T(Q)$ 的边际收益为 $\dfrac{\mathrm{d}R_T(Q)}{\mathrm{d}Q} = R_M(Q)$，则销售 N 个单位时的总收益为 $R_T(Q) = \int_0^N R_M(Q)\mathrm{d}Q$.

例 3.37 已知某商品边际收入为 $-0.08x + 25$（万元/t），边际成本为 5（万元/t），求产量 x 从 250t 增加到 300t 时销售收入 $R(x)$、总成本 $C(x)$、利润 $L(x)$ 的改变量（增量）.

解 求边际利润：
$$L'(x) = R'(x) - C'(x) = -0.08x + 25 - 5 = -0.08x + 20.$$

依次求出：
$$R(300) - R(250) = \int_{250}^{300} R'(x)\mathrm{d}x = 150 \text{（万元）}$$
$$C(300) - C(250) = \int_{250}^{300} C'(x)\mathrm{d}x = 250 \text{（万元）}$$
$$L(300) - L(250) = \int_{250}^{300} L'(x)\mathrm{d}x = \int_{250}^{300}(-0.08x + 20)\mathrm{d}x = -100 \text{（万元）}.$$

例 3.38 某银行的利息连续计算，利息率是时间 t（单位：年）的函数：
$$r(t) = 0.08 + 0.015\sqrt{t}$$
求它在开始 2 年，即时间间隔 $[0,2]$ 内的平均利息率.

解 由于
$$\int_0^2 r(t)\mathrm{d}t = \int_0^2 (0.08 + 0.015\sqrt{t})\mathrm{d}t = 0.16 + 0.02\sqrt{2}$$

所以开始 2 年的平均利息率为
$$r = \frac{\int_0^2 r(t)\mathrm{d}t}{2 - 0} = 0.08 + 0.01\sqrt{2} \approx 0.094.$$

例 3.39 某公司运行 t（年）所获利润为 $L(t)$（元），利润的年变化率为
$$L'(t) = 3 \times 10^5 \sqrt{t+1} \text{（元/年）}$$
求利润从第 4 年初到第 8 年末，即时间间隔 $[3,8]$ 内年平均变化率.

解 由于
$$\int_3^8 L'(t)\mathrm{d}t = \int_3^8 3 \times 10^5 \sqrt{t+1}\mathrm{d}t = 38 \times 10^5$$

所以从第 4 年初到第 8 年末，利润的年平均变化率为
$$\frac{\int_3^8 L'(t)\mathrm{d}t}{8 - 3} = 7.6 \times 10^5 \text{（元/年）}$$

即在这 5 年内公司平均每年获利 7.6×10^5 元.

例 3.40 已知某产品总产量的变化率为

$$\frac{\mathrm{d}Q}{\mathrm{d}t} = 40 + 12t - \frac{3}{2}t^2 \quad （单位/天）$$

求从第 2 天到第 10 天产品的总产量.

解　所求的总产量为 $Q = \int_2^{10} \frac{\mathrm{d}Q}{\mathrm{d}t} \cdot \mathrm{d}t = \int_2^{10}\left(40 + 12t - \frac{3}{2}t^2\right)\mathrm{d}t = 400$ （单位）.

2. 资本现值和投资问题

设在时间区间 $[0, T]$ 内 t 时刻的单位时间收入为 $f(t)$ （收入率），若按年利率为 r 的连续复利计算，则在时间区间 $[t, t + \mathrm{d}t]$ 内的收入现值为 $f(t)\mathrm{e}^{-rt}\mathrm{d}t$，则总收入现值为

$$y = \int_0^T f(t)\mathrm{e}^{rt}\mathrm{d}t$$

若收入率 $f(t) = a$ （常数），称为均匀收入率，若年利率 r 也为常数，则总收入现值为

$$y = \int_0^T f(t)\mathrm{e}^{rt}\mathrm{d}t = a \cdot \frac{-1}{r}\mathrm{e}^{-rt}\Big|_0^T = \frac{a}{r}(1 - \mathrm{e}^{-rT}).$$

例 3.41 某工程总投资在竣工时的贴现值为 1000 万元，竣工后的年收入预计为 200 万元，年利息率为 0.08，求该工程的投资回收期.

解　这里 $A = 1000$、$a = 200$、$r = 0.08$，则该工程竣工后 T 年内收入的总贴现值为

$$\int_0^T 200\mathrm{e}^{-0.08t}\mathrm{d}t = \frac{200}{-0.08}\mathrm{e}^{-0.08t}\Big|_0^T = 2500(1 - \mathrm{e}^{-0.08T}).$$

令 $2500(1 - \mathrm{e}^{-0.08T}) = 1000$，即得该工程回收期为

$$T = -\frac{1}{0.08}\ln\left(1 - \frac{1000}{2500}\right) = -\frac{1}{0.08}\ln 0.6 = 6.39 \quad （年）.$$

习题 3

1．求下列不定积分：

（1）$\displaystyle\int\left(\frac{1}{\sqrt{x}} - 2\sin x + \frac{3}{x}\right)\mathrm{d}x$；

（2）$\displaystyle\int\left(1 - \frac{1}{x^2}\right)\sqrt{x\sqrt{x}}\,\mathrm{d}x$；

（3）$\displaystyle\int\frac{2 - \sqrt{1 - x^2}}{\sqrt{1 - x^2}}\mathrm{d}x$；

（4）$\displaystyle\int\frac{1}{x^2(1 + x^2)}\mathrm{d}x$；

（5）$\displaystyle\int(\mathrm{e}^{\frac{x}{2}} + \mathrm{e}^{-\frac{x}{2}})^2\mathrm{d}x$；

（6）$\displaystyle\int\frac{x^2 - \sin^2 x}{x^2\sin^2 x}\mathrm{d}x$.

2．利用换元法求下列不定积分：

（1）$\displaystyle\int\cos 2x\mathrm{d}x$；

（2）$\displaystyle\int 2^{3x+1}\mathrm{d}x$；

（3）$\displaystyle\int\sqrt{1 - 2x}\mathrm{d}x$；

（4）$\displaystyle\int\frac{2}{1 + 5x}\mathrm{d}x$；

（5）$\displaystyle\int\frac{\ln x}{x}\mathrm{d}x$；

（6）$\displaystyle\int\mathrm{e}^x\cos\mathrm{e}^x\mathrm{d}x$；

（7）$\displaystyle\int\frac{\mathrm{d}x}{\sqrt{x}(1+x)}$；

（8）$\displaystyle\int\frac{\cos x}{1+\sin x}\mathrm{d}x$；

（9）$\displaystyle\int\sin^3 x\cos^2 x\mathrm{d}x$；

（10）$\displaystyle\int\sin 3x\cos 2x\mathrm{d}x$；

（11）$\displaystyle\int\frac{x\tan\sqrt{1-x^2}}{\sqrt{1-x^2}}\mathrm{d}x$；

（12）$\displaystyle\int\frac{\mathrm{d}x}{4x^2+4x-3}$；

（13）$\displaystyle\int\frac{\mathrm{d}x}{\mathrm{e}^x+\mathrm{e}^{-x}}$；

（14）$\displaystyle\int\frac{\mathrm{d}x}{1-\sqrt{2x+1}}$；

（15）$\displaystyle\int\frac{x^2}{\sqrt{2-x}}\mathrm{d}x$；

（16）$\displaystyle\int\frac{x^2}{\sqrt{a^2-x^2}}\mathrm{d}x$．

3．利用分部积分法求下列不定积分：

（1）$\displaystyle\int x\sin 3x\mathrm{d}x$；

（2）$\displaystyle\int\frac{\ln x}{x^2}\mathrm{d}x$；

（3）$\displaystyle\int\arcsin x\mathrm{d}x$；

（4）$\displaystyle\int x^2\mathrm{e}^{3x}\mathrm{d}x$；

（5）$\displaystyle\int\frac{x\arctan x}{\sqrt{1+x^2}}\mathrm{d}x$；

（6）$\displaystyle\int\cos\sqrt{x}\mathrm{d}x$．

4．求下列定积分：

（1）$\displaystyle\int_1^4\sqrt{x}(\sqrt{x}-1)\mathrm{d}x$；

（2）$\displaystyle\int_0^1\frac{\mathrm{d}x}{\sqrt{4-x^2}}$；

（3）$\displaystyle\int_1^{\sqrt{3}}\frac{\mathrm{d}x}{1+x^2}$；

（4）$\displaystyle\int_{\frac{1}{\pi}}^{\frac{2}{\pi}}\frac{1}{x^2}\sin\frac{1}{x}\mathrm{d}x$；

（5）$\displaystyle\int_{-1}^2|x^2-1|\mathrm{d}x$；

（6）$\displaystyle\int_0^{\sqrt{\ln 2}}x\mathrm{e}^{x^2}\mathrm{d}x$；

（7）$\displaystyle\int_{\mathrm{e}}^{\mathrm{e}^2}\frac{\ln^2 x}{x}\mathrm{d}x$；

（8）$\displaystyle\int_0^2 f(x)\mathrm{d}x$，其中 $f(x)=\begin{cases}x-1, & x\leqslant 1\\ x^2, & x>1\end{cases}$．

5．用换元法求下列定积分：

（1）$\displaystyle\int_{-1}^1\frac{x}{\sqrt{5-4x}}\mathrm{d}x$；

（2）$\displaystyle\int_0^2\frac{1}{\sqrt{4+x^2}}\mathrm{d}x$；

（3）$\displaystyle\int_4^9\frac{\sqrt{x}}{\sqrt{x}-1}\mathrm{d}x$；

（4）$\displaystyle\int_1^2\frac{\sqrt{x^2-1}}{x}\mathrm{d}x$；

（5）$\displaystyle\int_0^1\sqrt{(1-x^2)^3}\mathrm{d}x$；

（6）$\displaystyle\int_0^1\mathrm{e}^{3x}\mathrm{d}x$；

（7）$\displaystyle\int_1^{\mathrm{e}}\frac{\mathrm{d}x}{x\sqrt{\ln x+1}}$；

（8）$f(x)=\begin{cases}1+x, & 0\leqslant x\leqslant 2\\ x^2-1, & 2<x\leqslant 4\end{cases}$，求 $\displaystyle\int_3^5 f(x-2)\mathrm{d}x$．

6．用分部积分法求下列定积分：

（1）$\displaystyle\int_0^{\frac{\pi}{2}}(x+x\sin x)\mathrm{d}x$；

（2）$\displaystyle\int_0^2 t\mathrm{e}^{-\frac{t}{2}}\mathrm{d}t$；

（3）$\displaystyle\int_1^4\frac{\ln x}{\sqrt{x}}\mathrm{d}x$；

（4）$\displaystyle\int_{-\sqrt{3}}^{\sqrt{3}}|\arctan x|\mathrm{d}x$．

7．计算下列积分：

（1）$\int_{-\infty}^{0} e^x dx$；

（2）$\int_{\frac{2}{\pi}}^{+\infty} \frac{1}{x^2} \sin \frac{1}{x} dx$；

（3）$\int_{0}^{+\infty} e^{-t} \sin t dt$；

（4）$\int_{-\infty}^{+\infty} \frac{dx}{x^2 + 2x + 2}$；

（5）$\int_{1}^{2} \frac{dx}{x \ln x}$；

（6）$\int_{1}^{e} \frac{dx}{x\sqrt{1 - \ln^2 x}}$．

8．求下列曲线所围成的平面图形的面积：

（1）抛物线 $x = y^2$ 与直线 $y = x$；

（2）两条抛物线 $y = x^2$、$y = (x - 2)^2$ 与 x 轴；

（3）三条直线 $y = x$、$y = 2x$ 及 $y = 2$；

（4）双曲线 $xy = 1$ 与直线 $y = x$ 和 $x = 2$；

（5）心形线 $r = a(1 + \cos\theta)$；

（6）三叶玫瑰线 $r = a \sin 3\theta$；

（7）摆线的一拱 $\begin{cases} x = a(t - \sin t) \\ y = a(1 - \cos t) \end{cases} (0 \leqslant t \leqslant 2\pi)$ 与 x 轴．

9．求下列曲线所围成的平面图形分别绕两坐标轴旋转而成的旋转体体积：

（1）$y = x^2$ 与 $y = 1$；　　　　　　　（2）$y = x^3$ 与 $x = 2$ 和 $y = 0$．

10．计算曲线 $y^2 = x^3$ 上相应于 $0 \leqslant x \leqslant 1$ 的一段弧长．

11．求星形线 $\begin{cases} x = a\cos^3 t \\ y = a\sin^3 t \end{cases}$ 的全长．

12．设生产某商品固定成本是 20 元，边际成本函数 $C'(q) = 0.4q + 2$ （元/单位），求总成本函数 $C(q)$．如果该商品的销售单价为 22 元且产品可以全部卖出，问每天的产量为多少个单位时可使利润达到最大？最大利润是多少？

13．现对某企业给予一笔投资 A，经测算该企业在 T 年中可按每年 a 元的均匀收入率获得收入，如年利润为 r，试求：（1）该投资的纯收入贴现值；（2）收回该笔投资的时间为多少？

第4章 收敛与发散——无穷级数

4.1 数项级数

4.1.1 数项级数的基本概念

定义 4.1 给定数列 $a_1, a_2, \cdots, a_n, \cdots$，则 $\sum\limits_{n=1}^{+\infty} a_n = a_1 + a_2 + \cdots + a_n + \cdots$ 称为数项级数，a_n 称为通项. 令 $s_n = a_1 + a_2 + \cdots + a_n$，称为级数 $\sum\limits_{n=1}^{+\infty} a_n$ 的前 n 项部分和. 数列 $s_1, s_2, \cdots, s_n, \cdots$ 称为级数 $\sum\limits_{n=1}^{+\infty} a_n$ 的部分和数列.

如数列 $\dfrac{1}{2}, \dfrac{1}{3}, \cdots, \dfrac{1}{2^n}, \cdots$，数项级数 $\dfrac{1}{2} + \dfrac{1}{3} + \cdots + \dfrac{1}{2^n} + \cdots = \sum\limits_{n=1}^{+\infty} \dfrac{1}{2^n}$，前 n 项部分和为 $s_n = \dfrac{1}{2} + \dfrac{1}{3} + \cdots + \dfrac{1}{2^n}$.

定义 4.2 如果级数 $\sum\limits_{n=1}^{+\infty} a_n$ 的部分和数列 s_n 的极限存在，即 $\lim\limits_{n \to +\infty} s_n = s$，则称数项级数 $\sum\limits_{n=1}^{+\infty} a_n$ 收敛；否则，称数项级数 $\sum\limits_{n=1}^{+\infty} a_n$ 发散.

4.1.2 求数项级数的和

例 4.1 判断几何级数 $\sum\limits_{n=0}^{+\infty} aq^n$（$a \neq 0$）的敛散性.

解 该级数前 n 项部分和为

$$s_n = a + aq + aq^2 + aq^3 + \cdots + aq^{n-1} = \frac{a - aq^n}{1-q}$$

当 $|q| < 1$ 时，$\lim\limits_{n \to +\infty} s_n = \lim\limits_{n \to +\infty} \dfrac{a - aq^n}{1-q} = \dfrac{a}{1-q}$，这时几何级数收敛.

当 $|q| > 1$ 时，$\lim\limits_{n \to +\infty} s_n = \lim\limits_{n \to +\infty} \dfrac{a - aq^n}{1-q} = \infty$，这时几何级数发散.

当 $q = 1$ 时，$s_n = a + a + a + a + \cdots + a = na$，$\lim\limits_{n \to +\infty} s_n = \lim\limits_{n \to +\infty} na = \infty$，这时几何级数发散.

当 $q = -1$ 时，$s_n = a - a + a - a + \cdots + (-1)^{n-1} a$，$\lim\limits_{n \to +\infty} s_n$ 不存在，这时几何级数发散.

综合以上结果得出：当 $|q|<1$ 时，几何级数 $\sum\limits_{n=0}^{+\infty} aq^n$（$a\neq0$）收敛；当 $|q|\geqslant1$ 时，几何级数

$\sum\limits_{n=0}^{+\infty} aq^n$（$a\neq0$）发散. 例如，几何级数 $\sum\limits_{n=0}^{+\infty}\dfrac{1}{2^n}$、$\sum\limits_{n=0}^{+\infty}\dfrac{1}{3^n}$、$\sum\limits_{n=0}^{+\infty}\left(\dfrac{2}{3}\right)^n$ 均收敛，其和分别为 2、$\dfrac{3}{2}$、3.

例 4.2 求数项级数 $\sum\limits_{n=1}^{+\infty}\dfrac{1}{n(n+1)}$ 的和 s.

解 数项级数 $\sum\limits_{n=1}^{+\infty}\dfrac{1}{n(n+1)}$ 的前 n 项部分和为

$$s_n=\frac{1}{1\times2}+\frac{1}{2\times3}+\frac{1}{3\times4}+\cdots+\frac{1}{n(n+1)}=\left(1-\frac{1}{2}\right)+\left(\frac{1}{2}-\frac{1}{3}\right)+\left(\frac{1}{3}-\frac{1}{4}\right)+\left(\frac{1}{n}-\frac{1}{n+1}\right)=1-\frac{1}{n+1}.$$

故 $s=\lim\limits_{n\to+\infty}s_n=\lim\limits_{n\to+\infty}\left(1-\dfrac{1}{n+1}\right)=1$.

4.1.3 数项级数的性质

定理 4.1 若级数 $\sum\limits_{n=1}^{+\infty}a_n$ 和 $\sum\limits_{n=1}^{+\infty}b_n$ 收敛，则 $\sum\limits_{n=1}^{+\infty}(a_n\pm b_n)$ 收敛，且

$$\sum_{n=1}^{+\infty}(a_n\pm b_n)=\sum_{n=1}^{+\infty}a_n\pm\sum_{n=1}^{+\infty}b_n.$$

定理 4.2 若级数 $\sum\limits_{n=1}^{+\infty}a_n$ 收敛，c 是任一常数，则 $\sum\limits_{n=1}^{+\infty}ca_n$ 收敛，且 $\sum\limits_{n=1}^{+\infty}ca_n=c\sum\limits_{n=1}^{+\infty}a_n$.

定理 4.3 若级数 $\sum\limits_{n=1}^{+\infty}a_n$ 收敛，则去掉或添加有限项得到的新级数仍收敛.

以上定理的证明根据定义 4.1 易得，留给读者自己完成.

定理 4.4（数项级数收敛的必要条件） 若数项级数 $\sum\limits_{n=1}^{+\infty}a_n$ 收敛，则 $\lim\limits_{n\to+\infty}a_n=0$.

证明 设数项级数 $\sum\limits_{n=1}^{+\infty}a_n$ 的和为 s. 因 $a_n=s_n-s_{n-1}$，故

$$\lim_{n\to+\infty}a_n=\lim_{n\to+\infty}(s_n-s_{n-1})=\lim_{n\to+\infty}s_n-\lim_{n\to+\infty}s_{n-1}=s-s=0.$$

由此可得，数项级数发散的充分条件：若 $\lim\limits_{n\to+\infty}a_n\neq0$，则数项级数 $\sum\limits_{n=1}^{+\infty}a_n$ 发散.

4.1.4 正项级数收敛判别法

定理 4.5（比较判别法） 设 $\sum\limits_{n=1}^{+\infty}a_n$ 和 $\sum\limits_{n=1}^{+\infty}b_n$ 是两个正项级数（每一项均非负的数项级数），

且 $a_n\leqslant b_n$，$n=1,2,\cdots$.（1）若数项级数 $\sum\limits_{n=1}^{+\infty}b_n$ 收敛，则数项级数 $\sum\limits_{n=1}^{+\infty}a_n$ 收敛.（2）若数项级

数 $\sum\limits_{n=1}^{+\infty} a_n$ 发散,则数项级数 $\sum\limits_{n=1}^{+\infty} b_n$ 发散.

证明　（1）设 $\sum\limits_{n=1}^{+\infty} a_n$、$\sum\limits_{n=1}^{+\infty} b_n$ 的前 n 项部分和分别为 s_n 和 s'_n. 由 $a_n \leqslant b_n$，$n = 1,2,\cdots$ 知，

$s_n \leqslant s'_n$. 又由 $\sum\limits_{n=1}^{+\infty} b_n$ 收敛，可知 $\lim\limits_{n \to +\infty} s'_n$ 存在，即 s'_n 为单调有界数列. 从而 s_n 也为单调有界数

列，即数项级数 $\sum\limits_{n=1}^{+\infty} a_n$ 收敛.

（2）设数项级数 $\sum\limits_{n=1}^{+\infty} a_n$ 发散，则数项级数 $\sum\limits_{n=1}^{+\infty} b_n$ 收敛. 由（1）知数项级数 $\sum\limits_{n=1}^{+\infty} a_n$ 收敛，

这就产生了矛盾. 于是，数项级数 $\sum\limits_{n=1}^{+\infty} a_n$ 发散，则数项级数 $\sum\limits_{n=1}^{+\infty} b_n$ 发散.

例 4.3　判断调和级数 $\sum\limits_{n=1}^{+\infty} \dfrac{1}{n}$ 发散.

解　先证明数项级数 $\sum\limits_{n=1}^{+\infty} \ln\left(1 + \dfrac{1}{n}\right)$ 发散. 因为该数项级数的部分和为

$$s_n = \ln 2 + \ln \frac{3}{2} + \ln \frac{4}{3} + \cdots + \ln \frac{n+1}{n} = \ln(n+1)$$

$\lim\limits_{n \to +\infty} s_n = \lim\limits_{n \to +\infty} \ln(n+1) = \infty$，所以数项级数 $\sum\limits_{n=1}^{+\infty} \ln\left(1 + \dfrac{1}{n}\right)$ 发散.

又 $\ln\left(1 + \dfrac{1}{n}\right) < \dfrac{1}{n}$，根据定理 4.5 知，调和级数 $\sum\limits_{n=1}^{+\infty} \dfrac{1}{n}$ 发散.

定理 4.6　p-级数 $\sum\limits_{n=1}^{+\infty} \dfrac{1}{n^p}$ 的敛散性：当 $p > 1$ 时收敛，当 $P \leqslant 1$ 时发散.

由定理 4.6 知，数项级数 $\sum\limits_{n=1}^{+\infty} \dfrac{1}{\sqrt{n}}$、$\sum\limits_{n=1}^{+\infty} \dfrac{1}{n}$、$\sum\limits_{n=1}^{+\infty} \dfrac{1}{n^2}$ 均为 p-级数，但只有数项级数 $\sum\limits_{n=1}^{+\infty} \dfrac{1}{n^2}$ 收敛.

例 4.4　判断数项级数 $\sum\limits_{n=1}^{+\infty} \dfrac{1}{n^n}$ 收敛.

解　该数项级数的通项 $a_n = \dfrac{1}{n^n} \leqslant \dfrac{1}{n^2}$，数项级数 $\sum\limits_{n=1}^{+\infty} \dfrac{1}{n^2}$ 收敛，由定理 4.5 知，数项级数

$\sum\limits_{n=1}^{+\infty} \dfrac{1}{n^n}$ 收敛.

定理 4.7（比值判别法）　设 $\sum\limits_{n=1}^{+\infty} a_n$ 是正项级数，且 $\lim\limits_{n \to +\infty} \dfrac{a_{n+1}}{a_n} = \rho$，则（1）当 $\rho < 1$ 时，

级数 $\sum\limits_{n=1}^{+\infty} a_n$ 收敛；（2）当 $\rho > 1$ 时，级数 $\sum\limits_{n=1}^{+\infty} a_n$ 发散.

证明 （1）当 $\rho<1$ 时，由 $\lim\limits_{n\to+\infty}\dfrac{a_{n+1}}{a_n}=\rho$ 有 $a_{n+1}<ra_n$，其中 $\rho<r<1$，即 $a_1=a_1$，$a_2=ra_1$，$a_3=r^2a_1$，$\cdots$，$a_n=r^{n-1}a_1$，从而 $s_n=a_1+a_2+a_3+\cdots+a_n<(1+r+r^2+\cdots+r^{n-1})a_1$. 因为右端对应的几何级数是收敛的，所以 $\lim\limits_{n\to+\infty}s_n$ 存在，即数项级数 $\sum\limits_{n=1}^{+\infty}a_n$ 收敛.

（2）当 $\rho>1$ 时，由 $\lim\limits_{n\to+\infty}\dfrac{a_{n+1}}{a_n}=\rho$ 有 $a_{n+1}>a_n$，从而 $\lim\limits_{n\to+\infty}a_n\neq0$，所以数项级数 $\sum\limits_{n=1}^{+\infty}a_n$ 发散.

4.1.5 任意项级数

若级数 $\sum\limits_{n=1}^{+\infty}a_n$ 收敛，且级数 $\sum\limits_{n=1}^{+\infty}|a_n|$ 收敛，称级数 $\sum\limits_{n=1}^{+\infty}a_n$ 为绝对收敛，如级数 $\sum\limits_{n=1}^{+\infty}\dfrac{(-1)^n}{n^2}$.

若级数 $\sum\limits_{n=1}^{+\infty}a_n$ 收敛，且级数 $\sum\limits_{n=1}^{+\infty}|a_n|$ 发散，称级数 $\sum\limits_{n=1}^{+\infty}a_n$ 为条件收敛，如级数 $\sum\limits_{n=1}^{+\infty}\dfrac{(-1)^n}{n}$.

定理 4.8 若级数 $\sum\limits_{n=1}^{+\infty}|a_n|$ 收敛，则级数 $\sum\limits_{n=1}^{+\infty}a_n$ 收敛.

证明 令 $b_n=\dfrac{|a_n|+a_n}{2}$，易知级数 $\sum\limits_{n=1}^{+\infty}b_n$ 为正项级数，且 $b_n\leqslant|a_n|$，$n=1,2,3,\cdots$. 已知 $\sum\limits_{n=1}^{+\infty}|a_n|$ 收敛，由定理 4.5 知，级数 $\sum\limits_{n=1}^{+\infty}b_n$ 收敛. 而 $a_n=2b_n-|a_n|$，由定理 4.1 知，级数 $\sum\limits_{n=1}^{+\infty}a_n$ 收敛.

例 4.5 判断级数 $\sum\limits_{n=1}^{+\infty}\dfrac{\sin(2n-1)}{n^2}$ 是收敛级数.

解 因该级数的通项的绝对值 $|a_n|=\left|\dfrac{\sin(2n-1)}{n^2}\right|\leqslant\dfrac{1}{n^2}$，且级数 $\sum\limits_{n=1}^{+\infty}\dfrac{1}{n^2}$ 收敛. 由定理 4.5 知，级数 $\sum\limits_{n=1}^{+\infty}\left|\dfrac{\sin(2n-1)}{n^2}\right|$ 收敛.

定理 4.9（莱布尼茨判别法） 对于交错级数 $\sum\limits_{n=1}^{+\infty}(-1)^{n-1}a_n(a_n>0,\ n=1,2,\cdots)$，若满足：

（1）自某项以后的所有项有 $a_n>a_{n+1}$；（2）$\lim\limits_{n\to+\infty}a_n=0$，则交错级数 $\sum\limits_{n=1}^{+\infty}(-1)^{n-1}a_n$ $(a_n>0,\ n=1,2,\cdots)$ 收敛.

例 4.6 判断级数 $\sum\limits_{n=1}^{+\infty}\dfrac{(-1)^n}{\sqrt{n}}$ 收敛.

解 由于级数 $\sum\limits_{n=1}^{+\infty}\dfrac{(-1)^n}{\sqrt{n}}$ 是交错级数，且满足 $a_n=\dfrac{1}{\sqrt{n}}>\dfrac{1}{\sqrt{n+1}}=a_{n+1}$，$n=1,2,3,\cdots$ 及 $\lim\limits_{n\to+\infty}a_n=\lim\limits_{n\to+\infty}\dfrac{1}{\sqrt{n}}=0$，由定理 4.9 知，级数 $\sum\limits_{n=1}^{+\infty}\dfrac{(-1)^n}{\sqrt{n}}$ 收敛.

4.2 函数项级数

4.2.1 基本概念

定义 4.3 形如 $\sum\limits_{n=1}^{+\infty} u_n(x) = u_1(x) + u_2(x) + \cdots + u_n(x) + \cdots$ 的级数称为函数项级数. 当 $x = x_0$ 时,得一数项级数 $\sum\limits_{n=1}^{+\infty} u_n(x_0)$,若该数项级数收敛,则称函数项级数 $\sum\limits_{n=1}^{+\infty} u_n(x)$ 在 $x = x_0$ 处收敛, $x = x_0$ 点称为收敛点,否则 $x = x_0$ 点称为发散点. 函数项级数 $\sum\limits_{n=1}^{+\infty} u_n(x)$ 的所有收敛点的集合称为函数项级数 $\sum\limits_{n=1}^{+\infty} u_n(x)$ 的收敛域.

4.2.2 幂级数

定义 4.4 形如 $\sum\limits_{n=0}^{+\infty} a_n(x - x_0)^n = a_0 + a_1(x - x_0) + a_2(x - x_0)^2 + \cdots + a_n(x - x_0)^n + \cdots$ 或 $\sum\limits_{n=0}^{+\infty} a_n x^n = a_0 + a_1 x + a_2 x^2 + \cdots + a_n x^n + \cdots$ 的级数称为幂级数.

幂级数是函数项级数最简单但应用十分广泛的一种,第二种形式易化为第一种形式,下面仅就第一种形式进行讨论.

定理 4.10（幂级数收敛区间的求法）

若 x_0 是幂级数 $\sum\limits_{n=0}^{+\infty} a_n x^n$ 的一个收敛点,且 $|x_0| > 0$,则幂级数 $\sum\limits_{n=0}^{+\infty} a_n x^n$ 在 $|x| < |x_0|$ 内收敛. 若 x_1 是幂级数 $\sum\limits_{n=0}^{+\infty} a_n x^n$ 的一个发散点,则幂级数 $\sum\limits_{n=0}^{+\infty} a_n x^n$ 在 $|x| > |x_1|$ 内发散.

对于具体的幂级数求收敛区间的步骤如下:

（1）由 $\lim\limits_{n \to +\infty} \left| \dfrac{u_{n+1}(x)}{u_n(x)} \right| = \lim\limits_{n \to +\infty} \left| \dfrac{a_{n+1}}{a_n} \right| |x| = \rho |x| < 1$ 得绝对收敛区间 $\left(-\dfrac{1}{\rho}, \dfrac{1}{\rho} \right)$,这时可得出收敛半径 $R = \dfrac{1}{\rho}$ （当 $\rho = 0$ 时,收敛半径 $R = \infty$；当 $\rho = \infty$ 时,收敛半径 $R = 0$）.

（2）讨论当 $x = \pm\dfrac{1}{\rho}$ 时两个数项级数的敛散性.

（3）综合前两步得幂级数的收敛区间.

例 4.7 求级数 $\sum\limits_{n=1}^{+\infty} \dfrac{(x-2)^n}{n5^n}$ 的收敛半径.

解　令 $u_n = \dfrac{(x-2)^2}{n5^n}$，则

$$\lim_{n\to\infty}\left|\frac{u_{n+1}}{u_n}\right| = \lim_{n\to\infty}\left|\frac{\frac{(x-2)^{n+1}}{(n+1)5^{n+1}}}{\frac{(x-2)^n}{n5^n}}\right| = \frac{1}{5}\lim_{n\to\infty}|x-2|\frac{n}{n+1} = \frac{1}{5}|x-2|.$$

当 $\dfrac{1}{5}|x-2|<1$，即 $|x-2|<5$ 时收敛，所以该级数的收敛半径为 5.

定理 4.11（幂级数的性质）　设幂级数 $\sum\limits_{n=0}^{+\infty}a_n x^n$ 的和函数 $S(x)$ 在 I 上的每一点收敛，则

（1）幂级数的和函数在其收敛域内是连续的，即 $\lim\limits_{x\to x_0}\sum\limits_{n=0}^{+\infty}a_n x^n = \sum\limits_{n=0}^{+\infty}a_n x_0^n.$

（2）幂级数的和函数在其收敛域内是可微的，即

$$S'(x) = \sum_{n=0}^{+\infty}(a_n x^n)' = \sum_{n=0}^{+\infty}na_n x^{n-1},\quad x\in(-R,R).$$

（3）幂级数的和函数在其收敛域内是可积的，即

$$\int_0^x S(x)\mathrm{d}x = \sum_{n=0}^{+\infty}\int_0^x a_n x^n \mathrm{d}x,\quad x\in(-R,R).$$

4.2.3　泰勒级数

定理 4.12（任意阶可导函数的泰勒级数）　设函数 $f(x)$ 在某一区间 (a,b) 内有任意阶导数且 $x_0\in(a,b)$，则对于任意 $x\in(a,b)$ 有

$$f(x) = f(x_0)+f'(x_0)(x-x_0)+\frac{f''(x_0)}{2!}(x-x_0)^2+\cdots+\frac{f^{(n)}(x_0)}{n!}(x-x_0)^n+\cdots$$

——泰勒级数

当 $x_0=0$ 时，$f(x)=f(0)+f'(0)x+\dfrac{f''(0)}{2!}x^2+\cdots+\dfrac{f^{(n)}(0)}{n!}x^n+\cdots$

——麦克劳林级数

利用定理 4.12 易得到五个基本初等函数的麦克劳林级数如下：

$$e^x = 1+x+\frac{1}{2!}x^2+\cdots+\frac{1}{n!}x^n+\cdots,\quad x\in(-\infty,+\infty).$$

$$\sin x = x-\frac{x^3}{3!}+\frac{x^5}{5!}-\cdots+(-1)^{m-1}\frac{x^{2m-1}}{(2m-1)!}+\cdots,\quad x\in(-\infty,+\infty).$$

$$\cos x = 1-\frac{1}{2!}x^2+\frac{1}{4!}x^4+\cdots+\frac{(-1)^{2m}}{(2m)!}x^{2m}+\cdots,\quad x\in(-\infty,+\infty).$$

$$\ln(1+x) = x-\frac{1}{2}x^2+\frac{1}{3}x^3+\cdots+(-1)^{n-1}\frac{1}{n}x^n+\cdots,\quad -1<x\leq 1.$$

$$(1+x)^\alpha = 1 + \alpha x + \frac{\alpha(\alpha-1)}{2!}x^2 + \frac{\alpha(\alpha-1)(\alpha-2)}{3!}x^3 + \cdots$$
$$+ \frac{\alpha(\alpha-1)(\alpha-2)\cdots(\alpha-n+1)}{n!}x^n + \cdots, \quad |x|<1.$$

例 4.8 将函数 $y = \sin\frac{x}{2}\cos\frac{x}{2}$ 展开成麦克劳林级数.

解 由于 $y = \sin\frac{x}{2}\cos\frac{x}{2} = \frac{1}{2}\sin x$ 且 $\sin x = x - \frac{x^3}{3!} + \frac{x^5}{5!} - \cdots + (-1)^{m-1}\frac{x^{2m-1}}{(2m-1)!} + \cdots$,
$x \in (-\infty, +\infty)$,所以

$$y = \frac{1}{2}\left[x - \frac{x^3}{3!} + \frac{x^5}{5!} - \cdots + (-1)^{m-1}\frac{x^{2m-1}}{(2m-1)!} + \cdots\right]$$
$$= \frac{1}{2}x - \frac{x^3}{2\cdot 3!} + \frac{x^5}{2\cdot 5!} - \cdots + (-1)^{m-1}\frac{x^{2m-1}}{2\cdot(2m-1)!} + \cdots.$$

例 4.9（银行存款问题） 某人在银行里存入人民币 A 元,一年后取出 1 元,两年后取出 4 元,三年后取出 9 元,……, n 年后取出 n^2 元,试问 A 至少应为多大时才能使这笔钱按照这种取钱方式永远也取不完.这里,设银行年利率为 r 且以复利计息.

分别在 $r = 0.02$ 和 $r = 0.05$ 时求出期初应存入人民币 A 的值.

解 记 $A_0 = A$,则在一年后,由于取出了 1 元,所以还余下 $A_1 = A_0(1+r) - 1$.

在两年后,由于又取出了 4 元,所以还余下
$$A_2 = A_1(1+r) - 4 = A_0(1+r)^2 - (1+r) - 4$$

在 n 年后,由于又取出 n^2 元,所以还余下
$$A_n = A_{n-1}(1+r) - n^2 = A_0(1+r)^n - \left[(1+r)^{n-1} + 4(1+r)^{n-2} + 9(1+r)^{n-3} + \cdots + n^2\right]$$
$$= (1+r)^n\left\{A_0 - \left[\frac{1}{1+r} + \frac{4}{(1+r)^2} + \frac{9}{(1+r)^3} + \cdots + \frac{n^2}{(1+r)^n}\right]\right\}.$$

根据题意可知,对任一正整数 n 都有 $A_n > 0$,即
$$A_0 - \left[\frac{1}{1+r} + \frac{4}{(1+r)^2} + \frac{9}{(1+r)^3} + \cdots + \frac{n^2}{(1+r)^n}\right] > 0.$$

根据 n 的任意性可知应有 $A_0 \geqslant \sum_{n=1}^{\infty}\frac{n^2}{(1+r)^n}$.

构造幂级数 $\sum_{n=1}^{\infty}n^2 x^n$,容易求得其收敛域为 $(-1,1)$,下面求它在收敛域上的和函数:

$$S(x) = \sum_{n=1}^{\infty}n^2 x^n = x\left[\sum_{n=1}^{\infty}nx^n\right]' = x\left[x(\sum_{n=1}^{\infty}x^n)'\right]' = x\left[x(\frac{x}{1-x})'\right]' = \frac{x(1+x)}{(1-x)^3}.$$

所以应有
$$A = A_0 \geqslant S\left(\frac{1}{1+r}\right) = \frac{(1+r)(2+r)}{r^3}.$$

由此可知,期初至少应存入银行 $\frac{(1+r)(2+r)}{r^3}$ 元.

若年利率为 $r = 0.02$，期初至少应存入 257550 元；而当年利率为 $r = 0.05$ 时，期初存入只要不低于 17220 元就可以了.

例 4.10（"创造"货币问题）　商业银行吸收存款后，必须按照法定的比率保留规定数额的法定准备金，其余部分才能用作放款. 得到一笔贷款的企业把它作为活期存款存入另一家银行，这家银行也按比率保留法定准备金，其余部分作为放款. 如此继续下去，这就是银行通过存款和放款"创造"货币.

设 R 表示最初存款，D 表示存款总额（即最初存款"创造"的货币总额），r 表示法定准备金占存款的比例，$r<1$. 当 n 趋于无穷大时，则

$$D = R + R(1-r) + R(1-r)^2 + \cdots + R(1-r)^n + \cdots = R\frac{1}{1-(1-r)} = \frac{R}{r}$$

若记 $K_m = \dfrac{1}{r}$，它称为货币创造乘数. 显然，若最初存款是一定的，法定准备金率 r 越低，银行存款和放款的总额越大.

如设最初存款为 1000 万元，法定准备金率为 20%，求银行存款总额和贷款总额. 这里，$R=1000$，$r=0.2$，存款总额 D_1 由级数 $1000 + 1000(1-0.2) + 1000(1-0.2)^2 + \cdots$ 决定，其和

$$D_1 = \frac{1000}{1-(1-0.2)} = \frac{1000}{0.2} = 5000 \quad（万元）.$$

贷款总额 D_2 由级数 $1000(1-0.2) + 1000(1-0.2)^2 + \cdots$ 决定，显然 $D_2 = 4000$（万元）.

例 4.11（投资费用）　投资费用是指每隔一定时期重复一次的一系列服务或购进设备所需费用的现值. 将各次费用化为现值，用以比较间隔时间不同的服务项目或具有不同使用寿命的设备.

设初期投资为 p，年利率为 r，t 年重复一次投资. 这样，第一次更新费用的现值为 pe^{-rt}，第二次更新费用的现值为 pe^{-2rt}，依此类推. 如此，投资费用 D 为下列等比级数之和

$$D = p + pe^{-rt} + pe^{-2rt} + \cdots + pe^{-nrt} + \cdots，\quad 于是 \ D = \frac{p}{1-e^{-rt}} = \frac{pe^{rt}}{e^{rt}-1}.$$

例如，建造一座钢桥的费用为 380000 元，每隔 10 年需要油漆一次，每次费用为 40000 元，桥的期望寿命为 40 年；建造一座木桥的费用为 200000 元，每隔 2 年需要油漆一次，每次费用为 20000 元，桥的期望寿命为 15 年. 若年利率为 10%，问建造哪一种桥较为经济？

钢桥费用包括两部分：建桥的费用和油漆的费用.

对建钢桥，$p = 380000$，$r = 0.1$，$t = 40$，因为 $r \cdot t = (0.1) \times 40 = 4$，则建桥费用

$$D_1 = p + pe^{-4} + pe^{-2 \cdot 4} + \cdots = p\frac{1}{1-e^{-4}} = \frac{pe^4}{e^4-1}.$$

查表知 $e^4 = 54.598$，于是 $D_1 = \dfrac{380000 \times 54.598}{54.598-1} = 387089.8$（元）.

同样，钢桥的油漆费用 $D_2 = \dfrac{40000 \times e^{0.1 \times 10}}{e^{0.1 \times 10}-1} = \dfrac{40000 \times 2.7183}{2.7183-1} = 63278.8$（元）.

故建钢桥总费用的现值 $D = D_1 + D_2 = 450368.6$（元）.

类似地，建木桥费用 $D_3 = \dfrac{200000 \times e^{0.1 \times 15}}{e^{0.1 \times 15} - 1} = \dfrac{200000 \times 4.482}{4.482 - 1} = 257438$（元）.

木桥的油漆费用 $D_4 = \dfrac{20000 \times e^{0.1 \times 2}}{e^{0.1 \times 2} - 1} = \dfrac{20000 \times 1.2214}{1.2214 - 1} = 110334.2$（元）.

故建木桥总费用的现值 $D_5 = D_3 + D_4 = 367772.2$（元）.

由计算知，建木桥较为经济.

现假设价格每年以百分率 i 涨价，年利率为 r，若某种服务或项目的现在费用为 p_0，则 t 年后的费用为 $A_t = p_0 e^{it}$. 其现值为 $p_t = A_t e^{-rt} = p_0 e^{-(r-i)t}$. 这表明，在通货膨胀情况下，计算总费用 D 的等比级数为

$$D = p + pe^{-(r-i)t} + pe^{-2(r-i)t} + \cdots + pe^{-n(r-i)t} + \cdots = \frac{pe^{-(r-i)t}}{e^{(r-i)t} - 1}.$$

在上述建桥问题中，若每年物价上涨 7%，试重新考虑建木桥还是建钢桥经济？这里，$r = 0.1$，$i = 0.07$，$r - i = 0.03$. 此时对钢桥，建桥费用和油漆费用分别为 $D_1 = 543780$（元），$D_2 = 154320$（元），建钢桥总费用的现在值 $D = D_1 + D_2 = 698100$（元）；对木桥，建桥费用和油漆费用分别为 $D_3 = 551926$（元），$D_4 = 343624$（元），建木桥总费用的现在值 $D = D_3 + D_4 = 895550$（元）.

根据以上计算，在每年通货膨胀 7% 的情况下，建钢桥较为经济.

4.2.4 傅立叶级数

定义 4.5 函数集合 $\{1, \sin x, \cos x, \sin 2x, \cos 2x, \cdots, \sin nx, \cos nx, \cdots\}$ 称为三角函数系. 级数 $\dfrac{a_0}{2} + \sum\limits_{n=1}^{+\infty}(a_n \cos nx + b_n \sin nx)$ 称为三角级数. 若

$$f(x) = \frac{a_0}{2} + \sum_{n=1}^{+\infty}(a_n \cos nx + b_n \sin nx),$$

则称三角级数 $\dfrac{a_0}{2} + \sum\limits_{n=1}^{+\infty}(a_n \cos nx + b_n \sin nx)$ 为 $f(x)$ 的傅立叶级数.

对于三角函数系，我们有

$$\int_{-\pi}^{\pi} \cos nx \cos mx \mathrm{d}x = 0 (n \neq m), \quad \int_{-\pi}^{\pi} 1 \cdot \cos nx \mathrm{d}x = 0, \quad \int_{-\pi}^{\pi} 1 \cdot \sin nx \mathrm{d}x = 0, \quad \int_{-\pi}^{\pi} 1^2 \mathrm{d}x = 2\pi,$$

$$\int_{-\pi}^{\pi} \cos^2 nx \mathrm{d}x = \pi, \quad \int_{-\pi}^{\pi} \sin^2 nx \mathrm{d}x = \pi, \quad \cdots$$

即三角函数系中的任何两个不同函数的乘积在区间 $[-\pi, \pi]$ 上的积分为零，这个性质称为三角函数系的正交性.

定理 4.13 若 $f(x) = \dfrac{a_0}{2} + \sum\limits_{n=1}^{+\infty}(a_n \cos nx + b_n \sin nx)$ 且 $f(x)$ 在区间 $[-\pi, \pi]$ 上可积，则

$$a_0 = \frac{1}{\pi} \int_{-\pi}^{\pi} f(x)\mathrm{d}x, \quad a_n = \frac{1}{\pi} \int_{-\pi}^{\pi} f(x)\cos nx \mathrm{d}x, \quad b_n = \frac{1}{\pi} \int_{-\pi}^{\pi} f(x)\sin nx \mathrm{d}x, \quad n = 1, 2, \cdots.$$

证明　对 $f(x) = \dfrac{a_0}{2} + \displaystyle\sum_{n=1}^{+\infty}(a_n \cos nx + b_n \sin nx)$ 两边同时积分：

$$\int_{-\pi}^{\pi} f(x)\mathrm{d}x = \int_{-\pi}^{\pi} \frac{a_0}{2}\mathrm{d}x + \sum_{n=1}^{+\infty}\int_{-\pi}^{\pi}(a_n \cos nx + b_n \sin nx)\mathrm{d}x$$

$$= \int_{-\pi}^{\pi}\frac{a_0}{2}\mathrm{d}x + \sum_{n=1}^{+\infty}\left(a_n\int_{-\pi}^{\pi}\cos nx\mathrm{d}x + b_n\int_{-\pi}^{\pi}\sin nx\mathrm{d}x\right) = \int_{-\pi}^{\pi}\frac{a_0}{2}\mathrm{d}x = \pi a_0 \ .$$

$$a_0 = \frac{1}{\pi}\int_{-\pi}^{\pi} f(x)\mathrm{d}x \ .$$

$$\int_{-\pi}^{\pi} f(x)\cos nx\mathrm{d}x = \int_{-\pi}^{\pi}\frac{a_0}{2}\cos nx\mathrm{d}x + \sum_{n=1}^{+\infty}\left(a_n\int_{-\pi}^{\pi}\cos nx\cos nx\mathrm{d}x + b_n\int_{-\pi}^{\pi}\sin nx\cos nx\mathrm{d}x\right) = \pi a_n$$

$$a_n = \frac{1}{\pi}\int_{-\pi}^{\pi} f(x)\cos nx\mathrm{d}x \ , \quad n = 1,2,\cdots .$$

$$\int_{-\pi}^{\pi} f(x)\sin nx\mathrm{d}x = \int_{-\pi}^{\pi}\frac{a_0}{2}\sin nx\mathrm{d}x + \sum_{n=1}^{+\infty}\left(a_n\int_{-\pi}^{\pi}\cos nx\sin nx\mathrm{d}x + b_n\int_{-\pi}^{\pi}\sin nx\sin nx\mathrm{d}x\right) = \pi b_n$$

$$b_n = \frac{1}{\pi}\int_{-\pi}^{\pi} f(x)\sin nx\mathrm{d}x \ , \quad n = 1,2,\cdots .$$

例 4.12　求如图 4.1 所示的周期方波函数 $u(x)$ 的傅立叶系数.

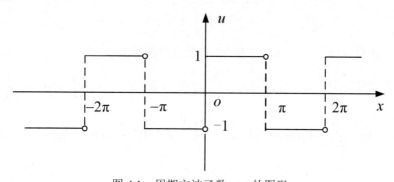

图 4.1　周期方波函数 $u(x)$ 的图形

解　因为 $u(x) = \begin{cases} -1, & -\pi \leqslant x < 0 \\ 1, & 0 \leqslant x \leqslant \pi \end{cases}$ ，所以

$$a_0 = \frac{1}{\pi}\int_{-\pi}^{\pi} u(x)\mathrm{d}x = \frac{1}{\pi}\int_{-\pi}^{0} -1\mathrm{d}x + \frac{1}{\pi}\int_{0}^{\pi}1\mathrm{d}x = 0 \ .$$

$$a_n = \frac{1}{\pi}\int_{-\pi}^{\pi} u(x)\cos nx\mathrm{d}x = \frac{1}{\pi}\int_{-\pi}^{0}(-1)\cos nx\mathrm{d}x + \frac{1}{\pi}\int_{0}^{\pi}\cos nx\mathrm{d}x = 0 \ , \quad n = 0,1,2,3,\cdots .$$

$$b_n = \frac{1}{\pi}\int_{-\pi}^{\pi} u(x)\sin nx\mathrm{d}x = \frac{1}{\pi}\int_{-\pi}^{0}(-1)\sin nx\mathrm{d}x + \frac{1}{\pi}\int_{0}^{\pi}\sin nx\mathrm{d}x = \frac{2}{n\pi}(1 - \cos n\pi)$$

$$= \begin{cases} 0, & n = 2k \\ \dfrac{4}{\pi}\cdot\dfrac{1}{2k-1}, & n = 2k-1 \end{cases} , \quad k = 1,2,3,\cdots .$$

定理 4.14（狄利克雷定理） 设以 2π 为周期的函数 $f(x)$ 在区间 $[-\pi,\pi]$ 上满足下列条件：（1）在区间 $[-\pi,\pi]$ 上只有有限个第一类间断点；（2）在区间 $[-\pi,\pi]$ 上只有有限个极值点，则 $f(x)$ 的傅立叶级数在 $[-\pi,\pi]$ 上收敛，并且

当 x 是 $f(x)$ 的连续点时，$\dfrac{a_0}{2}+\sum\limits_{n=1}^{+\infty}(a_n\cos nx+b_n\sin nx)=f(x)$；

当 x 是 $f(x)$ 的第一类间断点时，$\dfrac{a_0}{2}+\sum\limits_{n=1}^{+\infty}(a_n\cos nx+b_n\sin nx)=\dfrac{1}{2}[f(x-0)+f(x+0)]$；

当 $x=\pm\pi$ 时，级数收敛于 $\dfrac{f(\pi-0)+f(-\pi+0)}{2}$.

根据定理 4.14 知，例 4.9 中方波函数 $u(x)$ 的傅立叶级数为

$$u(x)=\frac{4}{\pi}\sum_{k=1}^{+\infty}\frac{\sin(2k-1)x}{2k-1}=\begin{cases}-1, & (2m-1)\pi<x<2m\pi\\ 1, & 2m\pi<x<(2m+1)\pi\\ 0, & x=m\pi\end{cases}, \text{ 其中 } m \text{ 为整数.}$$

定理 4.15 若 $f(x)$ 是 $[-\pi,\pi]$ 上满足狄利克雷定理条件的偶函数，则 $a_n=\dfrac{2}{\pi}\int_0^{\pi}f(x)\cos nx\mathrm{d}x$，$b_n=0$，$n=0,1,2,3,\cdots$，$f(x)=\dfrac{a_0}{2}+\sum\limits_{n=1}^{+\infty}a_n\cos nx$（余弦级数）；若 $f(x)$ 是 $[-\pi,\pi]$ 上满足狄利克雷定理条件的奇函数，则 $a_n=0$，$b_n=\dfrac{2}{\pi}\int_0^{\pi}f(x)\sin nx\mathrm{d}x$，$n=1,2,3,\cdots$，$f(x)=\sum\limits_{n=1}^{+\infty}b_n\sin nx$（正弦级数）.

例 4.13 求函数 $f(x)=x^2(-\pi\leqslant x\leqslant\pi)$ 的傅立叶级数.

解 由定理 4.15 知，$b_n=0$，$n=1,2,3,\cdots$，又 $a_0=\dfrac{2}{\pi}\int_0^{\pi}x^2\mathrm{d}x=\dfrac{2}{\pi}\dfrac{1}{3}x^3\Big|_0^{\pi}=\dfrac{2}{3}\pi^2$，

$a_n=\dfrac{2}{\pi}\int_0^{\pi}x^2\cos nx\mathrm{d}x=\dfrac{2}{\pi}\left[\dfrac{x^2}{n}\sin nx+\dfrac{2x}{n^2}\cos nx-\dfrac{2}{n^3}\right]_0^{\pi}=(-1)^n\dfrac{4}{n^2}$，$n=1,2,3,\cdots$. 所以该函数的傅立叶级数为

$$f(x)=\frac{2\pi^2}{3}+4\sum_{n=1}^{+\infty}\frac{(-1)^n}{n^2}\cos nx,\quad -\pi\leqslant x\leqslant\pi .$$

对于非周期函数 $f(x)$，$x\in[0,\pi]$，我们既可求出它的正弦级数，也可求出它的余弦级数. 如果要求 $f(x)$，$x\in[0,\pi]$ 的余弦级数，我们只要作它的偶延拓：

$$F(x)=\begin{cases}f(x), & 0\leqslant x\leqslant\pi\\ f(-x), & -\pi\leqslant x\leqslant 0\end{cases}.$$

如果要求 $f(x)$，$x\in[0,\pi]$ 的正弦级数，我们只要作它的奇延拓：

$$F(x)=\begin{cases}f(x), & 0<x\leqslant\pi\\ 0, & x=0\\ -f(-x), & -\pi\leqslant x<0\end{cases}.$$

例 4.14　求函数 $f(x)=x(0\leqslant x\leqslant\pi)$ 的正弦级数和余弦级数.

解　（1）正弦级数：

$$b_n=\frac{2}{\pi}\int_0^\pi f(x)\sin nx\mathrm{d}x=\frac{2}{\pi}\int_0^\pi x\sin nx\mathrm{d}x=\frac{2}{\pi}\left[-\frac{x\sin nx}{n}+\frac{\sin nx}{n^2}\right]_0^\pi$$

$$=\frac{2}{n}\cos n\pi=(-1)^{n+1}\frac{2}{n},\ \ n=1,2,3,\cdots.$$

由此得到相应的正弦级数为 $2\sum\limits_{n=1}^{+\infty}\frac{(-1)^{n+1}}{n}\sin nx$，再由狄利克雷定理知，此级数在 $[0,\pi)$ 上

收敛于 $f(x)$，即 $x=2\sum\limits_{n=1}^{+\infty}\frac{(-1)^{n+1}}{n}\sin nx,\ x\in[0,\pi)$.

对于以 $2l$ 为周期的周期函数 $f(x)(-l\leqslant x\leqslant l)$，令

$$t=\frac{\pi}{l}x,\ x=\frac{l}{\pi}t,\ f(x)=f\left(\frac{l}{\pi}t\right)\equiv g(t)$$

则

$$a_0=\frac{1}{\pi}\int_{-\pi}^\pi g(t)\mathrm{d}t=\frac{1}{l}\int_{-l}^l f(x)\mathrm{d}x,\quad a_n=\frac{1}{\pi}\int_{-\pi}^\pi f(t)\cos nt\mathrm{d}t=\frac{1}{l}\int_{-l}^l f(x)\cos\frac{n\pi}{l}x\mathrm{d}x.$$

$$b_n=\frac{1}{\pi}\int_{-\pi}^\pi f(t)\sin nt\mathrm{d}t=\frac{1}{l}\int_{-l}^l f(x)\sin\frac{n\pi}{l}x\mathrm{d}x,\quad n=1,2,\cdots.$$

$$f(x)=\frac{a_0}{2}+\sum_{n=1}^{+\infty}\left(a_n\cos\frac{n\pi}{l}x+b_n\sin\frac{n\pi}{l}x\right).$$

例 4.15　求函数 $f(x)=\begin{cases}0,&-2\leqslant x\leqslant0\\3,&0<x\leqslant2\end{cases}$ 的傅立叶级数.

解　由 $l=2$，有

$$a_0=\frac{1}{2}\int_{-2}^2 f(x)\mathrm{d}x=\frac{1}{2}\int_0^2 3\mathrm{d}x=3.$$

$$a_n=\frac{1}{2}\int_{-2}^2 f(x)\cos\frac{n\pi x}{2}\mathrm{d}x=\frac{1}{2}\int_0^2 3\cos\frac{n\pi x}{2}\mathrm{d}x=\frac{3}{n\pi}\sin\frac{n\pi x}{2}\Big|_0^2=0,\ n=1,2,3,\cdots.$$

$$b_n=\frac{1}{2}\int_{-2}^2 f(x)\sin\frac{n\pi x}{2}\mathrm{d}x=\frac{1}{2}\int_0^2 3\sin\frac{n\pi x}{2}\mathrm{d}x=-\frac{3}{n\pi}\cos\frac{n\pi x}{2}\Big|_0^2$$

$$=\frac{3}{n\pi}[1-(-1)^n],\ n=1,2,3,\cdots.$$

由狄利克雷定理知，$f(x)=\frac{3}{2}+\frac{3}{\pi}\sum\limits_{n=1}^{+\infty}\frac{1-(-1)^n}{n}\sin\frac{n\pi x}{2},-2<x<0,\ 0<x<2$.

类似地，对非周期函数 $f(x)$，$x\in[0,l]$ 作奇延拓：

$$F(x)=\begin{cases}f(x),&0<x\leqslant l\\0,&x=0\\-f(-x),&-l\leqslant x<0\end{cases}$$

$$a_n=0,\ n=1,2,\cdots,\ \ b_n=\frac{2}{l}\int_0^\pi f(x)\sin\frac{n\pi}{l}x\mathrm{d}x,\ n=1,2,\cdots,\ \ f(x)=\sum_{n=1}^{+\infty}b_n\sin\frac{n\pi}{l}x.$$

作偶延拓：

$$F(x) = \begin{cases} f(x), & 0 \leqslant x \leqslant l \\ f(-x), & -l \leqslant x \leqslant 0 \end{cases}$$

$$a_n = \frac{2}{l} \int_0^\pi f(x) \cos \frac{n\pi}{l} x \mathrm{d}x, \ n = 1, 2, \cdots, \quad b_n = 0, \ n = 1, 2, \cdots, \quad f(x) = \frac{a_0}{2} + \sum_{n=1}^{+\infty} a_n \cos \frac{n\pi}{l} x .$$

例 4.16　求函数 $f(x) = \begin{cases} 1, & 0 \leqslant x \leqslant 1 \\ -1, & 1 < x \leqslant 2 \end{cases}$ 的余弦级数.

解　由 $l = 2$，有

$$a_0 = \frac{2}{2} \int_0^2 f(x) \mathrm{d}x = \int_0^1 1 \mathrm{d}x + \int_1^2 (-1) \mathrm{d}x = 0 .$$

$$a_n = \frac{2}{2} \int_0^2 f(x) \cos \frac{n\pi x}{2} \mathrm{d}x = \int_0^1 \cos \frac{n\pi x}{2} \mathrm{d}x - \int_1^2 \cos \frac{n\pi x}{2} \mathrm{d}x$$

$$= \frac{2}{n\pi} \sin \frac{n\pi x}{2} \Big|_0^1 - \frac{2}{n\pi} \sin \frac{n\pi x}{2} \Big|_1^2 = \frac{4}{n\pi} \sin \frac{n\pi}{2}, \ n = 1, 2, 3, \cdots .$$

由狄利克雷定理知

$$f(x) = \frac{4}{\pi} \sum_{n=1}^{+\infty} \frac{4}{n} \sin \frac{n\pi}{2} \sin \frac{n\pi x}{2}, \ 0 \leqslant x < 1, \ 1 < x \leqslant 2 .$$

4.2.5　傅氏变换与拉氏变换

定义 4.6　称 $\mathrm{e}^{\mathrm{j}\theta} = \cos\theta + \mathrm{j}\sin\theta$，$\mathrm{e}^{-\mathrm{j}\theta} = \cos\theta - \mathrm{j}\sin\theta$（其中 $\mathrm{j} = \sqrt{-1}$）为欧拉公式，以 T 为周期的函数 $y = f(t)$ 的复型傅立叶级数为

$$f(x) = \frac{a_0}{2} + \sum_{n=1}^{+\infty} (a_n \cos n\omega_0 t + b_n \sin n\omega_0 t) \left(\omega_0 = \frac{2\pi}{T} \right)$$

经过化简之后得

$$f(t) = \sum_{-\infty}^{+\infty} c_n \mathrm{e}^{\mathrm{j}n\omega_0 t} \left(\omega_0 = \frac{2\pi}{T} \right)$$

其中

$$c_0 = \frac{a_0}{2}, \quad c_n = \frac{1}{T} \int_{-\frac{T}{2}}^{\frac{T}{2}} f(t) \mathrm{e}^{-\mathrm{j}n\omega_0 t} \mathrm{d}t \ (n = 0, \pm 1, \pm 2, \cdots)$$

说明：（1）复型傅氏级数说明周期为 T 的信号 $f(t)$ 可分解成频率分别为 $\omega_0, 2\omega_0,$ $3\omega_0, \cdots, n\omega_0, \cdots$（$\omega_0 = \frac{2\pi}{T}$）的谐波信号叠加，其中 $a_1 \cos \omega_0 t + b_1 \sin \omega_0 t$ 为基波信号.

（2）系数 $c_n (n = 0, \pm 1, \pm 2, \cdots)$ 的模 $|c_n| = \frac{1}{2} \sqrt{a_n^2 + b_n^2} = \frac{1}{2} A_n$ 直接反映了 n 次谐波 $a_n \cos n\omega_0 t + b_n \sin n\omega_0 t = A_n \sin(n\omega_0 t + \varphi_n)$ 的振幅大小（仅差一个 $\frac{1}{2}$ 的倍数）.

例 4.17　求一串单向脉冲信号 $f(t) = f(t + T)$，且 $f(t) = \begin{cases} E, & -\frac{T}{2} \leqslant t \leqslant 0 (0 < E) \\ 0, & 0 < t < \frac{T}{2} \end{cases}$ 的复型

傅氏级数．

解　根据计算公式：

$$c_0 = \frac{1}{T} \int_{-\frac{T}{2}}^{\frac{T}{2}} f(t)\mathrm{d}t = \frac{1}{T} \int_{-\frac{T}{2}}^{0} E\mathrm{d}t = \frac{E}{2}.$$

$$c_n = \frac{1}{T} \int_{-\frac{T}{2}}^{\frac{T}{2}} f(t)\mathrm{e}^{-\mathrm{j}n\omega_0 t}\mathrm{d}t = \frac{1}{T} \int_{-\frac{T}{2}}^{0} E\mathrm{e}^{-\mathrm{j}n\omega_0 t}\mathrm{d}t = -\frac{E}{T} \cdot \frac{1}{\mathrm{j}n\omega_0}\mathrm{e}^{-\mathrm{j}n\omega_0 t}\Big|_{-\frac{T}{2}}^{0}$$

$$= \frac{-E}{\mathrm{j}n\omega_0 T}[1 - \mathrm{e}^{\mathrm{j}n\omega_0 T/2}] = \frac{-E}{2\mathrm{j}n\pi}(1 - \mathrm{e}^{\mathrm{j}n\pi}) = \frac{-E}{2\mathrm{j}n\pi}[1 - (-1)^n]$$

$$= \frac{[(-1)^{n+1} - 1]E}{2\mathrm{j}n\pi}(n \neq 0).$$

所以 $f(t)$ 的傅氏级数为 $f(t) = c_0 + \sum_{\substack{n=-\infty \\ n\neq 0}}^{+\infty} c_n\mathrm{e}^{\mathrm{j}n\omega_0 t} = \frac{E}{2} + \sum_{\substack{n=-\infty \\ n\neq 0}}^{+\infty} \frac{[(-1)^{n+1} - 1]E}{2\mathrm{j}n\pi}\mathrm{e}^{\mathrm{j}n\omega_0 t}$ ．

其中 $t \in \left(-\frac{T}{2}, 0\right) \cup \left(0, \frac{T}{2}\right)$ ．

注意：上述 $\mathrm{j} = \sqrt{-1}$，$\omega_0 = \frac{2\pi}{T}$，$\mathrm{e}^{\mathrm{j}n\pi} = \cos n\pi + \mathrm{j}\sin n\pi = (-1)^n$．

定义 4.7　将非周期函数 $f(t)$ 的谐波分解式综合起来，得到积分 $f(t) = \frac{1}{2\pi} \int_{-\infty}^{+\infty} F(\omega)\mathrm{e}^{\mathrm{j}\omega t}\mathrm{d}\omega$，

叫作傅氏积分公式，其中 $F(\omega) = \int_{-\infty}^{+\infty} f(t)\mathrm{e}^{-\mathrm{j}\omega t}\mathrm{d}t$．

例 4.18　设 $f(t) = \begin{cases} E, & |t| < \frac{\tau}{2} \\ 0, & \frac{\tau}{2} \leqslant |t| \end{cases}$，求 $f(t)$ 的傅氏积分．

解　因 $F(\omega) = \int_{-\infty}^{+\infty} f(t)\mathrm{e}^{-\mathrm{j}\omega t}\mathrm{d}t = \int_{-\frac{T}{2}}^{\frac{T}{2}} E\mathrm{e}^{-\mathrm{j}\omega t}\mathrm{d}t = \frac{E}{-\mathrm{j}\omega}\Big[\mathrm{e}^{-\mathrm{j}\omega t}\Big]_{-\frac{T}{2}}^{\frac{T}{2}}$

$$= -\frac{E}{\mathrm{j}\omega}\Big[\mathrm{e}^{-\mathrm{j}\omega\frac{T}{2}} - \mathrm{e}^{\mathrm{j}\omega\frac{T}{2}}\Big] = -\frac{E}{\mathrm{j}\omega}\left(-2\mathrm{j}\sin\frac{\omega\tau}{2}\right) = \frac{2E}{\omega}\sin\frac{\omega\tau}{2},$$

故 $f(t) = \frac{1}{2\pi} \int_{-\infty}^{+\infty} \frac{2E}{\omega}\sin\frac{\omega\tau}{2}\mathrm{e}^{\mathrm{j}\omega t}\mathrm{d}\omega$（$t \neq \pm\frac{\tau}{2}$）．

定义 4.8　时间域信号 $f(t)(-\infty < t < +\infty)$ 的傅氏变换为

$$F(\omega) = \int_{-\infty}^{+\infty} f(t)\mathrm{e}^{-\mathrm{j}\omega t}\mathrm{d}t$$

简记为 $F(\omega) = F[f(t)]$．其中 $f(t)$ 满足条件 $\int_{-\infty}^{+\infty} |f(t)|\mathrm{d}t < +\infty$．

例 4.19　求 $f(t) = \begin{cases} 0, & t < 0 \\ \mathrm{e}^{-at}, & 0 \leqslant t \end{cases}$（$a > 0$）的傅氏变换．

解
$$F\big[f(t)\big]=\int_{-\infty}^{+\infty}f(t)\mathrm{e}^{-\mathrm{j}\omega t}\mathrm{d}t=\int_{0}^{+\infty}\mathrm{e}^{-at}\mathrm{e}^{-\mathrm{j}\omega t}\mathrm{d}t$$

$$=\frac{1}{-(a+\mathrm{j}\omega)}\mathrm{e}^{-(a+\mathrm{j}\omega)t}\Big|_{0}^{+\infty}=\frac{1}{a+\mathrm{j}\omega}\ .$$

傅氏变换的性质如下：设 $f(t)$、$g(t)$ 的傅氏变换分别为 $F(\xi)$、$G(\xi)$，则

（1） $F[af(t)+bg(t)]=aF(\xi)+bG(\xi)$（线性）；

（2） $f(t)\cdot g(t)=\int_{-\infty}^{+\infty}f(u)g(t-u)\mathrm{d}u=F(\xi)\cdot G(\xi)$（卷积）；

（3） $\int_{-\infty}^{+\infty}|f(t)|^{2}\mathrm{d}t=\int_{-\infty}^{+\infty}|F(\xi)|^{2}\mathrm{d}\xi$（帕塞法耳等式）；

（4） $F[f(-t)]=F(-\xi)$（翻转）；

（5） $F[\overline{f(t)}]=\overline{F(-\xi)}$（共轭）；

（6） $F[f(t-t_0)]=\mathrm{e}^{\mathrm{i}t_0\xi}F(\xi)$（延迟或时移）；

（7） $F[f(t)\mathrm{e}^{-\mathrm{i}\xi_0 t}]=F(\xi-\xi_0)$（频移或调频）.

定义 4.9 设函数 $f(t)$ 在 $(0,+\infty)$ 上满足条件 $\int_{0}^{+\infty}|f(t)|\mathrm{e}^{-ct}\mathrm{d}t<+\infty$，$c>0$，则积分变换 $L(p)=\int_{0}^{+\infty}f(t)\mathrm{e}^{-pt}\mathrm{d}t$（ p 是复数）为 $f(t)$ 的拉氏变换，记作 $L[f(t)]=L(p)$.

例 4.20 求正弦信号 $f(t)=\sin 2t$ 的拉氏变换.

解 $L(\sin 2t)=\int_{0}^{+\infty}\sin 2t\mathrm{e}^{-pt}\mathrm{d}t=-\frac{1}{p}\int_{0}^{+\infty}\sin 2t\mathrm{d}\mathrm{e}^{-pt}=-\frac{2}{p^{2}}[-1+2L(\sin 2t)]$

故 $L(\sin 2t)=\dfrac{2}{p^{2}+4}$.

拉氏变换的性质如下：

（1） $L[af(t)+bg(t)]=aL[f(t)]+bL[g(t)]$（$a$、$b$ 为常数）；

（2） $L[f(t)\cdot g(t)]=L[f(t)]\cdot L[g(t)]$，其中 $f(t)\cdot g(t)=\int_{0}^{t}f(u)g(t-u)\mathrm{d}u=\int_{0}^{t}f(t-u)g(u)\mathrm{d}u$

（称为卷积）.

习题 4

1．写出下列数项级数的通项：

（1） $1+\dfrac{1}{3}+\dfrac{1}{9}+\dfrac{1}{27}+\cdots$；

（2） $\dfrac{1}{1\times2}+\dfrac{1}{2\times3}+\dfrac{1}{3\times4}+\cdots$；

（3） $1+\dfrac{6}{2^{2}}+\dfrac{12}{2^{3}}+\dfrac{20}{2^{4}}+\dfrac{30}{2^{5}}+\cdots$.

2．求下列数项级数的和：

（1） $\left(\dfrac{1}{2}+\dfrac{1}{3}\right)+\left(\dfrac{1}{2^{2}}+\dfrac{1}{3^{2}}\right)+\cdots+\left(\dfrac{1}{2^{n}}+\dfrac{1}{3^{n}}\right)+\cdots$；

（2） $\dfrac{1}{1\times6}+\dfrac{1}{6\times11}+\cdots+\dfrac{1}{(5n-4)(5n+1)}+\cdots$.

3．判断下列数项级数的敛散性：

（1）$\displaystyle\sum_{n=1}^{+\infty}\frac{1}{n(n+1)(n+2)}$；

（2）$\displaystyle\sum_{n=1}^{+\infty}\frac{5^{n}n!}{n^{n}}$；

（3）$\displaystyle\sum_{n=1}^{+\infty}n^{2}\sin\frac{\pi}{2^{n}}$；

（4）$\displaystyle\sum_{n=1}^{+\infty}\frac{\sin(2n-1)}{n^{2}}$；

（5）$\displaystyle\sum_{n=1}^{+\infty}\frac{(-1)^{n}3^{n}}{n!}$．

4．求下列级数的收敛区间：

（1）$\displaystyle\sum_{n=0}^{+\infty}\frac{n}{2^{n}}x^{n}$；

（2）$\displaystyle\sum_{n=1}^{+\infty}\frac{x^{n}}{n}$；

（3）$\displaystyle\sum_{n=1}^{+\infty}\frac{(x-2)^{n}}{\sqrt{n}}$；

（4）$\displaystyle\sum_{n=1}^{+\infty}(-1)^{n-1}\frac{x^{2n-1}}{2n-1}$．

5．利用幂级数的性质求下列幂级数的和函数：

（1）$\displaystyle\sum_{n=1}^{+\infty}nx^{n}$；

（2）$\displaystyle\sum_{n=1}^{+\infty}n(n+1)x^{n}$．

6．将下列函数展开成 x 的幂级数：

（1）$f(x)=\dfrac{1}{x-2}$；

（2）$f(x)=\mathrm{e}^{-x^{2}}$；

（3）$f(x)=(1+x)\mathrm{e}^{x}$．

7．求下列函数的傅立叶系数：

（1）$f(x)=\begin{cases}0,&-\pi\leqslant x<0\\E,&0\leqslant x<\pi\end{cases}$；

（2）$f(x)=\begin{cases}0,&-\pi\leqslant x<0\\x,&0\leqslant x<\pi\end{cases}$．

8．求函数 $f(x)=x+1\ (0\leqslant x\leqslant\pi)$ 的正弦级数．

9．将周期为 2π 的函数 $f(t)=-2t\ (-\pi\leqslant t\leqslant\pi)$ 展开成傅氏级数．

10．设 $f(t)=\begin{cases}\mathrm{e}^{-t},&0\leqslant t\\0,&\text{其他}\end{cases}$，求 $f(t)$ 的傅氏积分．

11．给定 $f(t)=\begin{cases}1-t^{2},&|t|\leqslant1\\0,&|t|>1\end{cases}$，求 $f(t)$ 的傅氏变换．

12．求 $f(t)=2+3t+t^{t}$ 的拉氏变换．

第 5 章 种群增长的秘密——微分方程

1837 年，荷兰生物学家 Verhulst 提出了一个人口模型 $\dfrac{dy}{dt} = y(k-by)$，$y(t_0) = y_0$，其中 k, b 被称为生命系数. 这就是一个微分方程模型，它产生了两个有趣的结果.

有生态学家估计 k 的自然值是 0.029，利用 20 世纪 60 年代世界人口年平均增长率为 2% 以及 1965 年人口总数 33.4 亿这两个数据，计算得 $b = 2$，从而估计：

（1）世界人口总数将趋于极限 107.6 亿；

（2）到 2000 年时世界人口总数为 59.6 亿.

后一个数字很接近 2000 年时的实际人口数，因为世界人口在 1999 年刚进入 60 亿.

5.1 常微分方程的基本概念

下面先看两个实例.

例 5.1 求过点 $(3,1)$ 且在其上任意点 x 处的斜率都为 x^2 的曲线方程.

解 由题给条件得 $\begin{cases} y' = x^2 & (1) \\ y|_{x=3} = 1 & (2) \end{cases}$，将（1）式两边积分：$y = \int x^2 dx = \dfrac{1}{3}x^3 + C$.

又将（2）式代入得 $1 = \dfrac{1}{3} \cdot 3^3 + C$，即 $C = -8$.

于是所求曲线方程为 $y = \dfrac{1}{3}x^3 - 8$.

例 5.2 已知物体的初始速度为 v_0，加速度为 $a(t) = -g$，求物体的运动方程 $s = s(t)$.

解 由已知得 $\begin{cases} s'' = -g & (1) \\ s'|_{t=0} = v_0 & (2) \\ s|_{t=0} = 0 & (3) \end{cases}$，将（1）式两边积分：$s' = -\int g dt = -gt + C_1$.

将上式两边再积分：$s = \int(-gt + C_1)dt = -\dfrac{1}{2}gt^2 + C_1 t + C_2$.

将（2）（3）两式代入得 $s'|_{t=0} = C_1 = v_0$，$s|_{t=0} = C_2 = 0$.

故所求物体的运动方程为 $s = v_0 t - \dfrac{1}{2}gt^2$（此为上抛运动的方程）.

在上述两个例子中，我们建立的方程 $y' = x^2$ 与 $s'' = -g$ 都含有未知函数的导数，这样的方程称为微分方程.

一般地，含有未知函数的导数或微分的方程称为微分方程. 如果未知函数是一元函数，则又称为常微分方程，微分方程中所含未知函数导数的最高阶数称为微分方程的阶. 如 $y' = x^2$ 是一阶微分方程，$s'' = -g$ 是二阶微分方程.

一般地，n 阶微分方程可表示为 $f(x, y, y', y'', \cdots, y^{(n)}) = 0$.

例 5.1 中 $y = \dfrac{1}{3}x^3 + C_1$（含有一个任意常数）是微分方程 $y' = x^2$ 的通解，$y = \dfrac{1}{3}x^3 - 8$ 是方程的特解. 用来确定通解中任意常数 "C_1" 的条件 $y|_{t=3} = 1$ 称为初始条件. 该问题称为一阶微分方程的初值问题.

例 5.2 中 $s = -\dfrac{1}{2}gt^2 + C_1 t + C_2$（含有两个任意常数）是微分方程 $s'' = -g$ 的通解，$s = v_0 t - \dfrac{1}{2}gt^2$ 是方程的特解. 用来确定 "C_1、C_2" 的条件 $\begin{cases} s'|_{t=0} = v_0 \\ s|_{t=0} = 0 \end{cases}$ 称为初始条件. 该问题称为二阶微分方程的初值问题.

一般地，如果将函数代入微分方程后能使方程成为恒等式，这个函数就称为微分方程的解.

微分方程的解有两种形式：一种含有任意常数，且独立的任意常数的个数与方程的阶数相同，称为微分方程的通解；另一种不含任意常数，称为微分方程的特解.

确定通解中任意常数的条件称为初始条件.

对给定初始条件下的特解问题称为初值问题，在科学技术及生产实际中初值问题有着广泛的应用.

通常，一阶微分方程的初值问题为 $\begin{cases} y' = f(x, y) \\ y|_{x=x_0} = y_0 \end{cases}$

二阶微分方程的初值问题为 $\begin{cases} y'' = f(x, y, y') \\ y'|_{x=x_0} = y_0', \; y|_{x=x_0} = y_0 \end{cases}$

初值问题的解法：先求通解，再代入初始条件确定任意常数可得特解.

5.2　可分离变量的微分方程

定义 5.1　形如 $\dfrac{\mathrm{d}y}{\mathrm{d}x} = f(x)g(y)$ 的方程称为可分离变量的微分方程.

如前面的两个实例就是这类方程，通常用两边积分的方法求解.

该方程的特点是：等式右边可以分解成两个函数的乘积，其中一个只是 x 的函数，另一个只是 y 的函数. 因此，可将该方程化为等式一边只含变量 x，而另一边只含变量 y 的形式，即 $\dfrac{\mathrm{d}y}{g(y)} = f(x)\mathrm{d}x$，其中 $g(y) \neq 0$. 对于上式两边积分得 $\displaystyle\int \dfrac{\mathrm{d}y}{g(y)} = \int f(x)\mathrm{d}x$，由于不定积分包含有一个任意常数 C，因此这样求出的解就是方程的通解，这种解法称为分离变量法.

可分离变量微分方程的解法：（1）分离变量；（2）两边积分.

注意：有时可分离变量的微分方程也可以表述为如下形式：

$$P(x)Q(y)\mathrm{d}x + M(x)N(y)\mathrm{d}y = 0.$$

此时，先分离变量 $\dfrac{N(y)}{Q(y)}\mathrm{d}y = -\dfrac{P(x)}{M(x)}\mathrm{d}x$，再两边积分 $\displaystyle\int \dfrac{N(y)}{Q(y)}\mathrm{d}y = -\int \dfrac{P(x)}{M(x)}\mathrm{d}x$ 可得通解.

例 5.3　求微分方程 $y' = \dfrac{2xy}{1+x^2}$ 的通解.

解　方程变形为 $\dfrac{\mathrm{d}y}{\mathrm{d}x} = \dfrac{2xy}{1+x^2}$，分离变量 $\dfrac{\mathrm{d}y}{y} = \dfrac{2x}{1+x^2}\mathrm{d}x$.

两边积分 $\displaystyle\int \dfrac{\mathrm{d}y}{y} = \int \dfrac{2x}{1+x^2}\mathrm{d}x = \int \dfrac{1}{1+x^2}\mathrm{d}(1+x^2)$，所以 $\ln|y| = \ln|1+x^2| + \ln|C|$.

化简得通解 $y = C(1+x^2)$（C 为任意常数）.

注意：（1）用分离变量法求出的通常是隐式通解，一般能化简的就尽可能化简；

（2）在用对数函数表示通解时，任意常数往往也处理成对数形式，为简明起见通解通常不用绝对值形式表达. 在本题中可表述为 $\ln y = \ln(1+x^2) + \ln C$，化简后，仍有 $y = C(1+x)^2$，其中 "C" 仍应理解为任意常数，此种情形以后不再说明.

例 5.4　求初值问题 $\begin{cases} y'\cos y = \dfrac{\ln x}{x} \\ y|_{x=\mathrm{e}} = \dfrac{\pi}{2} \end{cases}$ 的特解.

解　方程变形为 $\cos y \dfrac{\mathrm{d}y}{\mathrm{d}x} = \dfrac{\ln x}{x}$，分离变量 $\cos y\mathrm{d}y = \dfrac{\ln x}{x}\mathrm{d}x$.

两边积分 $\displaystyle\int \cos y\mathrm{d}y = \int \dfrac{\ln x}{x}\mathrm{d}x = \int \ln x\mathrm{d}\ln x$，所以 $\sin y = \dfrac{1}{2}\ln^2 x + \dfrac{1}{2}C$.

化简得通解 $2\sin y = \ln^2 x + C$（C 为任意常数）.

又 $y|_{x=\mathrm{e}} = \dfrac{\pi}{2}$，所以 $C = 1$，故所求特解为 $2\sin y = \ln^2 x + 1$.

5.3　一阶线性微分方程

定义 5.2　形如 $\dfrac{\mathrm{d}y}{\mathrm{d}x} + P(x)y = Q(x)$ 的方程称为一阶线性微分方程.

当 $Q(x) = 0$ 时，有 $\dfrac{\mathrm{d}y}{\mathrm{d}x} + P(x)y = 0$，称为一阶齐次线性微分方程；当 $Q(x) \neq 0$ 时，称为一阶非齐次线性微分方程.

先利用分离变量法求一阶齐次线性微分方程的通解，即将 $\dfrac{\mathrm{d}y}{\mathrm{d}x} + P(x)y = 0$ 分离变量 $\dfrac{\mathrm{d}y}{y} = -P(x)\mathrm{d}x$，再两边积分 $\ln|y| = -\displaystyle\int P(x)\mathrm{d}x$，化简得通解 $y = C\mathrm{e}^{-\int P(x)\mathrm{d}x}$.

再求一阶非齐次线性微分方程的通解，显然当 C 为常数时，$y = C\mathrm{e}^{-\int P(x)\mathrm{d}x}$ 不是一阶非齐次线性微分方程的通解. 令 $C = C(x)$，即设 $y = C(x)\mathrm{e}^{-\int P(x)\mathrm{d}x}$ 是一阶非齐次线性微分方程的解，求导得 $y' = C'(x)\mathrm{e}^{-\int P(x)\mathrm{d}x} + C(x)\mathrm{e}^{-\int P(x)\mathrm{d}x} \cdot [-P(x)]$，将上式代入非齐次方程 $C'(x)\mathrm{e}^{-\int P(x)\mathrm{d}x} = Q(x)$，即 $C'(x) = Q(x)\mathrm{e}^{\int P(x)\mathrm{d}x}$，两边积分得通解：

$$y = \left[\int Q(x) e^{\int P(x) dx} dx + C \right] e^{-\int P(x) dx}.$$

上述解法称为变易常数法.

例 5.5　求微分方程 $(x+1)y' - 2y = (x+1)^5$ 的通解.

解　该微分方程是一阶非齐次线性微分方程, 对应齐次方程为

$$(x+1)y' - 2y = 0, \quad \text{即} \quad (x+1)\frac{dy}{dx} = 2y.$$

分离变量 $\frac{dy}{y} = \frac{2}{x+1} dx$, 两边积分 $\int \frac{dy}{y} = \int \frac{2}{x+1} dx$, 得对应齐次方程的通解 $\ln y = 2\ln(x+1) + \ln C$, 即 $y = C(x+1)^2$.

令 $C = C(x)$, 即设 $y = C(x)(x+1)^2$ 为原方程的解, 将其导数 $y' = C'(x)(x+1)^2 + 2C(x)(x+1)$ 代入原方程, 得

$$C'(x)(x+1)^3 + 2C(x)(x+1)^2 - 2C(x)(x+1)^2 = (x+1)^5.$$

整理化简得 $C'(x) = (x+1)^2$, 所以 $C(x) = \int (x+1)^2 dx = \frac{1}{3}(x+1)^3 + C$.

故原方程的通解为 $y = [\frac{1}{3}(x+1)^3 + C](x+1)^2$, 即为 $y = \frac{1}{3}(x+1)^5 + C(x+1)^2$ （C 为任意常数）.

例 5.6　求微分方程 $y' = \frac{y + x\ln x}{x}$ 的通解.

解　该微分方程是一阶非齐次线性微分方程, 其标准形式为 $y' - \frac{1}{x}y = \ln x$.

将 $P(x) = -\frac{1}{x}$, $Q(x) = \ln x$ 代入通解公式, 得

$$y = \left[\int Q(x) e^{\int P(x) dx} dx + C \right] e^{-\int P(x) dx} = \left[\int \ln x e^{\int \left(-\frac{1}{x}\right) dx} dx + C \right] e^{-\int \left(-\frac{1}{x}\right) dx}$$

$$= \left[\int \ln x e^{-\ln x} dx + C \right] e^{\ln x} = \left(\int \frac{\ln x}{x} dx + C \right) x = \left(\int \ln x d\ln x + C \right) x = \left(\frac{1}{2}\ln^2 x + C \right) x.$$

故所求微分方程的通解为 $y = \frac{1}{2}x\ln^2 x + Cx$ （C 为任意常数）.

例 5.7　设一曲线通过原点, 并且它在点 (x, y) 处的切线斜率等于 $2x + y$, 求该曲线方程.

解　由题设可得微分方程 $y' = 2x + y$, 这是一阶非齐次线性微分方程, 其标准形式为 $y' - y = 2x$, 所以 $P(x) = -1$, $Q(x) = 2x$.

故微分方程的通解为

$$y = \left[\int Q(x) e^{\int P(x) dx} dx + C \right] e^{-\int P(x) dx} = \left[\int 2x e^{-\int dx} dx + C \right] e^{\int dx}$$

$$= \left(2 \int x e^{-x} dx + C \right) e^x = \left(-2 \int x d e^{-x} + C \right) e^x = \left(-2x e^{-x} + 2 \int e^{-x} dx + C \right) e^x$$

$$= (-2x e^{-x} - 2 e^{-x} + C) e^x = C e^x - 2(x+1).$$

由于曲线通过原点，代入通解，得 $0 = Ce^0 - 2(0+1)$，所以 $C = 2$．

故所求曲线方程为 $y = 2(e^x - x - 1)$．

5.4 二阶常系数线性微分方程

定义 5.3 形如 $y'' + py' + qy = f(x)$（p、q 为常数）的方程称为二阶常系数线性微分方程．当 $f(x) = 0$ 时，$y'' + py' + qy = 0$ 称为二阶常系数齐次线性微分方程；当 $f(x) \neq 0$ 时，$y'' + py' + qy = f(x)$ 称为二阶常系数非齐次线性微分方程，且称 $f(x)$ 为非齐次项，也叫自由项．

定义 5.4（函数的线性相关性） 设函数 $y_1(x)$、$y_2(x)$ 是定义在某区间上的函数，若存在两个不全为零的数 k_1、k_2，使得对于该区间内任一 x 恒有 $k_1 y_1 + k_2 y_2 = 0$ 成立，则称函数 y_1、y_2 在该区间上线性相关，否则称为线性无关．易知，函数 y_1、y_2 线性相关的充要条件是 $\dfrac{y_1}{y_2} = $ 常数．

定理 5.1（齐次线性方程解的叠加原理） 若 y_1、y_2 是齐次线性方程 $y'' + py' + qy = 0$ 的两个解，则 $y = C_1 y_1 + C_2 y_2$ 也是该方程的解，且当 y_1、y_2 线性无关时，$y = C_1 y_1 + C_2 y_2$ 就是该方程的通解．

定理 5.2（非齐次线性方程解的结构） 若 y^* 为非齐次线性方程 $y'' + py' + qy = f(x)$ 的某个特解，Y 为对应齐次方程 $y'' + py' + qy = 0$ 的通解，则 $y = Y + y^*$ 为非齐次方程 $y'' + py' + qy = f(x)$ 的通解．

定理 5.3 若 y_1、y_2 分别是方程 $y'' + py' + qy = f_1(x)$ 与 $y'' + py' + qy = f_2(x)$ 的解，则 $y = y_1 + y_2$ 是方程 $y'' + py' + qy = f_1(x) + f_2(x)$ 的解．

注意：上述三个定理用代入验证的方法很容易证明，这里证明从略．

二阶常系数齐次线性微分方程的求解步骤如下：

（1）写出微分方程 $y'' + py' + qy = 0$ 的特征方程 $r^2 + pr + q = 0$，并求出特征根 $r_{1,2} = \dfrac{-p \pm \sqrt{p^2 - 4q}}{2}$．

（2）按下表写出所求微分方程的通解．

特征方程的特征根	通解形式
两个不等实根 r_1、r_2（特征单根）	$y = C_1 e^{r_1 x} + C_2 e^{r_2 x}$
两个相等实根 $r_1 = r_2 = r$（特征重根）	$y = (C_1 + C_2 x) e^{rx}$
一对共轭复根 $r_{1,2} = \alpha \pm i\beta$（特征复根）	$y = e^{\alpha x}(C_1 \cos \beta x + C_2 \sin \beta x)$

例 5.8 求微分方程 $y'' + y' - 6y = 0$ 的通解．

解 特征方程为 $r^2 + r - 6 = 0$，特征根为 $r_1 = -3$，$r_2 = 2$．

故所求微分方程的通解为 $y = C_1 e^{-3x} + C_2 e^{2x}$ （C_1、C_2 为任意常数）.

例 5.9 求微分方程 $y'' + 4y' + 4y = 0$ 满足初始条件 $y|_{x=0} = 1$，$y'|_{x=0} = 0$ 的特解.

解 特征方程为 $r^2 + 4r + 4 = 0$，特征根为 $r_1 = r_2 = -2$.

故所求微分方程的通解为 $y = (C_1 + C_2 x) e^{-2x}$.

所以 $y' = C_2 e^{-2x} + (C_1 + C_2 x) \cdot (-2) e^{-2x} = (C_2 - 2C_1 - 2C_2 x) e^{-2x}$.

又由初始条件得 $y|_{x=0} = 1$，$y'|_{x=0} = 0$，即 $\begin{cases} C_1 = 1 \\ C_2 - 2C_1 = 0 \end{cases}$，所以 $\begin{cases} C_1 = 1 \\ C_2 = 2 \end{cases}$.

故所求特解为 $y = (1 + 2x) e^{-2x}$.

例 5.10 求微分方程 $y'' - 2y' + 3y = 0$ 的通解.

解 特征方程为 $r^2 - 2r + 3 = 0$，特征根为 $r_{1,2} = 1 \pm i\sqrt{2}$，即 $\alpha = 1$，$\beta = \sqrt{2}$.

故所求微分方程的通解为 $y = e^x (C_1 \cos \sqrt{2} x + C_2 \sin \sqrt{2} x)$ （C_1、C_2 为任意常数）.

二阶常系数非齐次线性微分方程的特解求法：

（1）$f(x) = P_m(x) e^{\lambda x}$ （其中 $P_m(x)$ 为 m 次多项式，λ 为常数）.

1）λ 不是特征根，即 $\lambda^2 + p\lambda + q \neq 0$ 时，上式左端的次数与 $Q(x)$ 相同，右端次数为 m，可设 $y^* = Q(x) e^{\lambda x} = Q_m(x) e^{\lambda x}$，其中 $Q_m(x)$ 也是 m 次多项式；

2）λ 是特征单根，即 $\lambda^2 + p\lambda + q \neq 0$，而 $2\lambda + p \neq 0$ 时，同上分析可设 $y^* = x Q_m(x) e^{\lambda x}$；

3）λ 是特征重根，即 $\lambda^2 + p\lambda + q = 2\lambda + p = 0$ 时，同上分析可设 $y^* = x^2 Q_m(x) e^{\lambda x}$.

（2）$f(x) = e^{\alpha x}[P_n(x) \cos \beta x + Q_h(x) \sin \beta x]$.

若 λ 不是特征根，则 $y^* = e^{\alpha x}[P_m(x) \cos \beta x + Q_m(x) \sin \beta x]$；若 λ 是特征根，则 $y^* = x e^{\alpha x}[P_m(x) \cos \beta x + Q_m(x) \sin \beta x]$，$m = \max\{n, h\}$.

二阶常系数非齐次线性微分方程的通解求法：

（1）求对应齐次方程的通解 Y；

（2）利用二阶常系数非齐次线性方程的特解公式求它本身的一个特解 y^*，其中可用待定系数法求出多项式 $Q_m(x)$ 的各项系数 $b_1, b_2, \cdots, b_m$；

（3）利用二阶常系数非齐次线性方程的结构定理写出其通解 $y = Y + y^*$.

例 5.11 求微分方程 $y'' - 6y' + 9y = e^{3x}$ 的一个特解.

解 对应齐次线性微分方程的特征方程为 $r^2 - 6r + 9 = 0$，特征根为 $r_{1,2} = 3$.

因为自由项 $f(x) = P_m(x) e^{\lambda x} = e^{3x}$，$P_m(x) = 1$，$\lambda = 3$ 是特征重根，所以 $k = 2$，$Q_m(x) = A$. 于是可设特解 $y^* = x^k Q_m(x) e^{\lambda x} = A x^2 e^{3x}$，求其一、二阶导数：

$$y^{*\prime} = 2Ax e^{3x} + 3A x^2 e^{3x} = A(2x + 3x^2) e^{3x}$$

$$y^{*\prime\prime} = A(2 + 6x) e^{3x} + 3A(2x + 3x^2) e^{3x} = A(2 + 12x + 9x^2) e^{3x}$$

代入原方程并消去 e^{3x} 得 $A(2 + 12x + 9x^2) - 6A(2x + 3x^2) + 9Ax^2 = 1$.

化简 $2A = 1$，即 $A = \dfrac{1}{2}$，于是 $y^* = \dfrac{1}{2} x^2 e^{3x}$ 是原方程的一个特解.

例 5.12 求微分方程 $y'' + y' = x$ 的通解.

解　特征方程为 $r^2+r=0$，特征根为 $r=0,\ r=-1$，对应齐次方程的通解 $Y=C_1+C_2\mathrm{e}^{-x}$.

因为 $f(x)=P_m(x)\mathrm{e}^{\lambda x}=x$，$P_m(x)=x$，$\lambda=0$ 是特征单根，所以 $k=1$，$Q_m(x)=Ax+B$.

设 $y^*=x^kQ_m(x)\mathrm{e}^{\lambda x}=x(Ax+B)=Ax^2+Bx$，则 $y^{*\prime}=2Ax+B$，$y^{*\prime\prime}=2A$.

代入原微分方程得 $2A+(2Ax+B)=x$，比较系数得 $\begin{cases}2A+B=0\\2A=1\end{cases}$，解得 $\begin{cases}A=\dfrac{1}{2}\\B=-1\end{cases}$.

所以原方程的一个特解为 $y^*=\dfrac{1}{2}x^2-x$.

故所求微分方程的通解为 $y=C_1+C_2\mathrm{e}^{-x}+\dfrac{1}{2}x^2-x$.

例 5.13　求微分方程 $y''+y=4x\mathrm{e}^x$ 在初始条件 $y|_{x=0}=0$，$y'|_{x=0}=1$ 下的特解.

分析：由上述特解公式求出的特解不一定符合初始条件的要求，一般特解的计算仍然是先求通解再定特解.

解　特征方程为 $r^2+1=0$，特征根为 $r_{1,2}=\pm i$，对应齐次方程通解 $Y=C_1\cos x+C_2\sin x$.

因为 $f(x)=P_m(x)\mathrm{e}^{\lambda x}=4x\mathrm{e}^x$，$P_m(x)=4x$，$\lambda=1$ 不是特征根，所以 $k=0$，$Q_m(x)=Ax+B$.于是设原方程的一个特解为 $y^*=x^kQ_m(x)\mathrm{e}^{\lambda x}=(Ax+B)\mathrm{e}^x$.

将 $y^{*\prime}=(A+Ax+B)\mathrm{e}^x$，$y^{*\prime\prime}=(2A+Ax+B)\mathrm{e}^x$ 代入原方程并消去 e^x 得 $(2A+Ax+B)+(Ax+B)=4x$，即 $2Ax+2(A+B)=4x$.

比较系数得 $\begin{cases}2A=4\\A+B=0\end{cases}$，解得 $\begin{cases}A=2\\B=-2\end{cases}$，其特解为 $y^*=2(x-1)\mathrm{e}^x$.

故原方程通解为 $y=C_1\cos x+C_2\sin x+2(x-1)\mathrm{e}^x$.

又 $y'=-C_1\sin x+C_2\cos x+2x\mathrm{e}^x$，由题给初始条件解得 $C_1=2$，$C_2=1$.

故所求特解为 $y=2\cos x+\sin x+2(x-1)\mathrm{e}^x$.

例 5.14　求微分方程 $y''+y=\sin x$ 的通解.

解　对应齐次方程的特征方程为 $r^2+1=0$，特征根为 $r=\pm i$，齐次方程的通解为 $y=C_1\cos x+C_2\sin x$.

因为自由项 $f(x)=\mathrm{e}^{\alpha x}[P_n(x)\cos\beta x+Q_h(x)\sin\beta x]=\sin x$，所以 $\alpha=0$，$\beta=1$，$P_n(x)=Q_h(x)=1$，$\lambda=\alpha+i\beta=i$ 是特征方程的复根.故取 $k=1$，$P_m(x)=A$，$Q_m(x)=B$.

于是设特解：
$$y^*=x^k\mathrm{e}^{\alpha x}[P_m(x)\cos\beta x+Q_m(x)\sin\beta x]=x(A\cos x+B\sin x)$$
$$y^{*\prime}=(A\cos x+B\sin x)+x(-A\sin x+B\cos x)=(A+Bx)\cos x+(B-Ax)\sin x$$
$$y^{*\prime\prime}=B\cos x-(A+Bx)\sin x-A\sin x+(B-Ax)\cos x$$
$$=(2B-Ax)\cos x-(2A+Bx)\sin x$$

将上两式代入原方程得
$$[(2B-Ax)\cos x-(2A+Bx)\sin x]+x(A\cos x+B\sin x)=\sin x.$$

化简得 $2B\cos x-2A\sin x=\sin x$.

比较 $\sin x$、$\cos x$ 的系数得 $A = -\dfrac{1}{2}$，$B = 0$．

其特解为 $y^* = -\dfrac{1}{2} x \cos x$，故所求通解为 $y = C_1 \cos x + C_2 \sin x - \dfrac{1}{2} x \cos x$．

5.5　常微分方程应用

例 5.15（降落伞着地时的速度问题）　现在有一个质量为 $m = 80\text{kg}$（包括装备在内）的运动员从高空跳下，设下落时的总阻力与下落速度成正比，比例系数为 $k = 100\text{kg/s}$．设整个降落过程为 90s，求运动员起跳的高度 h 和着地的速度．

解　取起跳点为原点，铅直向下为 x 轴，设在时刻 t 运动员的坐标为 $x(t)$，则有初始条件 $x(0) = 0$，$x'(0) = 0$．根据牛顿第二运动定律可得 $m\dfrac{\text{d}^2 x}{\text{d}t^2} = mg - k\dfrac{\text{d}x}{\text{d}t}$，这是一个二阶常系数线性非齐次微分方程，通解为 $x = C_1 \text{e}^{-\frac{k}{m}t} + C_2 + \dfrac{mg}{k}t$．

根据初始条件 $x(0) = 0$，$x'(0) = 0$，可得 $C_1 = \dfrac{m^2 g}{k^2}$，$C_2 = -\dfrac{m^2 g}{k^2}$，即 $x = \dfrac{m^2 g}{k^2}(\text{e}^{-\frac{k}{m}t} - 1) + \dfrac{mg}{k}t$．

将题中数据代入可得 $h \approx 700.04$（m），$v \approx 7.848$（m/s）．

例 5.16　有一小船从岸边的 o 点出发驶向对岸，假定河流两岸是互相平行的直线，设船速为 a，方向始终垂直于对岸；设河宽为 $2l$，河面上任一点处的水速与该点到两岸距离之积成正比，比例系数为 $k = \dfrac{v_0}{l^2}$，求小船航行的轨迹方程，如图 5.1 所示．

解　以指向对岸方向为 x 轴方向，顺流方向为 y 轴方向，建立坐标系如图 5.1 所示，根据题意条件可知，在时刻 t 有

$$v_x = \frac{\text{d}x}{\text{d}t} = a,\quad v_y = \frac{\text{d}y}{\text{d}t} = kx(2l - x) = \frac{v_0}{l^2}x(2l - x)，\quad 即 \frac{\text{d}y}{\text{d}x} = \frac{v_0}{al^2}x(2l - x)．$$

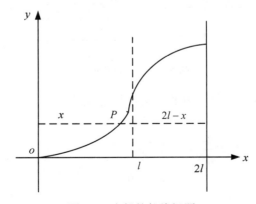

图 5.1　小船的航线问题

这是一个可分离变量方程，分离变量再积分，可得 $y = C + \dfrac{v_0}{3al^2}(3lx^2 - x^3)$.

由初始条件 $(x_0, y_0) = (0,0)$ 可得 $C = 0$，即小船航行的轨迹方程为 $y = \dfrac{v_0}{3al^2}(3lx^2 - x^3)$，

$0 \leqslant x \leqslant 2l$.

例 5.17（电动机降温问题）　一电动机起动后，其机身温度会不断升高，升高速度为每小时 $20℃$，为防止温度无限升高而烧坏机器或发生其他生产事故，在电动机起动后就要立即对它采取降温措施，最简单的降温措施就是用强力电扇将恒温空气对它猛吹，使它冷却降温．根据牛顿冷却定律可知冷却速度与机身和空气的温差成正比，设空气的温度一直保持 $15℃$不变，试求电动机温度的变化规律．

解　设在起动后经过 t 小时，电动机的温度为 $T(t)$，在时间段 $(t, t + \mathrm{d}t)$ 内电动机温度的变化情况满足如下方程：

$\mathrm{d}T$（电动机温度的改变量）$= 20\mathrm{d}t$（自身的升温作用）$- k(T - 15)\mathrm{d}t$（空气的降温效果），

即有 $\dfrac{\mathrm{d}T}{\mathrm{d}t} = 20 - k(T - 15)$，其中 k 是一个正的常数．

上述方程是一个可分离变量的方程，用分离变量法求解，可得通解为 $T = 15 + \dfrac{20}{k} + C\mathrm{e}^{-kt}$，由初始条件 $T(0) = 15$ 可得 $C = -\dfrac{20}{k}$，从而可得特解：

$$T = 15 + \frac{20}{k}(1 - \mathrm{e}^{-kt}).$$

例 5.18　如图 5.2 所示，在离水面高度为 h 米的岸上，有人用绳子拉船靠岸．假定绳长为 1 米，船位于离岸壁 s 米处，试问：当收绳速度为 v_0 m/s 时，船的速度、加速度各是多少？

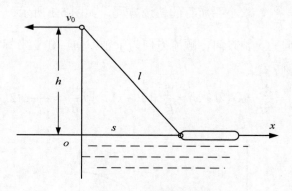

图 5.2　拉船靠岸问题

解　l、h、s 三者构成了直角三角形，由勾股定理得

$$l^2 = h^2 + s^2 \tag{1}$$

两端同时对时间求导，得 $2l\dfrac{\mathrm{d}l}{\mathrm{d}t} = 0 + 2s\dfrac{\mathrm{d}s}{\mathrm{d}t}$，即

$$l\frac{\mathrm{d}l}{\mathrm{d}t} = s\frac{\mathrm{d}s}{\mathrm{d}t} \tag{2}$$

l 为绳长，按速度定义，$\dfrac{\mathrm{d}l}{\mathrm{d}t}$ 即为收绳速度 v_0，船只能在水面上行驶并逐渐靠近岸壁，因而 $\dfrac{\mathrm{d}s}{\mathrm{d}t}$ 为船速 v，将它们代入（2）式可得船速：

$$v = \frac{l}{s} v_0 \qquad (3)$$

利用（1）式消去 l，得

$$v = \frac{\sqrt{h^2 + s^2}}{s} v_0 \quad (\text{m/s}) \qquad (4)$$

（4）式中 h 和 v_0 都是常数，只有 s 是变量．按加速度定义

$$a = \frac{\mathrm{d}v}{\mathrm{d}t} = \frac{\mathrm{d}v}{\mathrm{d}s} \cdot \frac{\mathrm{d}s}{\mathrm{d}t} = \left(-\frac{h^2}{s^2\sqrt{h^2 + s^2}} v_0 \right) v$$

将（4）式代入上式，得

$$a = -\frac{h^2 v_0{}^2}{s^3} \quad (\text{m/s}) \qquad (5)$$

这里的负号表明加速度的方向与 x 轴的正向相反．

习题 5

1．填空题

（1）微分方程 $\sqrt[n]{y^{(n)}} - 2y + \sin x = 1$ 的阶数为_____．

（2）设函数 $y = f(x, C_1, \cdots, C_n)$ 是微分方程 $y''' - xy + 2y = 1$ 的通解，则任意常数的个数 $n = $ _____．

（3）设曲线 $y = f(x)$ 上任一点 (x, y) 处的切线垂直于该点与原点的连线，则曲线所满足的微分方程为_____．

2．选择题

（1）下列判断正确的是（　）．

A．$(y')^2 + xy = \mathrm{e}^x$ 是二阶微分方程

B．$y'' + \sin y + x = 0$ 是一阶微分方程

C．$\left(\dfrac{\mathrm{d}y}{\mathrm{d}x} \right)^2 + xy^2 + x = 2$ 是一阶微分方程

D．$y\mathrm{d}x + (2 - x)\mathrm{d}y + 1 = 0$ 不是微分方程

（2）函数 $y = C_1 \mathrm{e}^{C_2 - 3x} - 1$（其中 C_1、C_2 是任意常数）是微分方程 $y'' - 9y = 9$ 的（　）．

A．通解　　　　B．特解　　　　C．解　　　　D．不是解

（3）微分方程 $\dfrac{\mathrm{d}y}{\mathrm{d}x} = y + 1$ 满足初始条件 $y|_{x=0} = 1$ 的特解是（　）．

A．$y = C\mathrm{e}^x - 1$ 　　　　　　　B．$y = 2\mathrm{e}^x - 1$

C．$\ln|y+1| = x + C$ 　　　　　　D．$\ln|y+1| = x$

3．用分离变量法求解下列微分方程：

（1）$\dfrac{\mathrm{d}y}{\mathrm{d}x} = \dfrac{1}{y\sqrt{1-x^2}}$；
（2）$2x^2 yy' = y^2 + 1$；

（3）$\sin y \cos x \mathrm{d}y = \cos y \sin x \mathrm{d}x$ 且 $y|_{x=0} = \dfrac{\pi}{4}$．

4．求解下列一阶线性微分方程：

（1）$y' + ay = b\sin x$（其中 a、b 为常数）；
（2）$xy' + y = x^2 + 3x + 2$；

（3）$\dfrac{\mathrm{d}y}{\mathrm{d}x} + \dfrac{y}{x} = \dfrac{\sin x}{x}$，$y|_{x=\pi} = 1$．

5．求解下列二阶常系数齐次线性微分方程：

（1）$y'' - 4y' = 0$；
（2）$y'' - 2y' + y = 0$；

（3）$\begin{cases} y'' - 2y' = 0 \\ y|_{x=0} = 0,\ y'|_{x=0} = 2 \end{cases}$；
（4）$\begin{cases} y'' + 25y = 0 \\ y|_{x=0} = 2,\ y'|_{x=0} = 5 \end{cases}$．

6．求解下列二阶常系数非齐次线性微分方程：

（1）$y'' + 5y' + 4y = 3 - 2x$；
（2）$y'' - y = 4xe^x$；

（3）$\begin{cases} y'' + 2y = \sin x \\ y|_{x=0} = 0,\ y'|_{x=0} = 1 \end{cases}$．

7．一架飞机沿抛物线 $y = x^2 + 1$ 的轨迹向地面俯冲，如图 5.3 所示．x 轴取在地面上，机翼到地面的距离以 $100\mathrm{m/s}$ 的固定速度减少．问机翼离地面 $2501\mathrm{m}$ 时，机翼影子在地面上运动的速度是多少（假设太阳光线是垂直的）？

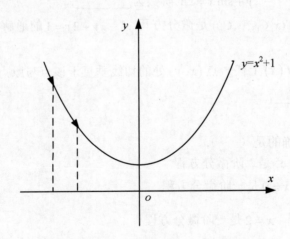

图 5.3   飞机俯冲时机翼影子的速度问题

第6章 N维空间拓展——线性代数

6.1 矩阵的概念

矩阵知识是"线性代数"的基本内容,是线性代数研究的主要对象之一,它是从许多实际问题的计算中抽象出来的一个数学概念. 在社会实践中我们会遇见许多表格,这些表格就是矩阵的原型. 我们把这些表格抽象成一个数学问题就产生了矩阵的概念,于是得到下面的定义.

6.1.1 矩阵的定义

定义 6.1 由 $m \times n$ 个数 a_{ij}($i=1,2,\cdots,m$;$j=1,2,\cdots,n$)排成的一个 m 行 n 列的矩形数表

$$\begin{bmatrix} a_{11} & a_{12} & \cdots & a_{1n} \\ a_{21} & a_{22} & \cdots & a_{2n} \\ \vdots & \vdots & & \vdots \\ a_{m1} & a_{m2} & \cdots & a_{mn} \end{bmatrix}$$

称为 $m \times n$ 矩阵. 用大写英文字母 $A, B, C, \cdots$ 表示,记为 $A_{m \times n} = (a_{ij})_{m \times n}$:

$$A_{m \times n} = \begin{bmatrix} a_{11} & a_{12} & \cdots & a_{1n} \\ a_{21} & a_{22} & \cdots & a_{2n} \\ \vdots & \vdots & & \vdots \\ a_{m1} & a_{m2} & \cdots & a_{mn} \end{bmatrix} = (a_{ij})_{m \times n}.$$

其中第 i 行第 j 列上的数 a_{ij} 称为矩阵 $A_{m \times n}$ 中的元素,而元素 a_{ij} 的双足标中的第一足标 i 为行标,第二足标 j 为列标. 注意矩阵记号必须用括号"[ ]",如

$$A = \begin{bmatrix} 2 & 5 & 8 \\ -3 & 4 & 5 \\ 1 & 7 & 3 \\ 4 & 9 & 6 \end{bmatrix}, \quad B = \begin{bmatrix} 1 & 0 & 1 & -1 \\ 0 & 0 & 1 & 1 \end{bmatrix}, \quad C = \begin{bmatrix} 1 \\ 2 \\ 3 \\ 4 \\ 5 \end{bmatrix}, \quad D = \begin{bmatrix} 1 & 2 & 3 & 4 & 5 \end{bmatrix}$$

等都称为矩阵.

6.1.2 常见的特殊矩阵

定义 6.2(方阵) 当矩阵的行数 $m=$ 列数 n 时,该矩阵称为方阵.

$$A_n = \begin{bmatrix} a_{11} & a_{12} & \cdots & a_{1n} \\ a_{21} & a_{22} & \cdots & a_{2n} \\ \vdots & \vdots & & \vdots \\ a_{n1} & a_{n2} & \cdots & a_{nn} \end{bmatrix}$$

$a_{11}, a_{22}, a_{33}, \cdots, a_{nn}$ 称为主对角线上的元素, $a_{n1}, a_{(n-1)2}, a_{(n-2)3}, \cdots, a_{1n}$ 称为次对角线上的元素.

定义 6.3（零矩阵） 当矩阵中的元素全为 0 时，该矩阵称为零矩阵，记为 $O_{m \times n}$. 在不发生混淆时就记为 O.

$$O_{m \times n} = \begin{bmatrix} 0 & 0 & \cdots & 0 \\ 0 & 0 & \cdots & 0 \\ \vdots & \vdots & & \vdots \\ 0 & 0 & \cdots & 0 \end{bmatrix}_{m \times n}$$

注意：行数、列数不同决定了不同的零矩阵.

定义 6.4（行矩阵与列矩阵） 只有一行或一列的矩阵称为行矩阵或列矩阵.

$$[a_1, a_2, \cdots, a_n]_{1 \times n}, \quad \begin{bmatrix} b_1 \\ b_2 \\ \vdots \\ b_m \end{bmatrix}_{m \times 1}$$

定义 6.5（对角阵） 若方阵除主对角线外的元素全为 0，则该方阵称为对角阵.

$$\Lambda = \begin{bmatrix} \lambda_1 & 0 & \cdots & 0 \\ 0 & \lambda_2 & \cdots & 0 \\ \vdots & \vdots & & \vdots \\ 0 & 0 & \cdots & \lambda_n \end{bmatrix}$$

定义 6.6（数量矩阵） 当对角阵的主对角线上的元素均为同一元素 λ 时，该矩阵称为数量矩阵.

$$\lambda I = \begin{bmatrix} \lambda & 0 & \cdots & 0 \\ 0 & \lambda & \cdots & 0 \\ \vdots & \vdots & & \vdots \\ 0 & 0 & \cdots & \lambda \end{bmatrix}$$

定义 6.7（单位阵 I_n） 当数量矩阵中的 $\lambda = 1$ 时，该矩阵称为 n 阶单位阵，记为 I_n.

$$I_n = \begin{bmatrix} 1 & 0 & \cdots & 0 \\ 0 & 1 & \cdots & 0 \\ \vdots & \vdots & & \vdots \\ 0 & 0 & \cdots & 1 \end{bmatrix}$$

特殊矩阵在矩阵运算、矩阵理论上有着十分重要的意义.

6.2 矩阵的运算

6.2.1 矩阵相等

定义 6.8 设有矩阵 $A_{m \times n} = (a_{ij})_{m \times n}$，$B_{s \times t} = (b_{ij})_{s \times t}$，则

$$A_{m \times n} = B_{s \times t} \Leftrightarrow m = s, \ n = t \text{ 且 } a_{ij} = b_{ij}.$$

如 $A = \begin{bmatrix} x & y \\ 2 & -1 \end{bmatrix}$，$B = \begin{bmatrix} 3 & -2 \\ z & -1 \end{bmatrix}$，若 $A = B$，则 $x = 3$，$y = -2$，$z = 2$.

6.2.2 矩阵的线性运算

所谓线性运算就是"我们关心的运算对象没有出现乘法的运算"，简单地说就是只有"加减法"与"数乘"（仅与数相乘）运算.

定义 6.9（矩阵的加法） 设有矩阵 $A_{m \times n} = (a_{ij})_{m \times n}$，$B_{m \times n} = (b_{ij})_{m \times n}$，则

$$A_{m \times n} \pm B_{m \times n} = (a_{ij})_{m \times n} \pm (b_{ij})_{m \times n} = (a_{ij} \pm b_{ij})_{m \times n}.$$

简单地说，矩阵的加减法就是对应元素相加减，但是必须是同型矩阵才能相加减，否则没有意义.

例 6.1 设有矩阵 $A = \begin{bmatrix} 2 & -3 & 4 \\ 3 & 5 & -2 \end{bmatrix}$，$B = \begin{bmatrix} 5 & 3 & 1 \\ -2 & -1 & 4 \end{bmatrix}$，求 $A + B$、$B - A$.

解 $A + B = \begin{bmatrix} 2 & -3 & 4 \\ 3 & 5 & -2 \end{bmatrix} + \begin{bmatrix} 5 & 3 & 1 \\ -2 & -1 & 4 \end{bmatrix} = \begin{bmatrix} 7 & 0 & 5 \\ 1 & 4 & 2 \end{bmatrix}$

$B - A = \begin{bmatrix} 5 & 3 & 1 \\ -2 & -1 & 4 \end{bmatrix} - \begin{bmatrix} 2 & -3 & 4 \\ 3 & 5 & -2 \end{bmatrix} = \begin{bmatrix} 3 & 6 & -3 \\ -5 & -6 & 6 \end{bmatrix}$

不难验证，矩阵的加减法满足下列运算规律：

（1）交换律：$\qquad\qquad\qquad A + B = B + A$

（2）结合律：$\qquad\qquad\qquad (A + B) + C = A + (B + C)$

以及 $\qquad\qquad\qquad\qquad A + O = A, \ A - A = O$

定义 6.10（矩阵的数乘） 矩阵的数乘就是矩阵与数相乘，定义如下：
设有矩阵 $A_{m \times n} = (a_{ij})_{m \times n}$，$\lambda$ 是一个数，则

$$\lambda \cdot A_{m \times n} = \lambda \cdot (a_{ij})_{m \times n} = (\lambda a_{ij})_{m \times n}.$$

简单地说，数乘矩阵就是用这个数去遍乘矩阵中的每一个元素.

这样，数量矩阵可以表示为数与单位阵的数乘，即

$$\lambda I_n = \lambda \begin{bmatrix} 1 & 0 & \cdots & 0 \\ 0 & 1 & \cdots & 0 \\ \vdots & \vdots & & \vdots \\ 0 & 0 & \cdots & 1 \end{bmatrix} = \begin{bmatrix} \lambda & 0 & \cdots & 0 \\ 0 & \lambda & \cdots & 0 \\ \vdots & \vdots & & \vdots \\ 0 & 0 & \cdots & \lambda \end{bmatrix}.$$

例 6.2 设 $A = \begin{bmatrix} 5 & 2 & -1 \\ 3 & 0 & 2 \end{bmatrix}$，计算 $3A$．

解 由定义得 $3A = 3\begin{bmatrix} 5 & 2 & -1 \\ 3 & 0 & 2 \end{bmatrix} = \begin{bmatrix} 15 & 6 & -3 \\ 9 & 0 & 6 \end{bmatrix}$．

不难验证，矩阵的数乘满足下列运算规律：

（1）结合律： $\qquad\qquad (\lambda\mu)A = \lambda(\mu A) = \mu(\lambda A)$

（2）矩阵对数的分配律： $\qquad (\lambda + \mu)A = \lambda A + \mu A$

（3）数对矩阵的分配律： $\qquad \lambda(A + B) = \lambda A + \lambda B$

以及 $\qquad\qquad\qquad\qquad 1A = A，\quad (-1)A = -A，\quad 0A = O$

有了矩阵的线性运算后，我们可以求解一些简单的矩阵方程．

例 6.3 求解矩阵方程：

$$\begin{bmatrix} 1 & 0 \\ 3 & -1 \end{bmatrix} + 2X = 3\begin{bmatrix} 1 & 3 \\ -1 & 2 \end{bmatrix}．$$

解 由原式有 $2X = 3\begin{bmatrix} 1 & 3 \\ -1 & 2 \end{bmatrix} - \begin{bmatrix} 1 & 0 \\ 3 & -1 \end{bmatrix} = \begin{bmatrix} 2 & 9 \\ -6 & 7 \end{bmatrix}$，所以 $X = \dfrac{1}{2}\begin{bmatrix} 2 & 9 \\ -6 & 7 \end{bmatrix}$．

6.2.3 矩阵的乘法

定义 6.11（矩阵乘法） 设有矩阵 $A_{m\times s} = (a_{ij})_{m\times s}$，$B_{s\times n} = (b_{ij})_{s\times n}$，则

$$A_{m\times s} \cdot B_{s\times n} = (a_{ij})_{m\times s} \cdot (b_{ij})_{s\times n} = C_{m\times n} = (c_{ij})_{m\times n}，$$

其中 $c_{ij} = a_{i1}b_{1j} + a_{i2}b_{2j} + \cdots + a_{is}b_{sj}$ $(i = 1,2,\cdots,m;\ j = 1,2,\cdots,n)$．

矩阵乘法的几点说明：

（1）在矩阵乘法中，仅当左乘矩阵的列数等于右乘矩阵的行数时两矩阵才能相乘，否则相乘是没有意义的．

（2）乘积矩阵 AB 仍为一个矩阵，它是以左乘矩阵的行数、右乘矩阵的列数为行列数的矩阵．

（3）乘积矩阵 AB 中的第 i 行第 j 列的元素 c_{ij} 是 A 中第 i 行元素与 B 中第 j 列元素相乘再相加所得，即遵循左行×右列的相乘法则．

例 6.4 设 $A = \begin{bmatrix} 1 & -1 & 0 \\ 2 & 1 & -2 \\ -1 & 0 & 1 \end{bmatrix}$，$B = \begin{bmatrix} 0 & 2 \\ -1 & 1 \\ 1 & 0 \end{bmatrix}$，计算 AB．

解 $AB = \begin{bmatrix} 1 & -1 & 0 \\ 2 & 1 & -2 \\ -1 & 0 & 1 \end{bmatrix}\begin{bmatrix} 0 & 2 \\ -1 & 1 \\ 1 & 0 \end{bmatrix} = \begin{bmatrix} 1\times 0 - 1\times(-1) + 0\times 1 & 1\times 2 - 1\times 1 + 0\times 0 \\ 2\times 0 + 1\times(-1) - 2\times 1 & 2\times 2 + 1\times 1 - 2\times 0 \\ -1\times 0 + 0\times(-1) + 1\times 1 & -1\times 2 + 0\times 1 + 1\times 0 \end{bmatrix}$

$= \begin{bmatrix} 1 & 1 \\ -3 & 5 \\ 1 & -2 \end{bmatrix}$．

例 6.5　设 $A = \begin{bmatrix} 3 & 4 \\ 1 & 2 \end{bmatrix}$，$B = \begin{bmatrix} 1 & 2 \\ 4 & 5 \\ 3 & 6 \end{bmatrix}$，求 BA．

解　$BA = \begin{bmatrix} 1 & 2 \\ 4 & 5 \\ 3 & 6 \end{bmatrix} \begin{bmatrix} 3 & 4 \\ 1 & 2 \end{bmatrix} = \begin{bmatrix} 5 & 8 \\ 17 & 26 \\ 15 & 24 \end{bmatrix}$，显然这时 AB 是没有意义的．

例 6.6　设 $A = \begin{bmatrix} 1 & -1 \\ -1 & 1 \end{bmatrix}$，$B = \begin{bmatrix} 1 & 1 \\ -1 & -1 \end{bmatrix}$，$C = \begin{bmatrix} 2 & 0 \\ 0 & -2 \end{bmatrix}$，求 AB、BA、AC．

解　$AB = \begin{bmatrix} 1 & -1 \\ -1 & 1 \end{bmatrix} \begin{bmatrix} 1 & 1 \\ -1 & -1 \end{bmatrix} = \begin{bmatrix} 2 & 2 \\ -2 & -2 \end{bmatrix}$

$BA = \begin{bmatrix} 1 & 1 \\ -1 & -1 \end{bmatrix} \begin{bmatrix} 1 & -1 \\ -1 & 1 \end{bmatrix} = \begin{bmatrix} 0 & 0 \\ 0 & 0 \end{bmatrix}$

$AC = \begin{bmatrix} 1 & -1 \\ -1 & 1 \end{bmatrix} \begin{bmatrix} 2 & 0 \\ 0 & -2 \end{bmatrix} = \begin{bmatrix} 2 & 2 \\ -2 & -2 \end{bmatrix}$．

一般地，（1）$AB \neq BA$；（2）$AB = O$ 不能推出 $A = O$ 或 $B = O$；（3）$AB = AC \Rightarrow B = C$ 不成立．

矩阵乘法满足下列运算规律：

（1）结合律：$\qquad\qquad (AB)C = A(BC)$

（2）数乘结合律：$\qquad \lambda(AB) = (\lambda A)B = A(\lambda B)$

（3）分配律：$\qquad\qquad A(B + C) = AB + AC$ （左分配律）

$\qquad\qquad\qquad\qquad (B + C)A = BA + CA$ （右分配律）

对单位矩阵 I 有 $I_m A_{m \times n} = A_{m \times n}$，$A_{m \times n} I_n = A_{m \times n}$．

矩阵的乘幂运算，当 A 为方阵时定义：

$A^1 = A$，$A^2 = AA$，$\cdots$，$A^k = \underbrace{AA \cdots A}_{k\text{个}}$，特别规定 $A^0 = I$．

（4）矩阵乘幂的指数律：$\qquad A^k A^l = A^{k+l}$，$(A^k)^l = A^{k \cdot l}$

但是要注意一般情况下：$(AB)^k \neq A^k B^k$ （第二指数律不成立）．

在引入了矩阵乘法后有一个重要意义，就是我们关心的线性方程组

$$\begin{cases} a_{11}x_1 + a_{12}x_2 + \cdots + a_{1n}x_n = b_1 \\ a_{21}x_1 + a_{22}x_2 + \cdots + a_{2n}x_n = b_2 \\ \qquad\qquad\cdots\cdots\cdots\cdots \\ a_{m1}x_1 + a_{m2}x_2 + \cdots + a_{mn}x_n = b_m \end{cases} \qquad (*)$$

中的系数、未知数、常数分别可记为矩阵形式，分别称为系数矩阵、未知数列矩阵、常数列矩阵．记为

$$A_{m\times n} = \begin{bmatrix} a_{11} & a_{12} & \cdots & a_{1n} \\ a_{21} & a_{22} & \cdots & a_{2n} \\ \vdots & \vdots & & \vdots \\ a_{m1} & a_{m2} & \cdots & a_{mn} \end{bmatrix}_{m\times n}, \quad X = \begin{bmatrix} x_1 \\ x_2 \\ \vdots \\ x_n \end{bmatrix}, \quad B = \begin{bmatrix} b_1 \\ b_2 \\ \vdots \\ b_m \end{bmatrix},$$

则（*）方程组可表示为矩阵运算形式：$A_{m\times n}X = B$，简记为 $AX = B$.

6.2.4　矩阵的转置

定义 6.12（矩阵的转置）　将一个矩阵的行与列依次互换所得到的一个新的矩阵称为原矩阵的转置矩阵.

$$\text{设 } A_{m\times n} = \begin{bmatrix} a_{11} & a_{12} & \cdots & a_{1n} \\ a_{21} & a_{22} & \cdots & a_{2n} \\ \vdots & \vdots & & \vdots \\ a_{m1} & a_{m2} & \cdots & a_{mn} \end{bmatrix}_{m\times n}, \quad \text{记 } (A_{m\times n})^T = \begin{bmatrix} a_{11} & a_{21} & \cdots & a_{m1} \\ a_{12} & a_{22} & \cdots & a_{m2} \\ \vdots & \vdots & & \vdots \\ a_{1n} & a_{2n} & \cdots & a_{mn} \end{bmatrix}_{n\times m}.$$

注意：矩阵转置后行列数要互换.

矩阵转置可以视为矩阵的一种运算，它有下列运算规律：

（1）$(A^T)^T = A$

（2）$(A + B)^T = A^T + B^T$

（3）$(\lambda A)^T = \lambda A^T$（$\lambda$ 是一个数）

（4）$(AB)^T = B^T A^T$

例 6.7　设 $A = \begin{bmatrix} 1 & 1 & 0 \\ 0 & -1 & 2 \end{bmatrix}$，$B = \begin{bmatrix} 4 & -1 \\ 0 & 2 \\ -3 & 2 \end{bmatrix}$，求 A^T、B^T、AB、$B^T A^T$.

解　$A^T = \begin{bmatrix} 1 & 0 \\ 1 & -1 \\ 0 & 2 \end{bmatrix}$；$B^T = \begin{bmatrix} 4 & 0 & -3 \\ -1 & 2 & 2 \end{bmatrix}$；$AB = \begin{bmatrix} 4 & 1 \\ -6 & 2 \end{bmatrix}$；$B^T A^T = (AB)^T = \begin{bmatrix} 4 & -6 \\ 1 & 2 \end{bmatrix}$.

例 6.8　证明 $(ABC)^T = C^T B^T A^T$.

证明　$(ABC)^T = ((AB)C)^T = C^T (AB)^T = C^T B^T A^T$.

由此例可得，多个矩阵相乘的转置等于分别转置后换位相乘，即

$$(ABC\cdots D)^T = D^T \cdots C^T B^T A^T.$$

对称矩阵：若矩阵 A_n 为方阵且 A_n 中元素关于主对角线对称，则称 A_n 为对称矩阵.

显然有结论：A 为对称矩阵 $\Leftrightarrow$ $A^T = A$.

例 6.9　若 A、B 为对称矩阵，证明：$A \pm B$ 为对称矩阵.

证明　$\because A$、B 为对称矩阵，于是 $A^T = A$，$B^T = B$.

$\therefore (A \pm B)^T = A^T \pm B^T = A \pm B$，故 $A \pm B$ 为对称矩阵.

例 6.10　对任意矩阵 A，证明：AA^T 必为对称矩阵.

证明　$\because (AA^T)^T = (A^T)^T A^T = AA^T$，

$\therefore AA^{\mathrm{T}}$ 为对称矩阵.

注意：对称矩阵的乘积不一定是对称矩阵.

6.3 矩阵的初等行变换

6.3.1 矩阵的初等行变换

定义 6.13（矩阵的初等行变换）

（1）将矩阵中的某两行位置互换，称为矩阵的互换变换. (r_i, r_j) 表示第 i 行与第 j 行互换.

（2）以非零数 λ 遍乘矩阵中的某一行，称为矩阵的倍乘变换. λr_i 表示数 λ 遍乘第 i 行.

（3）将矩阵中的某一行遍乘数 λ 加到另一行上，称为矩阵的倍加变换. $r_j + \lambda r_i$ 表示数 λ 遍乘第 i 行后加到第 j 行上.

例如，设有矩阵 $A = \begin{bmatrix} 1 & 2 & 3 & 4 \\ 5 & 6 & 7 & 8 \\ 9 & 10 & 11 & 12 \end{bmatrix}$.

$$A = \begin{bmatrix} 1 & 2 & 3 & 4 \\ 5 & 6 & 7 & 8 \\ 9 & 10 & 11 & 12 \end{bmatrix} \xrightarrow{(r_2, r_3)} \begin{bmatrix} 1 & 2 & 3 & 4 \\ 9 & 10 & 11 & 12 \\ 5 & 6 & 7 & 8 \end{bmatrix};$$

$$A = \begin{bmatrix} 1 & 2 & 3 & 4 \\ 5 & 6 & 7 & 8 \\ 9 & 10 & 11 & 12 \end{bmatrix} \xrightarrow{3r_1} \begin{bmatrix} 3 & 6 & 9 & 12 \\ 5 & 6 & 7 & 8 \\ 9 & 10 & 11 & 12 \end{bmatrix};$$

$$A = \begin{bmatrix} 1 & 2 & 3 & 4 \\ 5 & 6 & 7 & 8 \\ 9 & 10 & 11 & 12 \end{bmatrix} \xrightarrow{r_2 - 5r_1} \begin{bmatrix} 1 & 2 & 3 & 4 \\ 0 & -4 & -8 & -12 \\ 9 & 10 & 11 & 12 \end{bmatrix}.$$

6.3.2 矩阵的秩及求法

矩阵作为数表显然含 0 越多越好，这样矩阵的属性就看得越清楚，而矩阵的"倍加变换"就是用来变 0 的. 在含 0 较多的矩阵中，"阶梯矩阵"就是一类特殊的矩阵. 若矩阵具有下述形式：

$$\begin{bmatrix} \otimes & \otimes & \otimes & \cdots & \otimes \\ 0 & \otimes & \otimes & \cdots & \otimes \\ 0 & 0 & \otimes & \cdots & \otimes \\ \vdots & \vdots & \vdots & & \vdots \\ 0 & 0 & 0 & \cdots & 0 \end{bmatrix}$$

就称为阶梯矩阵. 其中元素"$\otimes$"为非 0 元素，含有"$\otimes$"的行称为非 0 行，从上到下非 0

行前的 0 元素严格增加, 而 0 行位于矩阵的最下方.

例 6.11 将矩阵 $A = \begin{bmatrix} 1 & 3 & -1 & -2 \\ 2 & -1 & 2 & 3 \\ 3 & 2 & 1 & 1 \\ 1 & -4 & 3 & 5 \end{bmatrix}$ 用初等行变换化为阶梯矩阵.

解 $A = \begin{bmatrix} 1 & 3 & -1 & -2 \\ 2 & -1 & 2 & 3 \\ 3 & 2 & 1 & 1 \\ 1 & -4 & 3 & 5 \end{bmatrix} \xrightarrow[\substack{r_2-2r_1 \\ r_3-3r_1 \\ r_4-r_1}]{} \begin{bmatrix} 1 & 3 & -1 & -2 \\ 0 & -7 & 4 & 7 \\ 0 & -7 & 4 & 7 \\ 0 & -7 & 4 & 7 \end{bmatrix} \xrightarrow[\substack{r_3-r_2 \\ r_4-r_2}]{} \begin{bmatrix} 1 & 3 & -1 & -2 \\ 0 & -7 & 4 & 7 \\ 0 & 0 & 0 & 0 \\ 0 & 0 & 0 & 0 \end{bmatrix}$, 这就是

阶梯矩阵, 其中有两个非 0 行.

例 6.11 中的初等行变换还可以继续做下去以消出更多的 0 来.

$\begin{bmatrix} 1 & 3 & -1 & -2 \\ 0 & -7 & 4 & 7 \\ 0 & 0 & 0 & 0 \\ 0 & 0 & 0 & 0 \end{bmatrix} \xrightarrow[]{r_2 \times (-\frac{1}{7})} \begin{bmatrix} 1 & 3 & -1 & -2 \\ 0 & 1 & -\frac{4}{7} & -1 \\ 0 & 0 & 0 & 0 \\ 0 & 0 & 0 & 0 \end{bmatrix} \xrightarrow[]{r_1-3r_2} \begin{bmatrix} 1 & 0 & \frac{5}{7} & 1 \\ 0 & 1 & -\frac{4}{7} & -1 \\ 0 & 0 & 0 & 0 \\ 0 & 0 & 0 & 0 \end{bmatrix}$.

这时仍然是阶梯矩阵, 而且非 0 行数仍为 2. 可以看出, 如果继续进行变换, 非 0 行数目不会减少, 并且不可能消出更多的 0 来. 这种非 0 行的第一个非 0 元素为 1, 它所在列的其余元素全为 0 的阶梯矩阵称为行最简阶梯矩阵.

根据该例还可以得出下述结论:矩阵在初等变换下所得阶梯矩阵的非 0 行数目恒定不变.

矩阵在初等变换下的这种不变性质是矩阵的一种内在的本质属性, 我们将所得阶梯矩阵的非 0 行数目 r 称为矩阵的秩. 因此, 矩阵在初等变换下其秩不变.

如例 6.11 中矩阵 A 的秩为 2, 记为 $r(A) = 2$.

求矩阵的秩的方法就是将矩阵经过初等行变换化为阶梯矩阵, 找出非 0 行的数目 r.

例 6.12 设 $A = \begin{bmatrix} 0 & 16 & -7 & -5 & 5 \\ 1 & -5 & 2 & 1 & -1 \\ -1 & -11 & 5 & 4 & -4 \\ 2 & 6 & -3 & -3 & 7 \end{bmatrix}$, 求 $r(A)$.

解 $A = \begin{bmatrix} 0 & 16 & -7 & -5 & 5 \\ 1 & -5 & 2 & 1 & -1 \\ -1 & -11 & 5 & 4 & -4 \\ 2 & 6 & -3 & -3 & 7 \end{bmatrix} \xrightarrow[]{(r_1,r_2)} \begin{bmatrix} 1 & -5 & 2 & 1 & -1 \\ 0 & 16 & -7 & -5 & 5 \\ -1 & -11 & 5 & 4 & -4 \\ 2 & 6 & -3 & -3 & 7 \end{bmatrix}$

$\xrightarrow[\substack{r_3+r_1 \\ r_4-2r_1}]{} \begin{bmatrix} 1 & -5 & 2 & 1 & -1 \\ 0 & 16 & -7 & -5 & 5 \\ 0 & -16 & 7 & 5 & -5 \\ 0 & 16 & -7 & -5 & 9 \end{bmatrix} \xrightarrow[\substack{r_3+r_2 \\ r_4-r_2}]{} \begin{bmatrix} 1 & -5 & 2 & 1 & -1 \\ 0 & 16 & -7 & -5 & 5 \\ 0 & 0 & 0 & 0 & 0 \\ 0 & 0 & 0 & 0 & 4 \end{bmatrix}$

$$\xrightarrow{(r_3,r_4)} \begin{bmatrix} 1 & -5 & 2 & 1 & -1 \\ 0 & 16 & -7 & -5 & 5 \\ 0 & 0 & 0 & 0 & 4 \\ 0 & 0 & 0 & 0 & 0 \end{bmatrix},$$

因为阶梯矩阵有 3 个非 0 行,所以矩阵的秩 $r(A) = r = 3$.

显然,矩阵的秩有如下结论:

$$r(A_{m \times n}) \leqslant \min\{m, n\}$$

表示任何矩阵的秩不会超过矩阵行数、列数中小的那一个.

$$r(A_{m \times n}) = r(A^T{}_{m \times n})$$

表示矩阵的行秩等于列秩.

6.4 方阵的逆矩阵

本节我们讨论一类特殊的方阵,它们是乘法可交换且乘积为单位矩阵的方阵,如

$$\begin{bmatrix} 2 & 5 \\ 1 & 3 \end{bmatrix} \begin{bmatrix} 3 & -5 \\ -1 & 2 \end{bmatrix} = \begin{bmatrix} 3 & -5 \\ -1 & 2 \end{bmatrix} \begin{bmatrix} 2 & 5 \\ 1 & 3 \end{bmatrix} = \begin{bmatrix} 1 & 0 \\ 0 & 1 \end{bmatrix} = I_2.$$

6.4.1 逆矩阵的定义

定义 6.14 设有方阵 A、B 满足 $AB = BA = I$,则称 A、B 均为可逆方阵,且记 $B = A^{-1}$,称为 A 的逆矩阵;同理记 $A = B^{-1}$,称为 B 的逆矩阵.

由该定义有 $\begin{bmatrix} 2 & 5 \\ 1 & 3 \end{bmatrix}^{-1} = \begin{bmatrix} 3 & -5 \\ -1 & 2 \end{bmatrix}$,同理 $\begin{bmatrix} 3 & -5 \\ -1 & 2 \end{bmatrix}^{-1} = \begin{bmatrix} 2 & 5 \\ 1 & 3 \end{bmatrix}$.

定理 6.1 若矩阵 A 可逆,则 A^{-1} 是唯一的.

证明 $\because$ 如果 A 的逆矩阵有 B 和 C,那么 $AB = BA = I$ 且 $AC = CA = I$.

$\therefore B = BI = B(AC) = (BA)C = IC = C$,$B = C$.

故 A^{-1} 仅有一个.

定理 6.2 若矩阵 A 可逆,则 A^{-1} 也可逆且 $(A^{-1})^{-1} = A$.

证明 $\because$ 由定义知 A 与 A^{-1} 互为对方的逆矩阵,即 A^{-1} 的逆矩阵为 A.

$\therefore (A^{-1})^{-1} = A$.

定理 6.3 若矩阵 A 可逆,则 A^T 也可逆且 $(A^T)^{-1} = (A^{-1})^T$.

证明 $\because AA^{-1} = A^{-1}A = I$ $\therefore A^T(A^{-1})^T = (A^{-1}A)^T = I^T = I$.

故 $(A^T)^{-1} = (A^{-1})^T$.

定理 6.4 若矩阵 A 可逆且数 $\lambda \neq 0$,则 λA 也可逆且 $(\lambda A)^{-1} = \lambda^{-1}A^{-1} = \dfrac{1}{\lambda}A^{-1}$.

证明 $\because \lambda A\left(\dfrac{1}{\lambda}A^{-1}\right) = \left(\lambda \dfrac{1}{\lambda}\right)(AA^{-1}) = I$ $\therefore (\lambda A)^{-1} = \lambda^{-1}A^{-1} = \dfrac{1}{\lambda}A^{-1}$.

定理 6.5 若矩阵 A、B 均可逆，则 AB 也可逆且 $(AB)^{-1} = B^{-1}A^{-1}$.

证明 $\because A$、B 可逆，于是有 $AA^{-1} = A^{-1}A = I$，$BB^{-1} = B^{-1}B = I$.

$\therefore (AB)(B^{-1}A^{-1}) = A(BB^{-1})A^{-1} = AEA^{-1} = AA^{-1} = I$.

故 $(AB)^{-1} = B^{-1}A^{-1}$.

定理 6.6 n 阶方阵 A 可逆的充分必要条件是 A 为满秩方阵，即 A 可逆 $\Leftrightarrow r(A) = n$.

6.4.2 逆矩阵的初等行变换求法

设矩阵 A 可逆，我们将 A 矩阵的右边靠上一个同阶单位矩阵 I 合并成为一个新的矩阵，然后用初等行变换将其中的 A 矩阵部分变为单位矩阵 I，而原单位矩阵部分变为 A 的逆矩阵 A^{-1}，即 $[A \vdots I] \xrightarrow{\text{初等行变换}} [I \vdots A^{-1}]$.

例 6.13 求 $\begin{bmatrix} 2 & 5 \\ 1 & 3 \end{bmatrix}$ 的逆矩阵.

解 $\because \begin{bmatrix} 2 & 5 & 1 & 0 \\ 1 & 3 & 0 & 1 \end{bmatrix} \xrightarrow{(r_1,r_2)} \begin{bmatrix} 1 & 3 & 0 & 1 \\ 2 & 5 & 1 & 0 \end{bmatrix} \xrightarrow{r_2-2r_1} \begin{bmatrix} 1 & 3 & 0 & 1 \\ 0 & -1 & 1 & -2 \end{bmatrix}$

$\xrightarrow{(-1)\times r_2} \begin{bmatrix} 1 & 3 & 0 & 1 \\ 0 & 1 & -1 & 2 \end{bmatrix} \xrightarrow{r_1-3r_2} \begin{bmatrix} 1 & 0 & 3 & -5 \\ 0 & 1 & -1 & 2 \end{bmatrix}$,

$\therefore \begin{bmatrix} 2 & 5 \\ 1 & 3 \end{bmatrix}^{-1} = \begin{bmatrix} 3 & -5 \\ -1 & 2 \end{bmatrix}$.

例 6.14 求解方程组 $\begin{cases} x_1 + x_2 = -4 \\ 2x_1 + x_2 - x_3 = 2 \\ 3x_1 + 4x_2 + 2x_3 = -1 \end{cases}$.

解 设系数矩阵 $A = \begin{bmatrix} 1 & 1 & 0 \\ 2 & 1 & -1 \\ 3 & 4 & 2 \end{bmatrix}$, $X = \begin{bmatrix} x_1 \\ x_2 \\ x_3 \end{bmatrix}$, $b = \begin{bmatrix} -4 \\ 2 \\ -1 \end{bmatrix}$, 则 $AX = b$, $X = A^{-1}b$.

$[A \vdots I] = \begin{bmatrix} 1 & 1 & 0 & \vdots & 1 & 0 & 0 \\ 2 & 1 & -1 & \vdots & 0 & 1 & 0 \\ 3 & 4 & 2 & \vdots & 0 & 0 & 1 \end{bmatrix} \xrightarrow[r_3-3r_1]{r_2-2r_1} \begin{bmatrix} 1 & 1 & 0 & \vdots & 1 & 0 & 0 \\ 0 & -1 & -1 & \vdots & -2 & 1 & 0 \\ 0 & 1 & 2 & \vdots & -3 & 0 & 1 \end{bmatrix}$

$\xrightarrow{(r_2,r_3)} \begin{bmatrix} 1 & 1 & 0 & \vdots & 1 & 0 & 0 \\ 0 & 1 & 2 & \vdots & -3 & 0 & 1 \\ 0 & -1 & -1 & \vdots & -2 & 1 & 0 \end{bmatrix} \xrightarrow{r_3+r_2} \begin{bmatrix} 1 & 1 & 0 & \vdots & 1 & 0 & 0 \\ 0 & 1 & 2 & \vdots & -3 & 0 & 1 \\ 0 & 0 & 1 & \vdots & -5 & 1 & 1 \end{bmatrix}$

$\xrightarrow{r_2-2r_3} \begin{bmatrix} 1 & 1 & 0 & \vdots & 1 & 0 & 0 \\ 0 & 1 & 0 & \vdots & 7 & -2 & -1 \\ 0 & 0 & 1 & \vdots & -5 & 1 & 1 \end{bmatrix} \xrightarrow{r_1-r_2} \begin{bmatrix} 1 & 0 & 0 & \vdots & -6 & 2 & 1 \\ 0 & 1 & 0 & \vdots & 7 & -2 & -1 \\ 0 & 0 & 1 & \vdots & -5 & 1 & 1 \end{bmatrix}$.

故 $A^{-1} = \begin{bmatrix} -6 & 2 & 1 \\ 7 & -2 & -1 \\ -5 & 1 & 1 \end{bmatrix}$, 于是 $X = A^{-1}B = \begin{bmatrix} -6 & 2 & 1 \\ 7 & -2 & -1 \\ -5 & 1 & 1 \end{bmatrix}\begin{bmatrix} -4 \\ 2 \\ -1 \end{bmatrix} = \begin{bmatrix} 27 \\ -31 \\ 21 \end{bmatrix}$.

对于一般的二阶方阵 $\begin{bmatrix} a & b \\ c & d \end{bmatrix}$ 在 $ad - bc \neq 0$ 时必为可逆矩阵，且其逆矩阵有公式：

$$\begin{bmatrix} a & b \\ c & d \end{bmatrix}^{-1} = \frac{1}{ad - bc} \begin{bmatrix} d & -b \\ -c & a \end{bmatrix}.$$

例 6.15　求解矩阵方程 $2X + \begin{bmatrix} 8 & 3 \\ 5 & 2 \end{bmatrix} X = \begin{bmatrix} 3 & 7 \\ -2 & 5 \end{bmatrix}$.

解　$\because 2X + \begin{bmatrix} 8 & 3 \\ 5 & 2 \end{bmatrix} X = \left(2I + \begin{bmatrix} 8 & 3 \\ 5 & 2 \end{bmatrix} \right) X = \begin{bmatrix} 10 & 3 \\ 5 & 4 \end{bmatrix} X,$

$\therefore$ 原方程可化简为 $\begin{bmatrix} 10 & 3 \\ 5 & 4 \end{bmatrix} X = \begin{bmatrix} 3 & 7 \\ -2 & 5 \end{bmatrix}$，于是由公式有 $\begin{bmatrix} 10 & 3 \\ 5 & 4 \end{bmatrix}^{-1} = \frac{1}{25} \begin{bmatrix} 4 & -3 \\ -5 & 10 \end{bmatrix}$，故方程的解为

$$X = \frac{1}{25} \begin{bmatrix} 4 & -3 \\ -5 & 10 \end{bmatrix} \begin{bmatrix} 3 & 7 \\ -2 & 5 \end{bmatrix} = \frac{1}{25} \begin{bmatrix} 18 & 13 \\ -35 & 15 \end{bmatrix}.$$

6.5　线性方程组的基本概念

6.5.1　基本概念

一般情况下，n 个未知数、m 个方程所组成的线性方程组可以表示为

$$\begin{cases} a_{11}x_1 + a_{12}x_2 + \cdots + a_{1n}x_n = b_1 \\ a_{21}x_1 + a_{22}x_2 + \cdots + a_{2n}x_n = b_2 \\ \qquad \cdots\cdots\cdots\cdots \\ a_{m1}x_1 + a_{m2}x_2 + \cdots + a_{mn}x_n = b_m \end{cases} \tag{*}$$

其中 x_j 为未知数，a_{ij} 为第 i 个方程中第 j 个未知数的系数，b_i 为第 i 个方程的常数项（$i = 1, 2, \cdots, m$；$j = 1, 2, \cdots, n$）.

当线性方程组（*）中的常数项 $b_1, b_2, \cdots, b_m$ 不全为 0 时，称为非齐次线性方程组；而当 $b_1, b_2, \cdots, b_m$ 全为 0 时，即

$$\begin{cases} a_{11}x_1 + a_{12}x_2 + \cdots + a_{1n}x_n = 0 \\ a_{21}x_1 + a_{22}x_2 + \cdots + a_{2n}x_n = 0 \\ \qquad \cdots\cdots\cdots\cdots \\ a_{m1}x_1 + a_{m2}x_2 + \cdots + a_{mn}x_n = 0 \end{cases} \tag{**}$$

称为齐次线性方程组.

在引入矩阵记号后，以

$$A_{m\times n}=\begin{bmatrix} a_{11} & a_{12} & \cdots & a_{1n} \\ a_{21} & a_{22} & \cdots & a_{2n} \\ \vdots & \vdots & & \vdots \\ a_{m1} & a_{m2} & \cdots & a_{mn} \end{bmatrix}_{m\times n}, \quad X=\begin{bmatrix} x_1 \\ x_2 \\ \vdots \\ x_n \end{bmatrix}, \quad b=\begin{bmatrix} b_1 \\ b_2 \\ \vdots \\ b_m \end{bmatrix}, \quad O=\begin{bmatrix} 0 \\ 0 \\ \vdots \\ 0 \end{bmatrix}$$

分别表示：系数矩阵、未知数列矩阵、常数项列矩阵、零矩阵. 这时线性方程组（*）（**）可分别表示为 $AX=b$，$AX=O$.

若有 $X=X_0=(c_1\ c_2\ \cdots\ c_n)^{\mathrm{T}}$（$x_j=c_j,\ j=1,2,\cdots,n$），代入（*）或（**）方程使方程成为恒等式，则 X_0 就称为方程的解.

由线性方程组的表现形式可知，方程组由其系数与常数唯一确定. 所以线性方程组可以由一个系数与常数组成的矩阵唯一表示，这个矩阵称为增广矩阵，记为

$$\tilde{A}=(A\vdots b)=\begin{bmatrix} a_{11} & a_{12} & \cdots & a_{1n} & \vdots & b_1 \\ a_{21} & a_{22} & \cdots & a_{2n} & \vdots & b_2 \\ \vdots & \vdots & & \vdots & \vdots & \vdots \\ a_{m1} & a_{m2} & \cdots & a_{mn} & \vdots & b_m \end{bmatrix}.$$

显然线性方程组（*）与增广矩阵 $\tilde{A}$ 是一一对应的.

例 6.16 试将线性方程组 $\begin{cases} 4x_1-5x_2-x_3=1 \\ -x_1+5x_2+x_3=2 \\ x_1+x_3=0 \\ 5x_1-x_2+3x_3=4 \end{cases}$ 记为矩阵形式并写出它的增广矩阵.

解 该方程的矩阵形式与增广矩阵分别为

$$\begin{bmatrix} 4 & -5 & -1 \\ -1 & 5 & 1 \\ 1 & 0 & 1 \\ 5 & -1 & 3 \end{bmatrix}\begin{bmatrix} x_1 \\ x_2 \\ x_3 \end{bmatrix}=\begin{bmatrix} 1 \\ 2 \\ 0 \\ 4 \end{bmatrix}, \quad \tilde{A}=\begin{bmatrix} 4 & -5 & -1 & \vdots & 1 \\ -1 & 5 & 1 & \vdots & 2 \\ 1 & 0 & 1 & \vdots & 0 \\ 5 & -1 & 3 & \vdots & 4 \end{bmatrix}.$$

特别地，对未知数个数与方程个数相同的线性方程组 $A_n X=b$，在系数矩阵 A_n 可逆时，方程组的解为 $X=A_n^{-1}b$.

6.5.2 线性方程组解的判定

设线性方程组（*）$AX=b$ 的增广矩阵为

$$\tilde{A}=(A\vdots b)=\begin{bmatrix} a_{11} & a_{12} & \cdots & a_{1n} & \vdots & b_1 \\ a_{21} & a_{22} & \cdots & a_{2n} & \vdots & b_2 \\ \vdots & \vdots & & \vdots & \vdots & \vdots \\ a_{m1} & a_{m2} & \cdots & a_{mn} & \vdots & b_m \end{bmatrix}.$$

由初等行变换的定义可知 $\tilde{A}$ 总能在初等行变换下化为阶梯矩阵，即

$$\tilde{A} \xrightarrow{\text{初等行变换}} \begin{bmatrix} c_{11} & c_{12} & \cdots & c_{1j} & c_{1j+1} & \cdots & c_{1n} & d_1 \\ 0 & c_{22} & \cdots & c_{2j} & c_{2j+1} & \cdots & c_{2n} & d_2 \\ \vdots & \vdots & & \vdots & \vdots & & \vdots & \vdots \\ 0 & 0 & \cdots & c_{rj} & c_{rj+1} & \cdots & c_{rn} & d_r \\ 0 & 0 & \cdots & 0 & 0 & \cdots & 0 & d_{r+1} \\ 0 & 0 & \cdots & 0 & 0 & \cdots & 0 & 0 \\ \vdots & \vdots & & \vdots & \vdots & & \vdots & \vdots \\ 0 & 0 & \cdots & 0 & 0 & \cdots & 0 & 0 \end{bmatrix} \quad (***)$$

这个阶梯矩阵是经过初等行变换得到的，而初等行变换是线性方程组的同解变换，所以以阶梯矩阵所表示的线性方程组与原方程组同解.

例 6.17 求下列线性方程组的增广矩阵在初等行变换下的阶梯矩阵：

（1）$\begin{cases} x_1 - 2x_2 + x_3 = 0 \\ 2x_1 - 3x_2 + x_3 = -4 \\ 4x_1 - 3x_2 - 2x_3 = -2 \\ 3x_1 - 2x_3 = 5 \end{cases}$；

（2）$\begin{cases} x_1 - 2x_2 + x_3 = 0 \\ 2x_1 - 3x_2 + x_3 = -4 \\ 4x_1 - 3x_2 - 2x_3 = -2 \\ 3x_1 - 2x_3 = -42 \end{cases}$；

（3）$\begin{cases} x_1 - 2x_2 + x_3 = 0 \\ 2x_1 - 3x_2 + x_3 = -4 \\ 4x_1 - 3x_2 - x_3 = -20 \\ 3x_1 - 3x_3 = -24 \end{cases}$.

解 （1）$\tilde{A} = \begin{bmatrix} 1 & -2 & 1 & 0 \\ 2 & -3 & 1 & -4 \\ 4 & -3 & -2 & -2 \\ 3 & 0 & -2 & 5 \end{bmatrix} \xrightarrow[\substack{r_3-4r_1 \\ r_4-3r_1}]{r_2-2r_1} \begin{bmatrix} 1 & -2 & 1 & 0 \\ 0 & 1 & -1 & -4 \\ 0 & 5 & -6 & -2 \\ 0 & 6 & -5 & 5 \end{bmatrix}$

$\xrightarrow[\substack{r_4-6r_2}]{r_3-5r_2} \begin{bmatrix} 1 & -2 & 1 & 0 \\ 0 & 1 & -1 & -4 \\ 0 & 0 & -1 & 18 \\ 0 & 0 & 1 & 29 \end{bmatrix} \xrightarrow{r_4+r_3} \begin{bmatrix} 1 & -2 & 1 & 0 \\ 0 & 1 & -1 & -4 \\ 0 & 0 & -1 & 18 \\ 0 & 0 & 0 & 47 \end{bmatrix}$

（2）$\tilde{A} = \begin{bmatrix} 1 & -2 & 1 & 0 \\ 2 & -3 & 1 & -4 \\ 4 & -3 & -2 & -2 \\ 3 & 0 & -2 & -42 \end{bmatrix} \xrightarrow[\substack{r_3-4r_1 \\ r_4-3r_1}]{r_2-2r_1} \begin{bmatrix} 1 & -2 & 1 & 0 \\ 0 & 1 & -1 & -4 \\ 0 & 5 & -6 & -2 \\ 0 & 6 & -5 & -42 \end{bmatrix}$

$\xrightarrow[\substack{r_4-6r_2}]{r_3-5r_2} \begin{bmatrix} 1 & -2 & 1 & 0 \\ 0 & 1 & -1 & -4 \\ 0 & 0 & -1 & 18 \\ 0 & 0 & 1 & -18 \end{bmatrix} \xrightarrow{r_4+r_3} \begin{bmatrix} 1 & -2 & 1 & 0 \\ 0 & 1 & -1 & -4 \\ 0 & 0 & -1 & 18 \\ 0 & 0 & 0 & 0 \end{bmatrix}$

（3）　$\tilde{A} = \begin{bmatrix} 1 & -2 & 1 & \vdots & 0 \\ 2 & -3 & 1 & \vdots & -4 \\ 4 & -3 & -1 & \vdots & -20 \\ 3 & 0 & -3 & \vdots & -24 \end{bmatrix} \xrightarrow[\substack{r_2-2r_1 \\ r_3-4r_1 \\ r_4-3r_1}]{} \begin{bmatrix} 1 & -2 & 1 & \vdots & 0 \\ 0 & 1 & -1 & \vdots & -4 \\ 0 & 5 & -5 & \vdots & -20 \\ 0 & 6 & -6 & \vdots & -24 \end{bmatrix} \xrightarrow[\substack{r_3-5r_2 \\ r_4-6r_2}]{} \begin{bmatrix} 1 & -2 & 1 & \vdots & 0 \\ 0 & 1 & -1 & \vdots & -4 \\ 0 & 0 & 0 & \vdots & 0 \\ 0 & 0 & 0 & \vdots & 0 \end{bmatrix}$

可得增广矩阵的秩分别为 4、3、2，其中被消为 0 的行表示原方程组中的多余方程，而阶梯矩阵中的非 0 行则表示原方程组中对求解有用的方程．与该例中方程组（1）同解的方

程组为 $\begin{cases} x_1 - 2x_2 + x_3 = 0 \\ x_2 - x_3 = -4 \\ -x_3 = 18 \\ 0 = 47 \end{cases}$，其中 $0 = 47$ 显然是不对的，称为矛盾方程，所以方程组（1）没

有解．而方程组（2）（3）中虽然出现了多余的方程，但没有矛盾方程出现，所以方程组（2）（3）有解．由此可见方程组是否有解由方程组是否含有矛盾方程所决定．一般情况下，线性方程组（*）是否有解取决于其对应的阶梯矩阵（***）最后一列中元素 d_{r+1} 是否为 0．当 $d_{r+1} = 0$ 时方程组没有矛盾方程，则方程组有解．

若线性方程组 $AX = b$，有：

（1）当 $r(A) = r(\tilde{A})$ 时，方程组有解；

（2）当 $r(A) = r(\tilde{A}) = n$（未知数个数）时，方程组有唯一解；

（3）当 $r(A) = r(\tilde{A}) < n$ 时，方程组有无穷多解．

当 $d_{r+1} \neq 0$ 时有矛盾方程存在，这时方程组无解．

在例 2.2 中方程组（1）有 $r(A) = 3$，而 $r(\tilde{A}) = 4$，所以方程组无解；在方程组（2）中有 $r(A) = r(\tilde{A}) = 3 = n$（未知数个数），所以方程组有唯一解；在方程组（3）中有 $r(A) = r(\tilde{A}) = 2 < 3 = n$，所以方程组有无穷多解．

特别地，对线性齐次方程组（**）：

$$\begin{cases} a_{11}x_1 + a_{12}x_2 + \cdots + a_{1n}x_n = 0 \\ a_{21}x_1 + a_{22}x_2 + \cdots + a_{2n}x_n = 0 \\ \cdots\cdots\cdots\cdots \\ a_{m1}x_1 + a_{m2}x_2 + \cdots + a_{mn}x_n = 0 \end{cases},$$

显然当 $x_1 = x_2 = \cdots = x_n = 0$，即 $X = (0 \quad 0 \quad \cdots \quad 0)^{\mathrm{T}}$ 时是方程组（**）的解，称为 0 解，也称为平凡解．事实上，线性齐次方程组（**）的增广矩阵为

$$\tilde{A} = \begin{bmatrix} a_{11} & a_{12} & \cdots & a_{1n} & \vdots & 0 \\ a_{21} & a_{22} & \cdots & a_{2n} & \vdots & 0 \\ \vdots & \vdots & & \vdots & \vdots & \vdots \\ a_{m1} & a_{m2} & \cdots & a_{mn} & \vdots & 0 \end{bmatrix}$$

最后一列全为 0，所以 $\tilde{A}$ 在初等行变换下永远有 $r(A) = r(\tilde{A})$．因此齐次方程组（**）永远有解，至少它有平凡解（0 解）．故在讨论齐次方程组的解时只需对系数矩阵 A 进行初等行变换即可．对齐次方程组有如下结论：

若齐次方程组 $AX = 0$，当① $r(A) = n$（未知数个数）时，只有 0 解；② $r(A) < n$（未知数个数）时，有非 0 解.

6.6　高斯消元法

这一节我们讨论方程组如何求解. 由于矩阵的初等行变换来源于方程组的变形规则，也就是方程组的"同解变换"，所以方程组求解可以在其对应的增广矩阵 $\tilde{A}$ 上进行，这就是所谓的"高斯消元法". 其方法是：写出方程组的增广矩阵 $\tilde{A}$ $\xrightarrow{\text{初等行变换}}$ 阶梯矩阵（或行最简阶梯矩阵）$\longrightarrow$ 写出同解方程组 $\longrightarrow$ 求解 $\longrightarrow$ 将解记为矩阵形式.

例 6.18　求解线性方程组 $\begin{cases} 2x_1 + 5x_2 + 3x_3 - 2x_4 = 3 \\ -3x_1 - x_2 + 2x_3 + x_4 = -4 \\ -2x_1 + 3x_2 - 4x_3 - 7x_4 = -13 \\ x_1 + 2x_2 + 4x_3 + x_4 = 4 \end{cases}$.

解　由高斯消元法有

$$\tilde{A} = \begin{bmatrix} 2 & 5 & 3 & -2 & 3 \\ -3 & -1 & 2 & 1 & -4 \\ -2 & 3 & -4 & -7 & -13 \\ 1 & 2 & 4 & 1 & 4 \end{bmatrix} \xrightarrow{(r_1, r_4)} \begin{bmatrix} 1 & 2 & 4 & 1 & 4 \\ -3 & -1 & 2 & 1 & -4 \\ -2 & 3 & -4 & -7 & -13 \\ 2 & 5 & 3 & -2 & 3 \end{bmatrix}$$

$$\xrightarrow[\substack{r_2+3r_1 \\ r_3+2r_1 \\ r_4-2r_1}]{} \begin{bmatrix} 1 & 2 & 4 & 1 & 4 \\ 0 & 5 & 14 & 4 & 8 \\ 0 & 7 & 4 & -5 & -5 \\ 0 & 1 & -5 & -4 & -5 \end{bmatrix} \xrightarrow{(r_2, r_4)} \begin{bmatrix} 1 & 2 & 4 & 1 & 4 \\ 0 & 1 & -5 & -4 & -5 \\ 0 & 7 & 4 & -5 & -5 \\ 0 & 5 & 14 & 4 & 8 \end{bmatrix}$$

$$\xrightarrow[\substack{r_3-7r_2 \\ r_4-5r_2}]{} \begin{bmatrix} 1 & 2 & 4 & 1 & 4 \\ 0 & 1 & -5 & -4 & -5 \\ 0 & 0 & 39 & 23 & 30 \\ 0 & 0 & 39 & 24 & 33 \end{bmatrix} \xrightarrow{r_4-r_3} \begin{bmatrix} 1 & 2 & 4 & 1 & 4 \\ 0 & 1 & -5 & -4 & -5 \\ 0 & 0 & 39 & 23 & 30 \\ 0 & 0 & 0 & 1 & 3 \end{bmatrix}$$

$$\xrightarrow[\substack{r_3-23r_4 \\ r_2+4r_4 \\ r_1-r_4}]{} \begin{bmatrix} 1 & 2 & 4 & 0 & 1 \\ 0 & 1 & -5 & 0 & 7 \\ 0 & 0 & 39 & 0 & -39 \\ 0 & 0 & 0 & 1 & 3 \end{bmatrix} \xrightarrow{r_3 \div 39} \begin{bmatrix} 1 & 2 & 4 & 0 & 1 \\ 0 & 1 & -5 & 0 & 7 \\ 0 & 0 & 1 & 0 & -1 \\ 0 & 0 & 0 & 1 & 3 \end{bmatrix}$$

$$\xrightarrow[\substack{r_2+5r_3 \\ r_1-4r_3}]{} \begin{bmatrix} 1 & 2 & 0 & 0 & 5 \\ 0 & 1 & 0 & 0 & 2 \\ 0 & 0 & 1 & 0 & -1 \\ 0 & 0 & 0 & 1 & 3 \end{bmatrix} \xrightarrow{r_1-2r_2} \begin{bmatrix} 1 & 0 & 0 & 0 & 1 \\ 0 & 1 & 0 & 0 & 2 \\ 0 & 0 & 1 & 0 & -1 \\ 0 & 0 & 0 & 1 & 3 \end{bmatrix}$$

所以原方程组的同解方程为 $\begin{cases} x_1 = 1 \\ x_2 = 2 \\ x_3 = -1 \\ x_4 = 3 \end{cases}$ ，可记为矩阵形式 $X = (1 \quad 2 \quad -1 \quad 3)^{\mathrm{T}}$.

由该例可以看到在对 $\tilde{A}$ 作初等行变换时，将其化为最简形矩阵后方程组最后的求解就非常方便．这可以看出化最简型矩阵的好处．

例 6.19 求解线性方程组 $\begin{cases} x_1 + x_2 + x_3 + x_4 = 4 \\ 2x_1 + 3x_2 + x_3 + x_4 = 9 \\ -3x_1 + 2x_2 - 8x_3 - 8x_4 = -4 \end{cases}$.

解 $\tilde{A} = \begin{bmatrix} 1 & 1 & 1 & 1 & 4 \\ 2 & 3 & 1 & 1 & 9 \\ -3 & 2 & -8 & -8 & -4 \end{bmatrix} \xrightarrow[r_3 + 3r_1]{r_2 - 2r_1} \begin{bmatrix} 1 & 1 & 1 & 1 & 4 \\ 0 & 1 & -1 & -1 & 1 \\ 0 & 5 & -5 & -5 & 8 \end{bmatrix}$

$\xrightarrow{r_3 - 5r_2} \begin{bmatrix} 1 & 1 & 1 & 1 & 4 \\ 0 & 1 & -1 & -1 & 1 \\ 0 & 0 & 0 & 0 & 3 \end{bmatrix}$

故 $r(A) = 2 \neq 3 = r(\tilde{A})$ ，因此该方程组无解．

例 6.20 求解线性方程组 $\begin{cases} x_1 + x_2 + x_3 + 2x_4 = 3 \\ 2x_1 - x_2 + 3x_3 + 8x_4 = 8 \\ -3x_1 + 2x_2 - x_3 - 9x_4 = -5 \\ x_2 - 2x_3 - 3x_4 = -4 \end{cases}$.

解 $\tilde{A} = \begin{bmatrix} 1 & 1 & 1 & 2 & 3 \\ 2 & -1 & 3 & 8 & 8 \\ -3 & 2 & -1 & -9 & -5 \\ 0 & 1 & -2 & -3 & -4 \end{bmatrix} \xrightarrow[r_3 + 3r_1]{r_2 - 2r_1} \begin{bmatrix} 1 & 1 & 1 & 2 & 3 \\ 0 & -3 & 1 & 4 & 2 \\ 0 & 5 & 2 & -3 & 4 \\ 0 & 1 & -2 & -3 & -4 \end{bmatrix}$

$\xrightarrow{(r_2, r_4)} \begin{bmatrix} 1 & 1 & 1 & 2 & 3 \\ 0 & 1 & -2 & -3 & -4 \\ 0 & 5 & 2 & -3 & 4 \\ 0 & -3 & 1 & 4 & 2 \end{bmatrix} \xrightarrow[r_4 + 3r_2]{r_3 - 5r_2} \begin{bmatrix} 1 & 1 & 1 & 2 & 3 \\ 0 & 1 & -2 & -3 & -4 \\ 0 & 0 & 12 & 12 & 24 \\ 0 & 0 & -5 & -5 & -10 \end{bmatrix}$

$\xrightarrow[-r_4/5]{r_3/12} \begin{bmatrix} 1 & 1 & 1 & 2 & 3 \\ 0 & 1 & -2 & -3 & -4 \\ 0 & 0 & 1 & 1 & 2 \\ 0 & 0 & 1 & 1 & 2 \end{bmatrix} \xrightarrow{r_4 - r_3} \begin{bmatrix} 1 & 1 & 1 & 2 & 3 \\ 0 & 1 & -2 & -3 & -4 \\ 0 & 0 & 1 & 1 & 2 \\ 0 & 0 & 0 & 0 & 0 \end{bmatrix}$

$\xrightarrow[r_2 + 2r_3]{r_1 - r_3} \begin{bmatrix} 1 & 1 & 0 & 1 & 1 \\ 0 & 1 & 0 & -1 & 0 \\ 0 & 0 & 1 & 1 & 2 \\ 0 & 0 & 0 & 0 & 0 \end{bmatrix} \xrightarrow{r_1 - r_2} \begin{bmatrix} 1 & 0 & 0 & 2 & 1 \\ 0 & 1 & 0 & -1 & 0 \\ 0 & 0 & 1 & 1 & 2 \\ 0 & 0 & 0 & 0 & 0 \end{bmatrix}$.

这里有 $r(A) = r(\tilde{A}) = 3 < 4 = n$ ，所以该方程组有无穷多解．该方程组的同解方程组为

$$\begin{cases} x_1 + 0 + 0 + 2x_4 = 1 \\ 0 + x_2 + 0 - x_4 = 0 \\ 0 + 0 + x_3 + x_4 = 2 \end{cases}.$$

该方程组中有 4 个未知数却只有 3 个方程，所以必有一个未知数为自由未知数，它的取值决定了其余 3 个未知数的值．因此我们令自由未知数为 x_4 的方程组的解为

$$\begin{cases} x_1 = 1 - 2x_4 \\ x_2 = 0 + x_4 \\ x_3 = 2 - x_4 \end{cases}, \text{补上 } x_4 \text{ 得} \begin{cases} x_1 = 1 - 2x_4 \\ x_2 = 0 + x_4 \\ x_3 = 2 - x_4 \\ x_4 = 0 + x_4 \end{cases}, \text{得解的矩阵形式为}$$

$$X = \begin{bmatrix} 1 \\ 0 \\ 2 \\ 0 \end{bmatrix} + k \begin{bmatrix} -2 \\ 1 \\ -1 \\ 1 \end{bmatrix} = (1 \quad 0 \quad 2 \quad 0)^{\mathrm{T}} + k(-2 \quad 1 \quad -1 \quad 1)^{\mathrm{T}}, \text{其中 } k \text{ 为任意常数.}$$

k 的不同取值就决定了方程组的不同的解，所以这种解的表达式代表了方程组无穷多个解，理论上可以保证它表示了方程组的所有解．这种解我们称为线性方程组的通解．

通过以上三个例子可以看到，在线性方程组仅有唯一解和无解时的讨论都是很简单的，只有在方程组有无穷多解时，问题的讨论要复杂些．下面我们对线性方程组有无穷多解的情况加以讨论．

线性方程组（*）有无穷多解 $\Leftrightarrow r(A) = r(\tilde{A}) = r < n$ （未知数个数）．

其中系数矩阵 A 与增广矩阵 $\tilde{A}$ 的秩 r 表示线性方程组中对求解方程组真正有用的方程个数．因为 $r < n$，即用于求解未知数的方程个数低于未知数个数，也就是说，这时只能从中解出 r 个未知数，其余 $n-r$ 个未知数只能人为地视为已知数（常数）来求解．这 $n-r$ 个未知数我们将其称为自由未知数（即可以自由取值的未知数），它们的取值决定了其余 r 个未知数的值，而且正是这 $n-r$ 个自由未知数的自由性导致方程组的解有无穷多个．所以当 $r(A) = r(\tilde{A}) = r < n$ 时，我们保留阶梯矩阵中 r 个非 0 行的第一个未知数，其余 $n-r$ 个为自由未知数，然后来求解方程组．

显然以上讨论对齐次方程组同样有效．

例 6.21 求解齐次方程组 $\begin{cases} x_1 + x_2 + x_3 + x_4 + x_5 = 0 \\ 3x_1 + 2x_2 + x_3 - 3x_5 = 0 \\ x_2 + 2x_3 + 3x_4 + 6x_5 = 0 \\ 5x_1 + 4x_2 + 3x_3 + 2x_4 + x_5 = 0 \end{cases}$．

解 对齐次方程组只需对系数矩阵进行变换即可，于是有

$$A = \begin{bmatrix} 1 & 1 & 1 & 1 & 1 \\ 3 & 2 & 1 & 0 & -3 \\ 0 & 1 & 2 & 3 & 6 \\ 5 & 4 & 3 & 2 & 1 \end{bmatrix} \xrightarrow[r_4-5r_1]{r_2-3r_1} \begin{bmatrix} 1 & 1 & 1 & 1 & 1 \\ 0 & -1 & -2 & -3 & -6 \\ 0 & 1 & 2 & 3 & 6 \\ 0 & -1 & -2 & -3 & -4 \end{bmatrix}$$

$$\xrightarrow[r_4+r_3]{r_2+r_3} \begin{bmatrix} 1 & 1 & 1 & 1 & 1 \\ 0 & 0 & 0 & 0 & 0 \\ 0 & 1 & 2 & 3 & 6 \\ 0 & 0 & 0 & 0 & 2 \end{bmatrix} \xrightarrow[(r_3,r_4)]{\substack{(r_2,r_3) \\ r_4\div 2}} \begin{bmatrix} 1 & 1 & 1 & 1 & 1 \\ 0 & 1 & 2 & 3 & 6 \\ 0 & 0 & 0 & 0 & 1 \\ 0 & 0 & 0 & 0 & 0 \end{bmatrix}$$

$$\xrightarrow[r_1-r_3]{r_2-6r_3} \begin{bmatrix} 1 & 1 & 1 & 1 & 0 \\ 0 & 1 & 2 & 3 & 0 \\ 0 & 0 & 0 & 0 & 1 \\ 0 & 0 & 0 & 0 & 0 \end{bmatrix} \xrightarrow{r_1-r_2} \begin{bmatrix} 1 & 0 & -1 & -2 & 0 \\ 0 & 1 & 2 & 3 & 0 \\ 0 & 0 & 0 & 0 & 1 \\ 0 & 0 & 0 & 0 & 0 \end{bmatrix}.$$

$r(A)=r=3<5=n$，方程组有非 0 解，令 x_3、x_4 为自由未知数，得方程组的解为

$$\begin{cases} x_1=x_3+2x_4 \\ x_2=-2x_3-3x_4 \\ x_3=x_3 \\ x_4=x_4 \\ x_5=0 \end{cases} \Rightarrow X=k_1\begin{bmatrix} 1 \\ -2 \\ 1 \\ 0 \\ 0 \end{bmatrix}+k_2\begin{bmatrix} 2 \\ -3 \\ 0 \\ 1 \\ 0 \end{bmatrix}$$ 为方程组的通解，也可以表示为

$X=k_1(1 \ -2 \ 1 \ 0 \ 0)^{\mathrm{T}}+k_2(2 \ -3 \ 0 \ 1 \ 0)^{\mathrm{T}}$，其中 k_1、k_2 为任意常数，当它们取值不全为 0 时可得到该齐次方程组的非 0 解.

用消元法解线性方程组应注意的问题：

（1）对增广矩阵 $\tilde{A}$（而不是系数矩阵 A）进行初等行变换后的矩阵与前面的矩阵之间不能写等号"＝"，只能写箭头"→"；

（2）最后的矩阵一定要化成阶梯矩阵或行最简阶梯矩阵；

（3）不要认为方程个数小于（大于）未知量个数的线性方程组一定有解（无解）.

6.7 线性方程组的综合应用

例 6.22 交通流量.

如图 6.1 所示，某城市市区的交叉路口由两条单向车道组成. 图 6.1 中给出了在交通高峰时段每小时进入和离开路口的车辆数，计算在 4 个交叉路口间车辆的数量.

解 在每一个路口，必有进入的车辆数与离开的车辆数相等. 例如，在路口 A，进入该路口的车辆数为 x_1+450，离开路口的车辆为 x_2+610. 因此

$$x_1+450=x_2+610 \qquad （路口 A）.$$

类似地，有

$$x_2+520=x_3+480 \qquad （路口 B），$$
$$x_3+390=x_4+600 \qquad （路口 C），$$
$$x_4+640=x_1+310 \qquad （路口 D）.$$

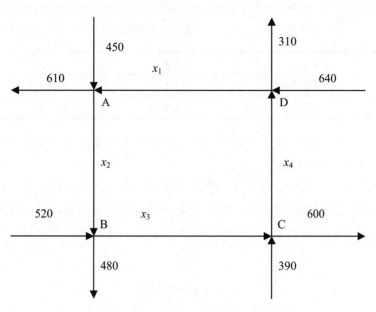

图 6.1 交叉路口车辆通行数量分析示意图

此方程组的增广矩阵为

$$\tilde{A} = \begin{bmatrix} 1 & -1 & 0 & 0 & 160 \\ 0 & 1 & -1 & 0 & -40 \\ 0 & 0 & 1 & -1 & 210 \\ -1 & 0 & 0 & 1 & -330 \end{bmatrix} \rightarrow \begin{bmatrix} 1 & 0 & 0 & -1 & 330 \\ 0 & 1 & 0 & -1 & 170 \\ 0 & 0 & 1 & -1 & 210 \\ 0 & 0 & 0 & 0 & 0 \end{bmatrix}.$$

该方程组是相容的，由于方程组中存在一个自由变量，因此有无穷多组解，而图 6.1 并没有给出足够的信息来确定唯一的 x_1、x_2、x_3 和 x_4.

如果知道某一路口的车辆数量，则其他路口的车辆数量即可求得．例如，在路口 C 和 D 之间的平均车辆数量为 $x_4 = 200$，则相应的 x_1、x_2 和 x_3 分别为

$$x_1 = x_4 + 330 = 530,$$
$$x_2 = x_4 + 170 = 370,$$
$$x_3 = x_4 + 210 = 410.$$

例 6.23 商品交换的经济模型．

假设一个原始社会的部落中，人们从事三种职业：农业生产、工具和器皿的手工制作、缝制衣物．最初，假设部落中不存在货币制度，所有的商品和服务均进行实物交换．我们记这三类人为 F、M 和 C，并假设有如图 6.2 所示的实际的实物交易系统．

图 6.2 说明，农民将他们收成的一半留给自己、四分之一给手工业者，并将剩下的四分之一给制衣工人；手工业者将他们的产品平均分为三份，每一类成员各得到一份；制衣工人将一半的衣物给农民，并将剩余的一半平均分给手工业者和他们自己．综上所述，可得如下表格：

产品 人群	农产品	工具和器皿	缝制衣物
F	1/2	1/3	1/2
M	1/4	1/3	1/4
C	1/4	1/3	1/4

该表格的第一列表示农民生产产品的分配、第二列表示手工业者生产产品的分配、第三列表示制衣工人生产产品的分配.

当部落规模增大时，实物交易系统就变得非常复杂，因此部落决定使用货币系统. 对这个简单的经济体系，我们假设没有资本的积累和债务，并且每一种产品的价格均可反映实物交换系统中产品的价值. 问题是，如何给三种产品定价，才可以公平地体现当前的实物交易系统.

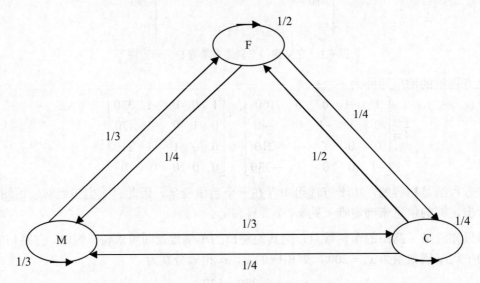

图 6.2　商品交换的经济模型

这个问题可以利用诺贝尔奖获得者——经济学家列昂惕夫提出的经济模型转化为线性方程组模型. 对于这个模型，我们令 x_1 为所有农产品的价值，x_2 为所有手工业产品的价值，x_3 为所有服装的价值. 由表格的第一行知，农民获得的产品价值是所有农产品价值的一半，加上 $\frac{1}{3}$ 的手工业产品的价值，再加上 $\frac{1}{2}$ 的服装价值. 因此，农民总共得到的产品价值为

$$\frac{1}{2}x_1 + \frac{1}{3}x_2 + \frac{1}{2}x_3 = x_1,$$

利用表格的第二行，将手工业者得到和制造的产品价值写成方程，我们得到第二个方程:

$$\frac{1}{4}x_1 + \frac{1}{3}x_2 + \frac{1}{4}x_3 = x_2,$$

最后，利用表格的第三行我们得到

$$\frac{1}{4}x_1 + \frac{1}{3}x_2 + \frac{1}{4}x_3 = x_3.$$

这些方程可写成齐次方程组：

$$\begin{cases} -\dfrac{1}{2}x_1 + \dfrac{1}{3}x_2 + \dfrac{1}{2}x_3 = 0 \\[2mm] \dfrac{1}{4}x_1 - \dfrac{2}{3}x_2 + \dfrac{1}{4}x_3 = 0 \\[2mm] \dfrac{1}{4}x_1 + \dfrac{1}{3}x_2 - \dfrac{3}{4}x_3 = 0 \end{cases}$$

该方程组对应的增广矩阵的行最简形式为

$$\begin{bmatrix} 1 & 0 & -\dfrac{5}{3} & 0 \\[2mm] 0 & 1 & -1 & 0 \\[2mm] 0 & 0 & 0 & 0 \end{bmatrix}$$

它有一个自由变量 x_3. 令 $x_3 = 3$，我们得到解 $(5,3,3)$，并且通解包含所有 $(5,3,3)$ 的倍数. 由此可得，变量 x_1、x_2、x_3 应按下面的比例取值：

$$x_1 : x_2 : x_3 = 5 : 3 : 3 .$$

这个简单的封闭系统是列昂惕夫模型的例子. 列昂惕夫模型是我们理解经济体系的基础，在现代应用中会包含成千上万的工厂并得到一个非常庞大的线性方程组.

习题 6

1. 设 $A = \begin{pmatrix} 1 & 2 \\ 4 & 0 \\ -1 & 3 \end{pmatrix}$，$B = \begin{pmatrix} -1 & 2 & 0 \\ 3 & -1 & 1 \end{pmatrix}$，求 $(A + B^{\mathrm{T}})^{\mathrm{T}}$.

2. 设 $A = \begin{bmatrix} 3 & 1 & 0 \\ -1 & 2 & 1 \\ 3 & 4 & 2 \end{bmatrix}$，$B = \begin{bmatrix} 1 & 0 & 2 \\ -1 & 1 & 1 \\ 2 & 1 & 1 \end{bmatrix}$，求出 X 满足 $3A - X = B$.

3. 计算下列矩阵的乘积：

（1）$\begin{bmatrix} 1 & 2 & 3 \\ 2 & 4 & 6 \\ 3 & 6 & 9 \end{bmatrix}\begin{bmatrix} -1 & -2 & -4 \\ -1 & -2 & -4 \\ 1 & 2 & 4 \end{bmatrix}$；

（2）$\begin{bmatrix} 2 & 1 & -2 \\ 1 & 0 & 4 \\ -3 & 1 & 0 \\ 0 & 1 & 1 \end{bmatrix}\begin{bmatrix} 3 & 1 & 0 \\ 0 & 0 & 1 \\ -1 & 2 & 0 \end{bmatrix}$.

4. 求下列矩阵的秩：

（1）$\begin{pmatrix} 3 & 4 & 3 \\ 1 & 2 & 3 \\ 2 & 2 & 1 \end{pmatrix}$；

（2）$\begin{pmatrix} 1 & 2 & 3 \\ 3 & 4 & 6 \\ 3 & 6 & 6 \end{pmatrix}$；

（3）$\begin{pmatrix} 1 & 1 & 1 & 0 \\ 1 & 1 & 1 & 0 \\ 1 & 1 & 1 & 0 \end{pmatrix}$；

（4）$\begin{pmatrix} 1 & 2 & -1 & 0 \\ 1 & 1 & 1 & 1 \\ 1 & 2 & 1 & 2 \end{pmatrix}$；

（5）$\begin{pmatrix} 1 & 1 & 0 & 0 \\ 1 & 0 & 1 & 1 \\ 2 & -1 & 3 & 3 \end{pmatrix}$；

（6）$\begin{pmatrix} 1 & 0 & 1 & 0 \\ 2 & 1 & -1 & -3 \\ 1 & 0 & -3 & -1 \\ 0 & 2 & -6 & 3 \end{pmatrix}$．

5．求下列矩阵的逆矩阵：

（1）$\begin{pmatrix} 1 & 2 \\ 3 & 4 \end{pmatrix}$；

（2）$\begin{pmatrix} 0 & 1 & 1 \\ 1 & 0 & 1 \\ -2 & 3 & 2 \end{pmatrix}$；

（3）$\begin{pmatrix} 3 & 2 & 1 \\ 3 & 1 & 5 \\ 3 & 2 & 3 \end{pmatrix}$．

6．解下列矩阵方程：

（1）$\begin{bmatrix} 3 & -1 \\ -4 & 2 \end{bmatrix} X = \begin{bmatrix} -1 & 5 \\ 2 & -6 \end{bmatrix}$；

（2）$\begin{bmatrix} 2 & 2 & 3 \\ 1 & -1 & 0 \\ -1 & 2 & 1 \end{bmatrix} X = \begin{bmatrix} 4 & 2 & 3 \\ 1 & 1 & 0 \\ -1 & 2 & 3 \end{bmatrix}$．

7．λ 取何值时线性方程组 $\begin{cases} x_1 - x_2 - x_3 = 1 \\ 2x_1 - x_2 - x_3 = 3 \\ -3x_1 + 2x_2 + 2x_3 = \lambda \end{cases}$ 有解，并求解．

8．求线性方程组 $\begin{cases} x_1 - 5x_2 + 2x_3 - 3x_4 = 11 \\ -3x_1 + x_2 - 4x_3 + 2x_4 = -5 \\ -x_1 - 9x_2 - 4x_4 = 17 \\ 5x_1 + 3x_2 + 6x_3 - x_4 = -1 \end{cases}$ 的全部解．

9．设齐次线性方程组 $AX = 0$，已知 $A \xrightarrow{\text{初等行变换}} \begin{pmatrix} 1 & -1 & 3 & 0 \\ 0 & 1 & 1 & 2 \\ 0 & 0 & 1 & 1 \\ 0 & 0 & 0 & t-1 \end{pmatrix}$，求：（1）$t$ 取何值时，$AX = 0$ 有非零解；（2）$AX = 0$ 的全部解．

10．判断齐次线性方程组 $\begin{cases} 2x_1 + 2x_2 - x_3 = 0 \\ x_1 - 2x_2 + 4x_3 = 0 \\ 5x_1 + 8x_2 - 2x_3 = 0 \end{cases}$ 是否只有零解．

11．判别下列齐次线性方程组是否有非零解，若有非零解求其通解及基础解系：

（1）$\begin{cases} x_1 + 2x_2 + 2x_3 = 0 \\ -5x_2 - x_3 = 0 \\ 3x_1 + x_2 + 5x_3 = 0 \\ -2x_1 + x_2 - 3x_3 = 0 \end{cases}$；

（2）$\begin{cases} x_1 - 2x_2 + 4x_3 - 7x_4 = 0 \\ 2x_1 + x_2 - 2x_3 + 3x_4 = 0 \\ 3x_1 - x_2 + 2x_3 - 4x_4 = 0 \end{cases}$．

12. 求解下列线性方程组：

（1） $\begin{cases} 2x_1 - x_2 + 3x_3 = 3 \\ 3x_1 + x_2 - 5x_3 = 0 \\ 4x_1 - x_2 + x_3 = 3 \\ x_1 + 3x_2 - 13x_3 = -6 \end{cases}$ ； （2） $\begin{cases} x_1 + x_2 + x_3 + x_4 + x_5 = 7 \\ 3x_1 + 2x_2 + x_3 + x_4 - 3x_5 = -2 \\ x_2 + 2x_3 + 2x_4 + 6x_5 = 23 \\ 5x_1 + 4x_2 + 3x_3 + 3x_4 - x_5 = 12 \end{cases}$.

第 7 章　探索博弈中的奥秘——概率论

概率起源于对赌博问题的研究．早在 16 世纪，意大利学者卡丹与塔塔里亚等人就已经从数学角度研究过赌博问题．除了赌博之外，他们的研究还与当时的人口、保险业等有关，但由于卡丹与塔塔里亚等人的思想并未引起重视，概率概念的要旨也不明确，于是很快被人淡忘了．

概率概念的要旨只是在 17 世纪中叶法国数学家帕斯卡与费马的讨论中才比较明确．他们在往来的信函中讨论"合理分配赌注问题"，下面是该问题的描述。

甲、乙两人同掷一枚硬币．规定：正面朝上，甲得一点；若反面朝上，乙得一点，先积满 3 点者赢取全部赌注．假定在甲得 2 点、乙得 1 点时，赌局由于某种原因中止了，问应该怎样分配赌注才算公平合理？

帕斯卡：若再掷一次，甲胜，甲获全部赌注；乙胜，甲、乙平分赌注．两种情况可能性相同，所以这两种情况平均一下，甲应得赌金的 3/4，乙得赌金的 1/4．

费马：结束赌局至多还要 2 局，结果为 4 种等可能的情况：

情况　　1　　2　　3　　4

胜者　甲甲　甲乙　乙甲　乙乙

前三种情况，甲获全部赌金，仅第四种情况，乙获全部赌注．所以甲分得赌金的 3/4，乙得赌金的 1/4．

帕斯卡与费马用各自不同的方法解决了这个问题．虽然他们在解答中没有明确定义概念，但是，他们定义了使某赌徒取胜的可能性，也就是赢得情况数与所有可能情况数的比，这实际上就是概率，所以概率的发展被认为是从帕斯卡与费马开始的．

从 17 世纪到 19 世纪，贝努利、隶莫弗、拉普拉斯、高斯、普阿松、切贝谢夫、马尔可夫等著名数学家都对概率论的发展做出了杰出的贡献．在这段时间里，概率论的发展简直到了使人着迷的程度．但是，随着概率论中各个领域获得大量成果，以及概率论在其他基础学科和工程技术上的应用，由拉普拉斯给出的概率定义的局限性很快便暴露了出来，甚至无法适用于一般的随机现象．因此到 20 世纪初，概率论的一些基本概念，诸如概率等还没有确切的定义，概率论作为一个数学分支，缺乏严格的理论基础．

为概率论确定严密的理论基础的是数学家柯尔莫哥洛夫．1933 年，他发表了著名的《概率论的基本概念》，用公理化结构明确定义了概率论，成为了概率论发展史上的一个里程碑，为以后的概率论的迅速发展奠定了基础．

20 世纪以来，由于物理学、生物学、工程技术、农业技术和军事技术发展的推动，概率论飞速发展，理论课题不断扩大与深入，应用范围大大拓宽．在最近几十年中，概率论的方法被引入各个工程技术学科和社会学科．目前，概率论在近代物理、自动控制、地震预报和气象预报、工厂产品质量控制、农业试验和公用事业等方面都得到了重要应用。越来越多的概率论方法被引入到经济、金融和管理科学等领域，成为它们的有力工具.

7.1 随机事件

7.1.1 随机事件

在自然界存在着两类不同的现象. 一类是在相同条件下进行试验或观察时，其结果可以事先预言的现象，称为确定性现象（必然现象）. 例如，水在标准大气压下加热到 100℃会沸腾就是一种确定性现象. 另一类是在相同条件下进行一系列的试验或观察时，会得到不同的结果，即每次试验的结果无法事先预言的现象，称为随机现象. 例如，抛掷一枚硬币，我们无法预言它是出现正面还是反面，这就是一种随机现象. 随机现象带有随机性、偶然性，即随时都发生也可能不发生的现象.

定义 7.1 在一项试验中，若每次试验的可能结果不止一个，且事先不能肯定会出现哪一个结果，这样的试验称为随机试验.

定义 7.2 在随机试验中，可能发生也可能不发生的事件称为随机事件，简称事件，用字母 A、B、C 表示. 在一定条件下必定发生的事件称为必然事件，用 Ω 表示. 在一定条件下，绝对不发生的事件称为不可能事件，用 $\varnothing$ 表示.

例 7.1 抛两枚均匀的硬币，观察正反面出现的情况（显然，这是一个随机试验）.

A 表示"两个都是正面朝上"，B 表示"两个都是正面朝下"，C 表示"一个正面朝上，一个正面朝下"，A、B、C 都是随机试验. 而"两枚硬币的正面或反面之一朝上"是一个必然事件，"两枚硬币的正面和反面都朝上"是一个不可能事件.

由此可知，一个随机试验有各种各样的可能结果，这些结果中有的比较简单，有的比较复杂.

定义 7.3 一个试验的最基本的可能结果（即在研究中不可再拆分）称为基本事件，由若干基本事件组合而成的结果称为复合事件.

定义 7.4 称全体基本事件的集合为样本空间，每一个基本事件都称为样本点. 显然，任一事件都是样本空间的子集.

7.1.2 事件间的关系与运算

由于一个试验涉及的许多事件并不是孤立的，为了描述它们之间的某些联系，我们引入以下概念：

事件的包含与相等： 若事件 A 发生时事件 B 一定发生，称事件 A 包含事件 B，或称 B 包含于 A，记为 $A \supseteq B$ 或 $B \subseteq A$. 若 $B \supseteq A$ 且 $B \subseteq A$，则称 A 与 B 相等，记为 $A = B$.

和事件： 事件 A 与事件 B 中至少有一个发生，称为 A 与 B 的和事件，记为 $A + B$.

积事件：事件 A 与事件 B 均发生的事件，称为 A 与 B 的积事件，记为 AB.

互不相容事件：事件 A 与事件 B 不能同时发生，即 $AB=\varnothing$，称事件 A 与事件 B 互不相容或互斥.

对立事件：称事件"非 A"为 A 的对立事件，也称 A 的逆，记为 $\overline{A}$. $A\overline{A}=\varnothing$，$A+\overline{A}=\Omega$.

差事件：事件 A 发生而事件 B 不发生的事件，称为 A 与 B 的差事件，记为 $A-B=A\overline{B}$.

由于任一事件都是样本空间的子集，故概率论中事件之间的关系和运算与集合论中集合之间的关系是一致的，即事件的运算满足

（1）交换律：$A+B=B+A$, $AB=BA$.

（2）结合律：$A+(B+C)=(A+B)+C$, $A(BC)=(AB)C$.

（3）分配律：$A(B+C)=AB+AC$, $A+(BC)=(A+B)(A+C)$.

（4）摩根律：$\overline{A+B}=\overline{A}\,\overline{B}$, $\overline{AB}=\overline{A}+\overline{B}$.

例 7.2 设 A、B、C 为 3 个事件，试用 A、B、C 分别表示下列事件：

（1）A、B、C 中至少有一个发生；

（2）A、B、C 中只有一个发生；

（3）A、B、C 中至多有一个发生.

解（1）$A\overline{B}\,\overline{C}+\overline{A}B\overline{C}+\overline{A}\,\overline{B}C+AB\overline{C}+A\overline{B}C+\overline{A}BC+ABC$.

（2）$A\overline{B}\,\overline{C}+\overline{A}B\overline{C}+\overline{A}\,\overline{B}C$.

（3）$A\overline{B}\,\overline{C}+\overline{A}B\overline{C}+\overline{A}\,\overline{B}C+\overline{A}\,\overline{B}\,\overline{C}$.

7.2　随机事件的概率

7.2.1　随机事件概率的定义

为了研究事件发生的可能性大小，需要用一个数值来描述，于是有如下定义.

定义 7.5 事件 A 发生的可能性大小称为事件 A 的概率，记为 $P(A)=p$.

对于任意事件 A 的概率具有以下性质：

（1）$0\leqslant P(A)\leqslant 1$, $P(\varnothing)=0$, $P(\Omega)=1$；

（2）$AB=\varnothing\Rightarrow P(A+B)=P(A)+P(B)$；

（3）$A\subset B\Rightarrow P(B-A)=P(B)-P(A)$；

（4）$P(A-B)=P(A-AB)=P(A)-P(AB)$；

（5）$P(\overline{A})=1-P(A)$.

例 7.3 设 A、B 为随机事件，$P(A)=0.5$，$P(A-B)=0.2$，求 $P(\overline{AB})$.

解 由（4）知 $P(A-B)=P(A-AB)=P(A)-P(AB)$，于是
$$P(AB)=P(A)-P(A-B)=0.5-0.2=0.3,$$
因此 $P(\overline{AB})=1-P(AB)=0.7$.

概率的定义虽然直观，但据此计算事件的概率是比较困难的．下面我们介绍一种在概率论发展史上最早研究的也是最基本的随机试验的概率计算类型——古典概型．

定义 7.6 若事件组 $A_1, A_2, A_3, \cdots, A_n$ 满足：

（1）$P(A_i) = \dfrac{1}{n}$，$i = 1, 2, 3, \cdots, n$（等概性）；（2）$A_1 + A_2 + A_3 + \cdots + A_n = \Omega$（完全性）；

（3）$A_i A_j = \varnothing$（$i \neq j$）（两两互斥），则称 $A_1, A_2, A_3, \cdots, A_n$ 为等概基本事件组．若 n 为有限数，则 $P(B) = \dfrac{k}{n}$（其中 $B = A_{i1} + A_{i2} + \cdots + A_{ik}$）．

例 7.4（摸球问题或随机抽样问题） 10 个灯泡中有 3 个次品，现从中任取 4 个，求恰好有 2 个次品的概率．

解 设 $B = \{$取出的 4 个灯泡中有 2 个次品$\}$，则基本事件数为 $n = C_{10}^4$（10 个灯泡中取 4 个灯泡），$k = C_3^2 C_7^2$（事件 B 可分两步完成：第一步，在 3 个次品中取 2 个；第二步，在 7 个合格品中取 2 个），$P(B) = \dfrac{C_3^2 C_7^2}{C_{10}^4} = \dfrac{3}{10}$．

例 7.5（随机取数问题） 在 0～9 这十个整数中无重复地任意取 4 个数字，试求所取的 4 个数字能组成四位偶数的概率．

解 从十个数字中任取 4 个进行排列，共可排 $A_{10}^4 = n$ 个四位数．

设 $B = \{$排成四位偶数$\}$．0，2，4，6，8 作为个位数，有 A_5^1 种排法；然后从剩下 9 个数字中任取 3 个排列到剩下三个位置上，有 A_9^3 种排法；其个位数上是偶数的排法有 $A_5^1 A_9^3$．但它包含了"0"排在千位上的情况，故应减去"0"作千位的排列数 $A_1^1 A_4^1 A_8^2$（"0"排千位上，剩下 4 个偶数任选一个排在个位上，剩下 8 个数中任取 2 个排在中间两个位置上），故 B 包含事件数为 $A_5^1 A_9^3 - A_1^1 A_4^1 A_8^2 = 56 \times 41 = k$，于是 $P(B) = \dfrac{56 \times 41}{A_{10}^4} = \dfrac{41}{90}$．

例 7.6 为了估计自然保护区中猴子的数量，可采用以下方法．先从保护区内捕捉一定数量的猴子，例如 120 只，给每只猴子做上标记，然后放回保护区．经过适当的时间，带记号的猴子与不带记号的猴子充分混合．再从保护区中捕捉，例如 80 只，查看其中有记号的猴子，发现有 6 只．根据上述数据，估计自然保护区中猴子的数量．

解 设自然保护区有 n 只猴子，n 是未知数．现估计 n 的数值，n 的估计值记为 $\hat{n}$．假定每只猴子被捕到的可能性相等．

设 B 为带有记号的猴子，则由古典概型的概率定义得 $P(B) = \dfrac{120}{n}$；第二次捕捉 80 只中有 6 只带有记号，则有 $P(B) \approx \dfrac{6}{80}$．于是 $\dfrac{120}{n} \approx \dfrac{6}{80}$，解得 $n \approx 1600$（只）．最后我们可以认为，自然保护区中约有 1600 只猴子．

7.2.2 概率的加法公式

定理 7.1 对于任意两个集合 A、B，有 $P(A + B) = P(A) + P(B) - P(AB)$．

证明　因为 $A+B=A+(B-AB)$ 且 $A(B-AB)=\varnothing$，又 $AB\subset B$，所以 $P(B-AB)=P(B)-P(AB)$．从而 $P(A+B)=P(A)+P(B-AB)=P(A)+P(B)-P(AB)$．

例 7.7　掷两个均匀骰子，设 A 表示"第一个骰子出现奇数"，B 表示"第二个骰子出现偶数"，求 $P(A+B)$．

解　$P(A)=\dfrac{C_3^1 C_6^1}{C_6^1 C_6^1}=\dfrac{18}{36}=\dfrac{1}{2}$，同理可得 $P(B)=\dfrac{1}{2}$，$P(AB)=\dfrac{C_3^1 C_3^1}{C_6^1 C_6^1}=\dfrac{9}{36}=\dfrac{1}{4}$，所以

$$P(A+B)=P(A)+P(B)-P(AB)=\frac{3}{4}.$$

例 7.8　设 A 与 B 是两个随机事件，已知 A 与 B 至少有一个发生的概率为 $\dfrac{1}{3}$，A 发生且 B 不发生的概率为 $\dfrac{1}{9}$，求 B 发生的概率．

解　$\because P(A+B)=\dfrac{1}{3}$，$P(A\bar{B})=\dfrac{1}{9}$，

$P(A+B)=P(A)+P(B)-P(AB)$，$A=AB+A\bar{B}\Rightarrow P(A)=P(AB)+P(A\bar{B})$．

$\therefore P(A+B)=P(AB)+P(A\bar{B})+P(B)-P(AB)$，

$\therefore P(B)=P(A+B)-P(A\bar{B})=\dfrac{1}{3}-\dfrac{1}{9}=\dfrac{2}{9}$．

7.2.3　乘法公式及条件概率

例 7.9　10 件产品中有一等品 3 件，二等品 4 件，次品 3 件，如图 7.1 所示，求从 10 件产品中任取 1 件为一等品的概率．

图 7.1　10 件产品的情况

为了解决这个问题，有如下定义．

定义 7.7（条件概率）　称 $P(A|B)=\dfrac{P(AB)}{P(B)}(P(B)>0)$ 为事件 B 发生的条件下事件 A 发生的条件概率．

定理 7.2（乘法公式）　若 $P(B)>0$，则有 $P(AB)=P(B)P(A|B)$．

现在来解例 7.9．

设 $A=\{$取到一等品$\}$，$B=\{$取到正品$\}$，则从 10 件中任取 1 件为一等品的概率为 $P(A|B)$，

则 $P(A|B) = \dfrac{P(AB)}{P(B)} = \dfrac{\frac{3}{10}}{\frac{7}{10}} = \dfrac{3}{7}$, $P(AB) = P(B)P(A|B) = \dfrac{7}{10} \times \dfrac{3}{7} = \dfrac{3}{10}$.

例 7.10 设 A 与 B 是两个随机事件，已知 $P(A) = P(B) = \dfrac{1}{3}$, $P(A|B) = \dfrac{1}{6}$ ，求 $P(\overline{A}|\overline{B})$.

解 $P(\overline{A}|\overline{B}) = \dfrac{P(\overline{A}\,\overline{B})}{P(\overline{B})} = \dfrac{P(\overline{A+B})}{1-P(B)} = \dfrac{1-P(A+B)}{1-P(B)} = \dfrac{1-P(A)-P(B)+P(AB)}{1-P(B)}$

$$= \dfrac{1-P(A)-P(B)+P(B)P(A|B)}{1-P(B)} = \dfrac{1-\frac{1}{3}-\frac{1}{3}+\frac{1}{3}\times\frac{1}{6}}{1-\frac{1}{3}} = \dfrac{7}{12} .$$

例 7.11 利率下降的可能性为 70%，如果利率下降，股票价格指数上涨的可能性为 60%；如果利率不下降，股票价格指数仍上涨的可能性为 40%，试问：股票价格指数上涨的可能性是多少？

解 设 A 表示利率下降，B 表示股票价格指数上涨.

因 $P(A) = 0.7$, $P(B|A) = 0.6$, $P(B|\overline{A}) = 0.4$ ，故 $P(B) = P(AB) + P(\overline{A}B) = P(A)P(B|A) + P(\overline{A})P(B|\overline{A}) = 0.54$.

例 7.12（保险精算问题） 某种动物活到 20 岁的概率为 0.8，活到 25 岁的概率为 0.4，问现在 20 岁的这种动物活到 25 岁的概率是多少？

解 设 A 表示"活到 20 岁以上"，B 表示"活到 25 岁以上". 易知 $B \subset A$ ，故该问题是求条件概率 $P(B|A)$. 由条件知 $P(A) = 0.8$, $P(B) = 0.4$. 因 $B \subset A$, $AB = B$ ，故 $P(AB) = P(B) = 0.4$ ，所以 $P(B|A) = \dfrac{P(AB)}{P(A)} = \dfrac{0.4}{0.8} = 0.5$.

7.2.4 全概率与贝叶斯公式

在生活中，某一事件 A 发生有各种可能的原因 A_i ，如果 A 是原因 A_i 所引起的，则 A 发生的概率与 $P(AA_i)$ 有关. 所以要解决这类问题，就需要同时运用概率的加法和乘法公式，于是引入**全概率公式**.

定理 7.3（全概率公式） 若 $A_1 + A_2 + \ldots + A_n = \Omega$, $A \subset \Omega$, $A_iA_j = \varnothing$ （$i \neq j$），则

$$P(A) = \sum_{i=1}^{n} P(A_i)P(A|A_i) .$$

例 7.13 某厂有四条流水线生产同一产品，该四条流水线的产量分别为 15%、20%、30%、35%，各流水线的次品率分别为 0.05、0.04、0.03、0.02，从出厂产品中随机抽取一件，求此产品为次品的概率是多少？

解 设 A={任取一件产品为次品}，A_i={任取一件产品是第 i 条流水线生产的产品}（i=1,2,3,4），则

$$P(A_1) = 15\%, \quad P(A_2) = 20\%, \quad P(A_3) = 30\%, \quad P(A_4) = 35\%,$$

$$P(A|A_1) = 0.05, \quad P(A|A_2) = 0.04, \quad P(A|A_3) = 0.03, \quad P(A|A_4) = 0.02,$$

$$P(A) = \sum_{i=1}^{4} P(A_i)P(A|A_i) = P(A_1)P(A|A_1) + P(A_2)P(A|A_2) + P(A_3)P(A|A_3)$$

$$+ P(A_4)P(A|A_4) = 0.0315.$$

定理 7.4（贝叶斯公式）   若 $A_1 + A_2 + \cdots + A_n = \Omega$，$A \subset \Omega$，$A_i A_j = \varnothing$（$i \neq j$），则对任一事件 A 有

$$P(A_i|A) = \frac{P(A_i)P(A|A_i)}{\displaystyle\sum_{i=1}^{n} P(A_i)P(A|A_i)} \quad (i = 1, 2, \cdots, n).$$

例 7.14（信号还原问题）   无线电通信中，由于随机干扰，当发出信号"·"时，收到信号为"·""不清"和"—"的概率分别是 0.7、0.2 和 0.1；当发出信号"—"时，收到信号为"—""不清"和"·"的概率分别是 0.9、0.1 和 0；如果整个发报过程中"·"和"—"出现的概率分别是 0.6 和 0.4，问当收到信号"不清"时，原发出信号是什么？

解   令 A={收到信号"不清"}，B_1={发出信号"·"}，B_2={发出信号"—"}。
由于 $B_1 B_2 = \varnothing$，$B_1 + B_2 = \Omega$，故由贝叶斯公式有

$$P(B_1|A) = \frac{P(B_1)P(A|B_1)}{P(B_1)P(A|B_1) + P(B_2)P(A|B_2)} = \frac{0.6 \times 0.2}{0.6 \times 0.2 + 0.4 \times 0.1} = \frac{3}{4},$$

$$P(B_2|A) = \frac{P(B_2)P(A|B_2)}{P(B_1)P(A|B_1) + P(B_2)P(A|B_2)} = \frac{0.4 \times 0.1}{0.6 \times 0.2 + 0.4 \times 0.1} = \frac{1}{4},$$

即当收到信号"不清"时，原发出信号为"·"的可能性最大。

例 7.15   土建施工设施被破坏的可能性分析。

如图 7.2 所示，一重力挡土墙可能由于滑动 A 或倾覆 B 或滑动和倾覆 AB 同时发生而导致破坏。据经验统计：

（1）挡土墙破坏（F）的概率是 $P(F) = \dfrac{1}{1000}$；

（2）因滑动造成破坏的概率比因倾覆造成破坏的概率大一倍，即 $P(A) = 2P(B)$；

（3）在由倾覆造成破坏后，又因滑动造成破坏的概率是 $P(A|B) = 0.8$。

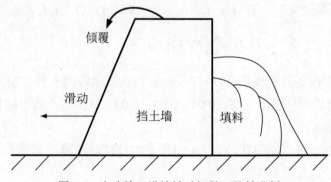

图 7.2 土建施工设施被破坏的可能性分析

求：（1）发生滑动破坏的概率，即 $P(A)$．

（2）当挡土墙已被破坏时，它是仅由"滑动造成"的概率，即 $P(A\bar{B}|F)$；它是仅由"倾覆造成"的概率，即 $P(\bar{A}B|F)$；它是由"滑动与倾覆同时发生造成"的概率，即 $P(AB|F)$．

解　（1）挡土墙被破坏，前提条件有三个：

一是仅由滑动造成，即 $A\bar{B}$ 发生；

二是仅由倾覆造成，即 $\bar{A}B$ 发生；

三是既有滑动又有倾覆，即 AB 发生．

因此，$A\bar{B}$、$\bar{A}B$、AB 是互斥的完备事件组．由全概率公式有

$$P(F) = P(A\bar{B})P(F|A\bar{B}) + P(\bar{A}B)P(F|\bar{A}B) + P(AB)P(F|AB).$$

其中，$P(F|A\bar{B}) = P(F|\bar{A}B) = P(F|AB) = 1$，$P(F) = \dfrac{1}{1000}$，

$$P(AB) = P(B)P(A|B) = P(B) \cdot 0.8 = 0.8P(B),$$

$$P(\bar{A}B) = P(B)P(\bar{A}|B) = P(B)(1 - P(A|B)) = P(B)(1 - 0.8),$$

$$P(A) = P(A\bar{B}) + P(AB) = 2P(B) \quad (A = AU = A(B + \bar{B})),$$

$$P(A\bar{B}) = 2P(B) - P(AB) = 2P(B) - 0.8P(B) = 1.2P(B).$$

将上面的结果代入全概率公式得

$$\frac{1}{1000} = 1 \times 1.2P(B) + 1 \times 0.2P(B) + 1 \times 0.8P(B),$$

$$P(B) = \frac{1}{2200} \approx 0.000455,$$

$$P(A) = 2P(B) = 2 \times 0.000455 = 0.00091.$$

由此可见发生滑动破坏及倾覆破坏的概率都相当小，该设施相当坚固。

（2）此三个概率可由贝叶斯公式求得．

①若挡土墙已被破坏，仅由"滑动造成"的概率：

$$P(A\bar{B}|F) = \frac{P(A\bar{B})P(F|A\bar{B})}{P(F)} = \frac{1 \times 1.2P(B)}{P(F)} = \frac{1.2 \times \dfrac{1}{2200}}{\dfrac{1}{1000}} = \frac{6}{11} \approx 0.545.$$

②若挡土墙已被破坏，仅由"倾覆造成"的概率：

$$P(\bar{A}B|F) = \frac{P(\bar{A}B)P(F|\bar{A}B)}{P(F)} = \frac{1 \times 0.2P(B)}{P(F)} = \frac{1 \times 0.2 \times \dfrac{1}{2200}}{\dfrac{1}{1000}} = \frac{1}{11} \approx 0.091.$$

③若挡土墙已被破坏，是由"滑动与倾覆同时发生造成"的概率：

$$P(AB|F) = \frac{P(AB)P(F|AB)}{P(F)} = \frac{1 \times 0.8P(B)}{P(F)} = \frac{1 \times 0.8 \times \dfrac{1}{2200}}{\dfrac{1}{1000}} = \frac{4}{11} \approx 0.364.$$

计算结果表明，造成挡土墙破坏主要是由"滑动造成"。

7.3　贝努利概型

7.3.1　事件的独立性

定义 7.8（**两个事件的独立性**）　事件 B 发生与否可能对事件 A 发生的概率有影响，但也有相反的情况，即 $P(A|B) = P(A)$，这时 $P(AB) = P(A)P(B)$，则这种情况称为 A 与 B 独立.

例 7.16　一个均匀的正四面体，其第一面为红色，第二面为白色，第三面为黑色，第四面三色都有. 分别用 A、B、C 记投一次四面体时底面出现红、白、黑色的事件. 由于在四面体中有两面出现红色，故 $P(A) = \dfrac{1}{2}$；同理，$P(B) = P(C) = \dfrac{1}{2}$；同时出现两色或同时出现三色只有第四面，故 $P(AB) = P(AC) = P(BC) = \dfrac{1}{4}$. 因此

$$P(AB) = P(A)P(B), \quad P(AC) = P(A)P(C), \quad P(BC) = P(B)P(C),$$

即 A、B、C 两两独立. 但 $P(ABC) \neq P(A)P(B)P(C)$，即 A、B、C 事件不独立.

类似地，n 个事件相互独立的定义如下：若对一切可能的组合 $1 \leqslant i \leqslant j \leqslant k \leqslant \cdots \leqslant n$，有

$$P(A_i A_j) = P(A_i)P(A_j), \quad P(A_i A_j A_k) = P(A_i)P(A_j)P(A_k), \quad \cdots, \quad P(A_1 A_2 \cdots A_n)$$
$$= P(A_1)P(A_2) \cdots P(A_n),$$

则称 $A_1, \cdots, A_n$ 相互独立.

例 7.17（**可靠性问题**）　一个系统能正常工作的概率称为该系统的可靠性. 现有两系统都由同类电子元件 A、B、C、D 所组成，如图 7.3 所示，每个元件的可靠性都是 p，试分别求两个系统的可靠性.

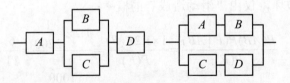

图 7.3　系统可靠性问题

解　以 R_1 与 R_2 分别表示两个系统的可靠性，以 A、B、C、D 分别表示相应元件正常工作的事件，则可认为 A、B、C、D 相互独立，有

$$R_1 = P(A(B \cup C)D) = P(ABD \cup ACD) = P(ABD) + P(ACD) - P(ABCD)$$
$$= P(A)P(B)P(D) + P(A)P(C)P(D) - P(A)P(B)P(C)P(D)$$
$$= p^3(2 - p).$$

$$R_2 = P(AB \cup CD) = P(AB) + P(CD) - P(ABCD) = p^2(2 - p^2).$$

显然 $R_2 > R_1$，也就是说系统 2 的稳定性比系统 1 好.

可靠性理论在系统科学中有广泛的应用，系统可靠性的研究具有重要意义.

7.3.2　贝努利概型

n 个随机试验相互独立，是指各个试验的结果之间没有关系且互不影响，即若试验 E_1 与试验 E_2 独立，是指 E_1 中的任一随机事件与 E_2 中的任一随机事件是相互独立的.

概率中一类最重要的试验是所谓的重复独立试验. 这里所说的"重复"是指各次试验的条件相同. 如"有放回抽球"问题，由于每次抽球时的条件完全相同，且各次抽取结果之间互不影响，故若把每一次抽取当作一次试验，则是重复独立试验.

本节将研究最简单的一类重复独立试验——贝努利概型.

定义 7.9　一重复进行的 n 次独立试验，如果每次试验只有"成功"（事件 A 发生）或"失败"（$\overline{A}$ 发生）两种可能结果，它们出现的概率 $P(A) = p$，$P(\overline{A}) = 1 - p = q$，则称为 n 重贝努利试验，或贝努利概型.

定理 7.5　设事件 A 在每次试验中发生的概率为 p（$0<p<1$），则在 n 重贝努利试验中事件 A 恰好发生 k 次的概率为 $P_n(k) = C_n^k p^k q^{n-k}$（$q = 1 - p$，$k = 0,1,\cdots,n$）.

例 7.18　某种产品的次品率为 5%，现从大批该产品中抽出 20 个进行检验，问 20 个该产品中恰有 2 个次品的概率是多少？

解　这里是不放回抽样，由于一批产品的总数很大，且抽出的样品的数量相对而言较小，因而可以当作是放回抽样处理，这样做虽然会有一些误差，但误差不会太大. 抽出 20 个样品检验，可看作是做了 20 次独立试验，每一次是否为次品可看成是一次试验的结果.

因此 20 个该产品中恰有 2 个次品的概率是 $p = C_{20}^2 (0.05)^2 (0.95)^{18} \approx 0.0993$.

例 7.19　某射手一次射击命中靶心的概率为 0.9，现该射手向靶心射击 5 次，求：（1）命中靶心的概率；（2）命中靶心不少于 4 次的概率.

解　$X \sim B(5, 0.9)$.

（1）设 $A = \{$命中靶心$\}$.
$$P(A) = 1 - P(\overline{A}) = 1 - P(X = 0) = 1 - C_5^0 (0.9)^0 (0.1)^5 = 0.99999.$$

（2）设 $B = \{$命中靶心不少于 4 次$\}$.
$$P(B) = P(X = 4) + P(X = 5) = C_5^4 (0.9)^4 (0.1)^1 + C_5^5 (0.9)^5 (0.1)^0 = 0.91854.$$

7.4　离散型随机变量

7.4.1　离散型随机变量的概率分布与分布函数

定义 7.10（分布函数）　X 的分布函数指的是单变量实函数：
$$F(x) = P(X \leqslant x), \quad -\infty < x < \infty.$$

定义 7.11（离散型随机变量）　取值为可列集 $\{x_i\}$（$i = 1, 2, 3, \cdots$）的随机变量称为离散型随机变量.

若离散型随机变量 X 可能取的值为 x_k（$k = 1, 2, \cdots$），X 取 x_k 的概率为 p_k，即

$$P(X = x_k) = p_k(k = 1, 2, 3, \cdots),$$

则称上式为离散型随机变量 X 的概率分布（或分布律），其性质有 $p_k \geq 0 (k = 1, 2, \cdots)$，并且 $\sum\limits_{k=1}^{+\infty} p_k = 1$．故 X 的分布函数为 $F(x) = P(X \leq x) = \sum\limits_{x_k \leq x} P(X = x_k) = \sum\limits_{x_k \leq x} p_k$．

例 7.20 箱内装有 5 件产品，其中 2 件次品．假设每次随机地取一件检查，取后不放回，直到查出全部次品为止．设所需检查次数为 X，求 X 的分布律．

解 因为共有 5 件产品，其中 2 件次品，X 可能取的值显然为 2、3、4、5．

设 $A_i(i = 1, 2, 3, 4, 5)$ 表示"第 i 次取得正品"．根据乘法定理可得

$$P(X = 2) = P(\overline{A_1}\overline{A_2}) = P(\overline{A_1})P(\overline{A_2} \mid \overline{A_1}) = \frac{2}{5} \times \frac{1}{4} = \frac{1}{10};$$

$$P(X = 3) = P(A_1\overline{A_2}\overline{A_3}) + P(\overline{A_1}A_2\overline{A_3}) = \frac{2}{10};$$

$$P(X = 4) = P(\overline{A_1}A_2A_3\overline{A_4}) + P(A_1\overline{A_2}A_3\overline{A_4}) + P(A_1A_2\overline{A_3}\overline{A_4}) = \frac{3}{10};$$

$$P(X = 5) = 1 - \frac{1}{10} - \frac{2}{10} - \frac{3}{10} = \frac{4}{10}.$$

故 X 的分布律为

X	2	3	4	5
P	$\frac{1}{10}$	$\frac{2}{10}$	$\frac{3}{10}$	$\frac{4}{10}$

例 7.21 设随机变量 X 的概率分布是

X	0	1	2
P	$\frac{1}{10}$	$\frac{6}{10}$	$\frac{3}{10}$

求随机变量 X 的分布函数 $F(x)$．

解 当 $x < 0$ 时，事件 $\{X \leq x\} = \varnothing$，$F(x) = 0$；

当 $0 \leq x < 1$ 时，$F(x) = P(X \leq x) = P(X = 0) = \frac{1}{10}$；

当 $1 \leq x < 2$ 时，$F(x) = P(X \leq x) = P(X = 0) + P(X = 1) = \frac{7}{10}$；

当 $2 \leq x$ 时，$F(x) = P(X \leq x) = P(X = 0) + P(X = 1) + P(X = 2) = 1$．

$$F(x) = \begin{cases} 0, & x < 0 \\ \dfrac{1}{10}, & 0 \leq x < 1 \\ \dfrac{7}{10}, & 1 \leq x < 2 \\ 1, & 2 \leq x \end{cases}.$$

分布函数 $F(x)$ 的图形如图 7.4 所示。

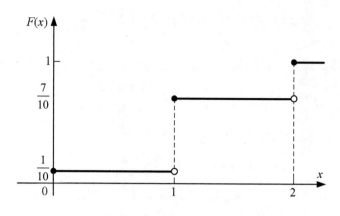

图 7.4 分布函数 $F(x)$ 的图形

7.4.2 几种重要的离散型随机变量

1. (0–1)分布

在一次试验中，事件 A 发生的概率为 p，以 X 表示一次试验中事件 A 发生的次数，则 X 只能取 1 和 0 两个值，X 的概率分布为

$$P(X=k)=p^k(1-p)^{1-k}, \ k=0,1.$$

这个分布称为(0–1)分布，记作 $X \sim (0-1)$.

任何一个试验中，如果只关心某事件 A 发生与否，则可定义：

$$X=\begin{cases} 1, & A \text{ 发生时} \\ 0, & \overline{A} \text{ 发生时} \end{cases}$$

为 $X \sim (0-1)$ 分布.

2. 二项分布

如果在一次试验中事件 A 发生的概率为 p，以 X 表示在 n 次试验（即 n 重贝努利试验）中事件 A 发生的次数（不管是在哪 n 次试验中发生的），则 X 是一个随机变量，X 可能取的值为 $0,1,2,\cdots,n$，X 的概率分布为

$$P(X=k)=C_n^k p^k (1-p)^{n-k}, \ k=0,1,2,\cdots,n.$$

这个分布称为参数为 n、p 的二项分布，记作 $X \sim b(n,p)$.

3. 泊松分布

如果随机变量 X 的概率分布为

$$P(X=k)=\frac{\lambda^k \mathrm{e}^{-\lambda}}{k!}, \ k=0,1,2,\cdots,$$

其中 $\lambda > 0$ 是常数，就称 X 服从参数为 λ 的泊松分布，记作 $X \sim P(\lambda)$.

4. 几何分布

事件 A 在一次试验中发生的概率为 p，将此试验独立重复进行，直到 A 发生为止，以 X 表示事件 A 首次发生时的试验次数，则 X 是一个随机变量，X 可能取的值为 $0,1,2,\cdots$，X 的概率分布为

$$P(X=k)=(1-p)^{k-1}p, \quad k=1,2,3,\cdots,$$

则 X 的分布称为几何分布.

定理 7.6（泊松定理）　设随机变量 $X \sim b(n,p)$, $n=1,2,\cdots$, 其概率分布为

$$P(X_n=k)=C_n^k p_n^k (1-p_n)^{n-k} \begin{cases} k=0,1,2,\cdots,n \\ n=1,2,3,\cdots \end{cases},$$

其中 p_n 是与 n 有关的数, $np_n = \lambda > 0$ （λ 是常数）, 则

$$\lim_{n\to\infty} P(X_n=k)=\frac{\lambda^k \mathrm{e}^{-\lambda}}{k!}.$$

由泊松定理可知, 如果 $X \sim b(n,p)$, 并且 n 很大、p 很小（$n \geqslant 10$, $p \leqslant 0.1$）, 则有以下近似公式:

$$P(X=k)=C_n^k p_n^k (1-p_n)^{n-k} \approx \frac{\lambda^k \mathrm{e}^{-\lambda}}{k!}, \quad k=0,1,2,\cdots,n,$$

其中 $\lambda=np$.

例 7.22　某产品的次品率为 0.1, 检验员每天检验 4 次, 每次独立地取 5 件产品进行检验, 如果发现其中的次品数大于 1, 就去调试设备. 以 X 表示一天中调试设备的次数, 求 X 的分布律.

解　设 Y 为取出的 5 件产品中的次品数, 则 $Y \sim b(5,0.1)$. 于是

$$P(Y>1)=1-P(Y \leqslant 1)=1-P(Y=0)-P(Y=1)$$
$$=1-(1-0.1)^5-5 \times 0.1 \times (1-0.1)^4 = 0.082$$

即为每次检查后设备需要调试的概率. 独立检查 4 次, 调试设备的次数 X 服从参数为 4、0.082 的二项分布, 即

$$P(X=k)=C_4^k (0.082)^k \times (1-0.082)^{4-k}, \quad k=0,1,2,3,4.$$

例 7.23　某公司根据以往资料, 平均每月生丝销售量为 5 吨, 生丝销售量服从 $\lambda=5$ 的泊松分布. 试问: 该公司月底一次至少进多少吨货才有 95% 以上的把握保证下个月生丝不脱销?

解　设公司下个月销售生丝量为随机变量 ξ（吨）, 本月进货量为 m（吨）, 当 $\xi \leqslant m$ 时不会脱销, 按题意要求应该有 $P\{\xi \leqslant m\} \geqslant 0.95$.

查 $\lambda=5$ 的泊松分布表可得 $P\{\xi \leqslant 8\}=0.9347$, $P\{\xi \leqslant 9\}=0.9637$, 故取 $m=9$, 即一次至少进生丝 9 吨才有 95% 以上的把握保证下个月生丝不脱销.

7.5　连续型随机变量的概率密度

除了离散型随机变量外, 还有一类重要的随机变量——连续型随机变量, 这种随机变量 X 可以取某个区间 $[a,b]$ 或 $(-\infty,+\infty)$ 内的一切值. 由于这种随机变量的所有可能取值无法像离散型随机变量那样一一排列, 因而也就不能用离散型随机变量的分布律来描述它的概率分布. 若要刻画这种随机变量的概率分布可以用分布函数, 但在理论上和实践中更常用的方法是概率密度.

7.5.1 连续型随机变量的概念与分布函数

定义 7.12 设随机变量 X 的分布函数为 $F(x)$，如果存在一个非负可积函数 $f(x)$，使得对于任意实数 x，有

$$F(x) = P(X \leqslant x) = \int_{-\infty}^{x} f(x)\mathrm{d}x,$$

则称 X 为连续型随机变量，而称 $f(x)$ 为 X 的分布密度函数（或概率密度函数），简称分布密度（或概率密度）.

由分布密度的定义及概率的性质可知，分布密度函数 $f(x)$ 必须满足：

（1）$f(x) \geqslant 0$：从几何上看，分布密度函数的曲线在横轴的上方；

（2）$-\infty < X < +\infty$：这是因为 $-\infty < X < +\infty$ 是必然事件，所以

$$\int_{-\infty}^{+\infty} f(x)\mathrm{d}x = P(-\infty < X < +\infty) = P(\Omega) = 1.$$

从几何上看，对于任一连续型随机变量，分布密度函数与数轴所围成的面积是 1.

（3）对于任意实数 a、b，有 $a \leqslant b$ 且 $P(a < X \leqslant b) = F(b) - F(a) = \int_{a}^{b} f(x)\mathrm{d}x$.

①对于任意实数 a 有 $P(X = a) = 0$，即连续型随机变量取某一实数值的概率为 0，从而有

$$P(a < X < b) = P(a \leqslant X < b) = P(a < X \leqslant b) = P(a \leqslant X \leqslant b) = \int_{a}^{b} f(x)\mathrm{d}x.$$

该式说明，当计算连续型随机变量在某一区间上取值的概率时，区间端点对概率无影响.
② $P(a < X \leqslant b) = P(X \leqslant b) - P(X \leqslant a)$.

事实上，因为事件 $\{a < X \leqslant b\}$ 与事件 $\{X \leqslant a\}$ 互不相容，且

$$\{X \leqslant b\} = \{a < X \leqslant b\} \cup \{X \leqslant a\},$$

所以

$$P(X \leqslant b) = P(a < X \leqslant b) + P(X \leqslant a),$$

即 $P(a < X \leqslant b) = P(X \leqslant b) - P(X \leqslant a) = \int_{-\infty}^{b} f(x)\mathrm{d}x - \int_{-\infty}^{a} f(x)\mathrm{d}x = \int_{a}^{b} f(x)\mathrm{d}x.$

（4）若 $f(x)$ 在点 x 处连续，则有 $F'(x) = f(x)$.

例 7.24 设随机变量 X 具有概率密度：

$$f(x) = \begin{cases} K\mathrm{e}^{-3x}, & x > 0 \\ 0, & x \leqslant 0 \end{cases},$$

（1）试确定常数 K；（2）求 $P(X > 0.1)$；（3）求 $F(x)$.

解 （1）由于 $\int_{-\infty}^{+\infty} f(x)\mathrm{d}x = 1$，即

$$\int_{-\infty}^{+\infty} f(x)\mathrm{d}x = \int_{0}^{+\infty} K\mathrm{e}^{-3x}\mathrm{d}x = \frac{1}{-3}\int_{0}^{+\infty} K\mathrm{e}^{-3x}\mathrm{d}(-3x) = \frac{K}{-3}\mathrm{e}^{-3x}\Big|_{0}^{+\infty} = \frac{K}{3} = 1,$$

得 $K = 3$. 于是 X 的概率密度：

$$f(x) = \begin{cases} 3\mathrm{e}^{-3x}, & x > 0 \\ 0, & x \leqslant 0 \end{cases}.$$

（2） $P(X > 0.1) = \int_{0.1}^{+\infty} f(x)\mathrm{d}x = \int_{0.1}^{+\infty} 3\mathrm{e}^{-3x}\mathrm{d}x = 0.7408$.

（3） 由定义 $F(x) = \int_{-\infty}^{x} f(t)\mathrm{d}t$，当 $x \leqslant 0$ 时，$F(x) = 0$；当 $x > 0$ 时，$F(x) = \int_{-\infty}^{x} f(t)\mathrm{d}t =$

$\int_{0}^{x} 3\mathrm{e}^{-3x}\mathrm{d}x = 1 - \mathrm{e}^{-3x}$，所以 $F(x) = \begin{cases} 1 - \mathrm{e}^{-3x}, & x > 0 \\ 0, & x \leqslant 0 \end{cases}$.

7.5.2　几个常用的连续型随机变量的分布

定义 7.13（均匀分布）　如果随机变量 X 的概率密度为

$$f(x) = \begin{cases} \dfrac{1}{b-a}, & a \leqslant x \leqslant b \\ 0, & \text{其他} \end{cases},$$

则称 X 服从 $[a,b]$ 上的均匀分布，记为 $X \sim U(a,b)$.

如果 X 服从 $[a,b]$ 上的均匀分布，那么，对于任意满足 $a \leqslant c \leqslant d \leqslant b$ 的 c、d，应有

$$P(c \leqslant X \leqslant d) = \int_{c}^{d} f(x)\mathrm{d}x = \frac{d-c}{b-a}.$$

该式说明 X 取值与 $[a,b]$ 中任意小区间的概率与该小区间的长度成正比，而与该小区间的具体位置无关，这就是均匀分布的概率意义.

$$F(x) = \begin{cases} 0, & x \leqslant a \\ \dfrac{x-a}{b-a}, & a < x < b \\ 1, & x \geqslant b \end{cases}.$$

例 7.25（候车问题）　11 路公共汽车站每隔 6 分钟有一辆汽车通过，乘客到达该汽车站的任一时刻是等可能的，求乘客等车时间不超过 2 分钟的概率.

解　由题意知，等车时间 X 是一个均匀分布的随机变量，$X \sim U(0,6)$，它的密度函数为

$f(x) = \begin{cases} \dfrac{1}{6}, & 0 \leqslant x \leqslant 6 \\ 0, & \text{其他} \end{cases}$，故 $P\{X \leqslant 2\} = \int_{0}^{2} \dfrac{1}{6}\mathrm{d}x = \dfrac{2}{6} = \dfrac{1}{3}$，即乘客等车时间不超过 2 分钟的概率

为 33%.

定义 7.14（指数分布）　如果随机变量 X 的概率密度为

$$f(x) = \begin{cases} \lambda\mathrm{e}^{-\lambda x}, & x \geqslant 0 \\ 0, & x < 0 \end{cases} (\lambda > 0),$$

则称 X 服从指数分布（参数为 λ），记为 $X \sim \theta(\lambda)$.

指数分布也被称为寿命分布，如电子元件的寿命、电话通话的时间、随机服务系统的服务时间等都可近似看作是服从指数分布的.

例 7.26　设某仪器有三只独立工作同型号的电子元件，其寿命（单位：小时）都服从同

一指数分布，概率密度为 $f(t) = \begin{cases} \dfrac{1}{600}\mathrm{e}^{-\frac{t}{600}}, & t \geqslant 0 \\ 0, & t < 0 \end{cases}$，试求在仪器使用的最初 200 小时内，至

少有一只元件损坏的概率 α .

解　设 A_i（$i=1,2,3$）分别表示三只电子元件"在使用的最初 200 小时内损坏"的事件，于是 $\alpha = P(A_1 \cup A_2 \cup A_3) = 1 - P(\overline{A_1}\,\overline{A_2}\,\overline{A_3}) = 1 - P(\overline{A_1})P(\overline{A_2})P(\overline{A_3})$.

设 T_i（$i=1,2,3$）表示第 i 只元件使用寿命的随机变量，则

$$P(\overline{A_i}) = P\{T_i > 200\} = \int_{200}^{+\infty} \frac{1}{600} \mathrm{e}^{-\frac{t}{600}} \mathrm{d}t = \mathrm{e}^{-\frac{1}{3}} , \quad i = 1,2,3 .$$

因此 $\alpha = 1 - (\mathrm{e}^{-\frac{1}{3}})^3 = 1 - \mathrm{e}^{-1}$.

定义 7.15（正态分布）　如果随机变量 X 的概率密度为

$$f(x) = \frac{1}{\sqrt{2\pi}\sigma} \mathrm{e}^{-\frac{(x-\mu)^2}{2\sigma^2}} (-\infty < x < +\infty) ,$$

其中 $\sigma > 0$，σ、μ 为常数，则称 X 服从参数为 σ、μ 的正态分布，记为 $X \sim N(\mu, \sigma^2)$.

特别地，当 $\mu = 0$，$\sigma^2 = 1$ 时，称 X 服从标准正态分布，即 $X \sim N(0,1)$，密度函数为

$$\varphi(x) = \frac{1}{\sqrt{2\pi}} \mathrm{e}^{-\frac{x^2}{2}} (-\infty < x < +\infty) .$$

标准正态分布的分布函数为

$$\Phi(x) = \int_{-\infty}^{x} \varphi(x)\mathrm{d}x = \int_{-\infty}^{x} \frac{1}{\sqrt{2\pi}} \mathrm{e}^{-\frac{t^2}{2}} \mathrm{d}t .$$

对于标准正态分布的分布函数，有下列等式：

$$\Phi(-x) = 1 - \Phi(x) ,$$

对于 $X \sim N(\mu, \sigma^2)$，只要设 $\frac{x-\mu}{\sigma} = t$，就有

$$\int_{-\infty}^{+\infty} \frac{1}{\sqrt{2\pi}\sigma} \mathrm{e}^{-\frac{(x-\mu)^2}{2\sigma^2}} \mathrm{d}x = \int_{-\infty}^{+\infty} \frac{1}{\sqrt{2\pi}} \mathrm{e}^{-\frac{t^2}{2}} \mathrm{d}t = 1 .$$

如果 $X \sim N(\mu, \sigma^2)$，那么

$$P(a < X < b) = F(b) - F(a) = \Phi\left(\frac{b-\mu}{\sigma}\right) - \Phi\left(\frac{a-\mu}{\sigma}\right) .$$

为了应用方便，我们编制了标准正态分布函数 $\Phi(x)$ 的函数值表. 对于一般的正态分布函数，可以通过变量替换化为标准正态分布函数.

例 7.27　设 $X \sim N(0,1)$，求：（1）$P(X \leqslant 0.3)$；（2）$P(0.2 < X \leqslant 0.5)$.

解　（1）$P(X \leqslant 0.3) = \Phi(0.3) = 0.6179$.

（2）$P(0.2 < X \leqslant 0.5) = \Phi(0.5) - \Phi(0.2) = 0.6915 - 0.5793 = 0.1122$.

例 7.28　设 $X \sim N(1.5, 4)$，求：（1）$P(X \leqslant 3.5)$；（2）$P(|X| \leqslant 3)$.

解　（1）$P(X \leqslant 3.5) = \Phi\left(\dfrac{3.5-1.5}{2}\right) = \Phi(1) = 0.8413$.

（2）$P(|X| \leqslant 3) = P(-3 \leqslant X \leqslant 3) = \Phi\left(\dfrac{3-1.5}{2}\right) - \Phi\left(\dfrac{-3-1.5}{2}\right)$

$$= \Phi(0.75) - \Phi(-2.25) = \Phi(0.75) - [1 - \Phi(2.25)]$$
$$= 0.7734 - (1 - 0.9878) = 0.7612 .$$

例 7.29 设一批零件的长度 X 服从参数为 $\mu = 20$、$\sigma = 0.02$ 的正态分布,规定长度 X 在 $(20-0.03, 20+0.03)$ 内为合格品,现任取 1 个零件,问它为合格品的概率?

解 由题意,即求

$$P(20 - 0.03 < X < 20 + 0.03) = \Phi\left(\frac{20 + 0.03 - 20}{0.02}\right) - \Phi\left(\frac{20 - 0.03 - 20}{0.02}\right)$$
$$= \Phi(1.5) - \Phi(-1.5)$$
$$= 2\Phi(1.5) - 1 = 0.8664 .$$

3σ 规则 服从正态分布 $N(\mu, \sigma^2)$ 的随机变量 X 落在区间 $(\mu - 3\sigma, \mu + 3\sigma)$ 内的概率为 0.9973,落在该区间外的概率只有 0.0027. 也就是说,X 几乎不可能在区间 $(\mu - 3\sigma, \mu + 3\sigma)$ 之外取值.

$X \sim N(0,1)$:

$P(|\xi| \leqslant 1) = P(-1 \leqslant \xi \leqslant 1) = \Phi(1) - \Phi(-1) = 2\Phi(1) - 1 = 0.6826$;

$P(|\xi| \leqslant 2) = P(-2 \leqslant \xi \leqslant 2) = \Phi(2) - \Phi(-2) = 2\Phi(2) - 1 = 0.9545$;

$P(|\xi| \leqslant 3) = P(-3 \leqslant \xi \leqslant 3) = \Phi(3) - \Phi(-3) = 2\Phi(3) - 1 = 0.9973$.

$X \sim N(\mu, \sigma^2)$:

$P(|X - \mu| < \sigma) = 0.6826$;

$P(|X - \mu| < 2\sigma) = 0.9545$;

$P(|X - \mu| < 3\sigma) = 0.9973$.

7.6   随机变量的数学期望

随机变量的取值规律可用概率分布来描述. 然而在实际问题中,要精确地求出随机变量 X 的分布函数(分布列或密度函数)往往比较难,有时只需要知道随机变量的某些特征就够了. 本节将介绍描述随机变量"平均值"的一个数字特征——数学期望.

7.6.1   离散型随机变量的数学期望

定义 7.16 设 X 为离散型随机变量,其分布律为 $P(X = X_k) = p_k (k = 1, 2, \cdots)$,若 $\sum\limits_{k=1}^{\infty} |x_k| p_k < \infty$ 即绝对收敛,则 X 的数学期望为 $E(X) = \sum\limits_{k=1}^{\infty} x_k p_k$. 设 $Y = g(X)$,则 $E(Y) = E(g(X)) = \sum\limits_{k=1}^{+\infty} g(x_k) p_k$.

例 7.30 某建筑公司承建一项为期 3 个月的工程,需要决定是否在 1998 年 10 月开工. 如果开工后,天气好,能按期完工,可获利 200 万元;如果开工后,天气不好,不能按期完工,将损失 60 万元;如果不开工,不管天气好坏,都将损失 30 万元. 由统计资料知,1988 年至 1998 年第四季度的平均天气情况分别为：坏、好、坏、坏、坏、好、坏、坏、好、坏．试根据已知资料分析：为使利润最大，该公司应决定开工还是不开工？

解　设 z 表示天气，则 $z = \begin{cases} 1, & \text{天气好} \\ 0, & \text{天气坏} \end{cases}$．设 $f(z)$ 表示开工后所获利润，$g(z)$ 表示不开工后所获利润．由题意知，1988 年至 1998 年第四季度的平均天气为好的可能性为 0.3，天气为坏的可能性为 0.7．所以

z	0	1
p	0.7	0.3
$f(z)$	−60	200
$g(z)$	−30	−30

故
$$Ef(z) = (-60) \times 0.7 + 200 \times 0.3 = 18,$$
$$Eg(z) = (-30) \times 0.7 + (-30) \times 0.3 = -30.$$

综上所述，为使利润最大，该公司应决定开工．

7.6.2　连续型随机变量的数学期望

定义 7.17　设 X 为连续型随机变量，其概率密度为 $f(x)$，若积分 $\int_{-\infty}^{+\infty} xf(x)\mathrm{d}x$ 绝对收敛，则
$$E(X) = \int_{-\infty}^{+\infty} xf(x)\mathrm{d}x.$$

设 $Y = g(X)$，$E(Y) = E(g(X)) = \int_{-\infty}^{+\infty} g(x)f(x)\mathrm{d}x$．

例 7.31　设 $\xi \sim f(x) = 3x^2 (0 \leqslant x \leqslant b)$，求 b、$E(\xi)$．

解　由 $\int_0^b 3x^2 \mathrm{d}x = 1$ 得 $b = 1$，$E(\xi) = \int_0^1 x \cdot 3x^2 \mathrm{d}x = \dfrac{3}{4}$．

例 7.32（均匀分布）　设 $X \sim U[a,b]$，即有密度 $f(x) = \begin{cases} \dfrac{1}{b-a}, & a < x < b \\ 0, & \text{其他} \end{cases}$，则有

$$E(X) = \int_{-\infty}^{+\infty} xf(x)\mathrm{d}x = \int_a^b \frac{x}{b-a}\mathrm{d}x = \frac{b+a}{2}.$$

7.6.3　数学期望的性质及矩

（1）$E(c) = c$；

（2）$E(kX) = kE(X)$；

（3）$E(X_1 + X_2 + \cdots + X_n) = E(X_1) + E(X_2) + \cdots + E(X_n)$．

设 X 是一个连续型随机变量：

（1）若 $E(X_k)$ 存在，则称它为 X 的 k 阶原点矩．

（2）$g(X)=|X|^k$，若 $E(|X|^k)=\int_{-\infty}^{+\infty}|x|^k f(x)\mathrm{d}x$ 存在，则称它为 X 的 k 阶绝对原点矩.

（3）$g(X)=[X-E(X)]^k$，若 $E[X-E(X)]^k=\int_{-\infty}^{+\infty}[x-E(X)]^k f(x)\mathrm{d}x$ 存在，则称它为 X 的 k 阶中心矩.

（4）$g(X)=|X-E(X)|^k$，若 $E|X-E(X)|^k=\int_{-\infty}^{+\infty}|x-E(X)|^k f(x)\mathrm{d}x$ 存在，则称它为 X 的 k 阶绝对中心矩.

类似地，可定义离散型随机变量的 k 阶原点矩、k 阶绝对原点矩、k 阶中心矩、k 阶绝对中心矩.

7.7　随机变量的方差

7.7.1　方差的概念

定义 7.18（方差与标准差）　若 $E(X-E(X))^2<\infty$，则称 $D(X)=E(X-E(X))^2$ 为 X 的方差，$\sqrt{D(X)}$ 称为标准差.

$$P(X=x_k)=p_k,\ k=1,2,\cdots,\ \ D(X)=E[X-E(X)]^2=\sum_{k=1}^{+\infty}[x_k-E(X)]^2 p_k.$$

$$X\sim f(x)，\ D(X)=E[X-E(X)]^2=\int_{-\infty}^{+\infty}[x-E(X)]^2 f(x)\mathrm{d}x=E(X^2)-[E(X)]^2.$$

7.7.2　方差的性质

（1）C 为常数，则 $D(C)=0$；

（2）设 X 是一个随机变量，C 为常数，则有 $D(CX)=C^2 D(X)$；

（3）设 X、Y 是两个相互独立的随机变量，则有 $D(X+Y)=D(X)+D(Y)$.

7.7.3　常见分布的期望与方差

（1）$0-1$ 分布：$p(X=k)=p^k(1-p)^{1-k}$，$k=0、1$，$E(X)=p$，$D(X)=p(1-p)$.

（2）二项分布：设 $X\sim b(n,p)$，则 $E(X)=np$，$D(X)=np(1-p)$.

（3）泊松分布：设 $X\sim\pi(\lambda)$，则 $E(X)=D(X)=\lambda$.

（4）均匀分布：设 X 在区间 $[a,b]$ 上服从均匀分布，则 $E(X)=\dfrac{a+b}{2}$，$D(X)=\dfrac{(b-a)^2}{12}$.

（5）指数分布：设随机变量 X 服从指数分布，其概率密度为

$$f(x)=\begin{cases}\lambda\mathrm{e}^{-\lambda x}, & x\geqslant 0\\ 0, & x<0\end{cases}\quad(\lambda>0),$$

$$E(X)=\frac{1}{\lambda},\ D(X)=\frac{1}{\lambda^2}.$$

（6）正态分布：设 $X \sim N(\mu, \sigma^2)$，则 $E(X) = \mu$，$D(X) = \sigma^2$.

习题 7

1．根据事件关系 $A = AB + A\overline{B}$，由加法公式得 $P(A) = P(AB) + $ _____ ．

2．设随机事件 A、B、C，则三个事件中至少有两个事件发生的概率表示为 _____ ．

3．设随机事件 A、B，已知 $P(AB) = \dfrac{1}{2}$，$P(A\overline{B}) = \dfrac{1}{3}$，则 $P(\overline{A}) = $ _____ ．

4．设 A、B 为两个事件，其概率为 $P(A)$、$P(B)$，此时等式（　　）一定成立．

　　A．$P(A + B) = P(A) + P(B)$ 　　　　　　B．$P(AB) = P(A)P(B)$

　　C．$P(A) = P(AB) - P(B)$ 　　　　　　D．$P(A) + P(B) = P(A + B) + P(AB)$

5．掷两颗匀称的骰子，出现事件"点数和为 4"的概率为（　　）．

　　A．$\dfrac{3}{36}$ 　　　　B．$\dfrac{4}{36}$ 　　　　C．$\dfrac{3}{6}$ 　　　　D．$\dfrac{4}{6}$

6．袋中有 4 个白球与 1 个红球，5 人依次从中随机摸球，问 5 人中摸到红球的概率是否相同（与摸球先后顺序无关）？

7．袋中有 4 个红球与 3 个黄球，从中任取两球，试求取得两球颜色相同的概率．

8．制造某产品需要经过两道工序．设经第一道工序加工后制成的半成品的质量有上、中、下三种可能，它们的概率分别为 0.7、0.2、0.1；这三种质量的半成品经过第二道工序加工成合格品的概率分别为 0.8、0.7、0.1，求经过两道工序加工后得到合格品的概率．

9．电灯泡耐用时间在 1000 小时以上的概率为 0.2，求三只电灯泡使用 1000 小时以后恰有一只坏掉与最多只有一只坏掉的概率．

10．设某人每次射击的命中率为 0.2，问至少必须进行多少次独立射击才能使至少击中一次的概率不少于 0.9．

11．甲、乙两人同时向目标射击，已知甲、乙两人的命中率分别为 0.85 和 0.7，求恰有一人命中目标的概率．

12．某车间有 5 台机床，每台机床正常工作的概率都为 $p\,(p > 0)$，问：（1）5 台机床都能正常工作的概率是多少？（2）至少一台能正常工作的概率是多少？

13．某工地有三台混凝土搅拌机，各自出故障的概率都是 0.10，求三台中至少有两台能正常工作的概率．

14．一个工人看三台机床，在一个小时内不需要工人照看的概率分别为第一台 0.9、第二台 0.8、第三台 0.7，求在一小时内三台机床最多有一台需要工人照看的概率．

15．设有一批产品共有 10 件，其中有 7 件是一等品，3 件是二等品，现从中任取 5 件，问恰有 2 件二等品的概率是多少？

16．某机械零件的加工由两道工序组成，第一道工序的废品率为 0.015，第二道工序的废品率为 0.02，假设两道工序出废品的概率是彼此无关的，求产品合格率．

17. 已知 $P(A)=0.6$，$P(B)=0.7$，且 A、B 至少有一个发生的概率为 0.8，则 A、B 同时发生的概率是多少？

18. 已知某种产品中 96% 是合格的．用某种方法检验，把合格品误判为废品的概率是 2%，而把废品误认为是合格品的概率是 5%．现用此方法检验一件产品是合格品，求这件产品确实是合格品的概率．

19. 盒内装有 6 只晶体管，其中有 2 只次品和 4 只正品，随机抽取一只测试，直到 2 只次品晶体管都找到为止，求所需的测试次数 ξ 的值及相应的概率．

20. 某运动员投篮的命中率是 0.8，他做的一种练习是投中两次就停止，求出这个运动员可能投篮的次数及其相应的概率．

21. 利用标准正态分布表计算概率．

（1）有一批零件，其寿命服从正态分布，即寿命 $X \sim N(100,4^2)$，现从中随机抽取一个零件，问其寿命超过 110 小时的概率是多大？

（2）设 $X \sim N(1,0.5^2)$，求：① $P(X>0)$；② $P(0.5<X\leqslant 1.5)$．

（3）设 $X \sim N(520,11^2)$，求：① $P(X\leqslant 525)$；② $P(509<X\leqslant 531)$．

（4）有一批钢材，其长度 X 服从 $X \sim N(1,4)$，求长度在 0.8 与 1.02 之间的概率．

22. 公共汽车的高度是按男子与车门碰头的机会在 0.01 以下来设计的，设男子身高 X（单位：cm）服从正态分布 $N(170,6^2)$，试确定车门的高度．

23. 设连续随机变量 X 的密度函数为 $f(x)=\begin{cases} Ax^2, & 0\leqslant x\leqslant 3 \\ 0, & \text{其他} \end{cases}$，求：（1）常数 A 的值；（2）概率 $P(|X|\leqslant 1)$；（3）X 的期望 $E(X)$．

24. 设随机变量 ζ 的密度函数为 $\varphi(x)=\begin{cases} \dfrac{1}{2}x, & 0\leqslant x\leqslant 2 \\ 0, & \text{其他} \end{cases}$，求 $E(3\zeta^2-2\zeta)$．

25. 设随机变量 ξ 的分布密度为 $p(x)=\begin{cases} \dfrac{3x^2}{8}, & 0\leqslant x\leqslant 2 \\ 0, & \text{其他} \end{cases}$ 且 $\eta=3\xi+2$，求 $E\eta$ 与 $D\xi$．

26. 设随机变量 ξ 的分布密度为 $p(x)=\begin{cases} 0, & x<a \\ \dfrac{3a^2}{x^4}, & x\geqslant a \end{cases}$，求 $E\xi$、$D\xi$、$E\left(\dfrac{2}{3}\xi-a\right)$、$D\left(\dfrac{2}{3}\xi-a\right)$．

第8章 数据会说话——数理统计初步

8.1 总体、样本、统计量

8.1.1 总体与样本

数理统计是研究怎样收集资料、分析资料、处理资料的学科. 所谓资料, 除了数据之外, 还包括一些情况、图表等原始材料.

一个统计问题总有它明确的研究对象, 研究对象的全体就是总体, 总体中的每个成员就是一个个体.

在数理统计中, 首先确定统计问题所关心的指标, 其次是这一指标在全部研究对象中的分布——统计问题的总体分布, 也称为总体分布或理论分布. 要了解总体的情况, 常用的一个方法就是抽样, 从总体中随机地抽取一个个体, 我们称为样品. 样品与个体不同, 个体是确定的, 样品是不确定的, 若干个样品就构成一个样本. 总体中个体的数量一般都较多, 抽取的样品又很少, 这样第一个样品抽取后不会改变总体的分布, 第二个样品与第一个样品的分布相同, 彼此可以认为是相互独立的. 用 $X_1, X_2, \cdots, X_n$ 表示 n 个样品的指标, 则 $X_1, X_2, \cdots, X_n$ 是独立同分布的随机变量, 它们的共同分布就是理论分布 $F(x)$. 样本中样品的个数称为样本量 (或样本的容量、样本的大小).

事实上, 我们抽样后得到的资料都是具体且确定的值. 一个样品取到的值就是样品值, 一个样本取到的值就是样本值. 统计是从手中已有的资料——样本值, 去推断总体的情况——总体分布 $F(x)$ 的性质, 样本是联系两者的桥梁. 总体分布决定了样本取值的概率规律, 也就是说根据样本取到样本值的规律可以从样本值去推断总体.

8.1.2 统计量

定义 8.1 设 $X_1, \cdots, X_n$ 为来自总体 X 的样本, $g(x_1, x_2, \cdots, x_n)$ 为不含未知参数的连续函数, 则称 $g(x_1, x_2, \cdots, x_n)$ 为统计量.

下面介绍几个常用统计量.

定义 8.2 设 $X_1, \cdots, X_n$ 为来自总体 X 的样本, 则

样本均值 $\overline{X} = \dfrac{1}{n} \sum\limits_{i=1}^{n} X_i$, 样本方差 $S^2 = \dfrac{1}{n-1} \sum\limits_{i=1}^{n} (X_i - \overline{X})^2$.

如果总体的分布函数已知, 则统计量的概率分布便可以求得, 统计量的分布又称为抽样分布.

定义 8.3 设 $X_1,\cdots,X_n$ 是来自总体 $N(\mu,\sigma^2)$ 的一个样本，则称统计量 $U=\dfrac{\overline{X}-\mu}{\sigma/\sqrt{n}}$ 为 U 统计量.

定理 8.1 若总体 $X\sim N(\mu,\sigma^2)$，设 $X_1,\cdots,X_n$ 是来自总体 $N(\mu,\sigma^2)$ 的一个样本，则

$$\frac{\overline{X}-\mu}{\sigma/\sqrt{n}}\sim N(0,1).$$

例 8.1 在总体 $N(80,20^2)$ 中随机抽取一个容量为 100 的样本，试求样本均值与总体均值之差的绝对值大于 3 的概率.

解 由定理 8.1 有 $\dfrac{\overline{X}-80}{20/\sqrt{100}}\sim N(0,1)$，于是所求概率为

$$P(|\overline{X}-80|>3)=1-P(|\overline{X}-80|\leqslant3)=1-P\left(\frac{-3}{20/\sqrt{100}}\leqslant\frac{\overline{X}-80}{20/\sqrt{100}}\leqslant\frac{3}{20/\sqrt{100}}\right)$$

$$=1-[\Phi(1.5)-\Phi(-1.5)]=0.1336.$$

查附表 1 得 $\Phi(1.5)=0.9332$.

定理 8.2 $\chi^2(n)$ 分布，分布密度为

$$f(x)=\begin{cases}\dfrac{1}{2^{\frac{n}{2}}\cdot\Gamma\left(\dfrac{n}{2}\right)}x^{\frac{n}{2}-1}\mathrm{e}^{-\frac{x}{2}},&x>0\\[4mm]0,&x\leqslant0\end{cases},$$

则有：（1） $X_1,\cdots,X_n$ 来自正态分布 $N(0,1)$，则称统计量 $X_1^2+X_2^2+\cdots+X_n^2\sim\chi^2(n)$ 为自由度为 n 的 χ^2 统计量，它服从的分布称为 χ^2 分布，简记为 $\chi^2\sim\chi^2(n)$；

（2）若总体 $X\sim N(\mu,\sigma^2)$，则 $\dfrac{n-1}{\sigma^2}S^2\sim\chi^2(n-1)$.

例 8.2 设总体 $X\sim N(0,0.25)$，从中任取样本 $x_1,x_2,\cdots,x_7$，求出常数 a 的值使得随机变量 $a\displaystyle\sum_{i=1}^{7}x_i^2\sim\chi^2(7)$.

解 由 $X\sim N(0,0.25)$ 知 $2X\sim N(0,1)$，又由定理 6.2 有 $\displaystyle\sum_{i=1}^{7}(2x_i)^2=4\sum_{i=1}^{7}x_i^2\sim\chi^2(7)$，所以 $a=4$.

定理 8.3 t 分布，分布密度为

$$f(x)=\frac{\Gamma\left(\dfrac{n+1}{2}\right)}{\Gamma\left(\dfrac{n}{2}\right)\sqrt{n\pi}}\left(1+\frac{x^2}{n}\right)^{-\frac{n+1}{2}},$$

则有：（1） $X\sim N(0,1)$，$Y\sim\chi^2(n)$，X 与 Y 相互独立，则称统计量为自由度为 n 的 t 统计量. 它服从的分布称为 t 分布（或学生氏分布），记为 $t=\dfrac{X}{\sqrt{Y/n}}\sim t(n)$；

（2）$X \sim N(\mu, \sigma^2)$，则 $t = \dfrac{\bar{x} - \mu}{S/\sqrt{n}} \sim t(n)$．

例 8.3 设随机变量 X 和 Y 相互独立且服从正态分布 $N(0,3^2)$，从中抽取样本 $X_1, X_2, \cdots, X_9$ 和 $Y_1, Y_2, \cdots, Y_9$．问统计量 $U = \dfrac{X_1 + X_2 + \cdots + X_9}{\sqrt{Y_1 + Y_2 + \cdots + Y_9}}$ 服从什么分布并确定其自由度．

解 因为 $X \sim N(0,3^2)$，所以 $\dfrac{1}{9}\sum\limits_{i=1}^{9} X_i \sim N(0,1)$．由定理 6.2 得 $\dfrac{1}{9}\sum\limits_{i=1}^{9} Y_i \sim \chi^2(9)$，故

$$U = \frac{X_1 + X_2 + \cdots + X_9}{\sqrt{Y_1 + Y_2 + \cdots + Y_9}} = \frac{\dfrac{1}{9}\sum\limits_{i=1}^{9} X_i}{\sqrt{\dfrac{1}{9}\sum\limits_{i=1}^{9} Y_i / 9}} \sim t(9).$$

8.2 期望与方差的点估计

8.2.1 矩估计

定理 8.4 设 $X \sim N(u, \sigma^2)$，则 $\hat{\mu} = \bar{X}$，$\hat{\sigma}^2 = \dfrac{1}{n}\sum\limits_{i=1}^{n}(X_i - \bar{X})^2 = \dfrac{1}{n}\sum\limits_{i=1}^{n} X_i^2 - \bar{X}^2$．

证明 μ 和 σ^2 的总体原点矩为

$$\mu = \mu_1 = \sum_{i=1}^{n} X_i p_i,$$

$$\sigma^2 = \sum_{i=1}^{n}(X_i - \mu)^2 p_i = \sum_{i=1}^{n} X_i^2 p_i - 2\mu_1 \sum_{i=1}^{n} X_i p_i + \mu_1^2 = \sum_{i=1}^{n} X_i^2 p_i - \mu_1^2 = \mu_2 - \mu_1^2.$$

用样本的 k 阶原点矩去代替总体的 k 阶原点矩得

$$\hat{\mu} = \hat{\mu}_1 = \frac{1}{n}\sum_{i=1}^{n} X_i = \bar{X}, \quad \hat{\sigma}^2 = \hat{\mu}_2 - \hat{\mu}_1^2 = \frac{1}{n}\sum_{i=1}^{n} X_i^2 - \bar{X}^2 = \frac{1}{n}\sum_{i=1}^{n}(X_i - \bar{X})^2.$$

事实上，当 X 的方差存在时，$E(S^2) = D(X)$，其中 $S^2 = \dfrac{1}{n-1}\sum\limits_{i=1}^{n}(X_i - \bar{X})^2$．

由 $\sum\limits_{i=1}^{n}(X_i - \bar{X})^2 = \sum\limits_{i=1}^{n}(X_i^2 - 2\bar{X}X_i + \bar{X}^2) = \sum\limits_{i=1}^{n} X_i^2 - 2\bar{X}\sum\limits_{i=1}^{n} X_i + n\bar{X}^2 = \sum\limits_{i=1}^{n} X_i^2 - n\bar{X}^2$，

$$E(S^2) = E\left[\frac{1}{n-1}\sum_{i=1}^{n}(X_i - \bar{X})^2\right] = \frac{1}{n-1}\sum_{i=1}^{n} E(X_i^2) - \frac{n}{n-1} E(\bar{X}^2)$$

$$= \frac{n}{n-1}[E(X^2) - E(\bar{X}^2)].$$

又 $E(X^2) = D(X) + [E(X)]^2$，故

$$E(S^2) = \frac{n}{n-1}\{D(X) + [E(X)]^2 - D(\bar{X}) - [E(\bar{X})]^2\}$$

$$= \frac{n}{n-1}\left\{D(X) + [E(X)]^2 - \frac{D(X)}{n} - [E(X)]^2\right\} = D(X).$$

说明 S^2 是 $D(X)$ 的无偏估计，即 $E\left[\dfrac{1}{n-1}\sum\limits_{i=1}^{n}(X_i-\bar{X})^2\right]=D(X)$.

而 $E\left[\dfrac{1}{n}\sum\limits_{i=1}^{n}(X_i-\bar{X})^2\right]=\dfrac{n-1}{n}D(X)$ ，如果采用 $\dfrac{1}{n}\sum\limits_{i=1}^{n}(X_i-\bar{X})^2$ 作为 $D(X)$ 的估计量，上式表

明有偏差，但是，当 n 比较大时（一般 $n>30$），$\dfrac{1}{n}\sum\limits_{i=1}^{n}(X_i-\bar{X})^2$ 与 S^2 的差异很小，所以也可

用 $\dfrac{1}{n}\sum\limits_{i=1}^{n}(X_i-\bar{X})^2$ 作为 $D(X)$ 的估计量.

例 8.4　设某种灯泡寿命 $X\sim N(\mu,\sigma^2)$ ，其中 μ、σ^2 未知，随机抽取 5 只灯泡，测得寿命分别为（单位：小时）1623、1527、1287、1432、1591，求 u、σ^2 的估计值.

解　$\hat{\mu}=\bar{x}=\dfrac{1}{5}(1623+1527+1287+1432+1591)=1492$ ，

$$\hat{\sigma}^2=\dfrac{1}{5}[(1623-1429)^2+(1527-1429)^2+(1287^2-1429)^2+(1432-1429)^2$$
$$+(1591-1429)^2]=18731.4 .$$

根据以上讨论，我们得出求点估计的一般方法（矩法）的具体步骤如下：设 X 为总体，X 的分布含有 k 个未知参数 $\theta_1,\theta_2,\cdots,\theta_k$ ，且 X 的 k 阶原点矩存在，记为 $\alpha_j=E(X^j)$ ，$j=1,2,3,\cdots,k$ ，易知

$$\begin{cases}\alpha_1=h_1(\theta_1,\theta_2,\cdots,\theta_k)\\\alpha_2=h_2(\theta_1,\theta_2,\cdots,\theta_k)\\\quad\cdots\cdots\\\alpha_k=h_k(\theta_1,\theta_2,\cdots,\theta_k)\end{cases}，\text{解得}\begin{cases}\theta_1=g_1(\alpha_1,\alpha_2,\cdots,\alpha_k)\\\theta_2=g_2(\alpha_1,\alpha_2,\cdots,\alpha_k)\\\quad\cdots\cdots\\\theta_k=g_k(\alpha_1,\alpha_2,\cdots,\alpha_k)\end{cases}.$$

将解中的各阶总体原点矩 α_j 用对应的各阶样本原点矩 M_j 代替，可得全部参数的点估计量

$$\begin{cases}\hat{\theta}_1=g_1(M_1,M_2,\cdots,M_k)\\\hat{\theta}_2=g_2(M_1,M_2,\cdots,M_k)\\\quad\cdots\cdots\\\hat{\theta}_k=g_k(M_1,M_2,\cdots,M_k)\end{cases}，$$

也称矩法估计量，简称矩估计.

8.2.2　极大似然估计

定义 8.4（极大似然估计）　当 $\theta_1=\hat{\theta}_1,\theta_2=\hat{\theta}_2,\cdots,\theta_r=\hat{\theta}_r$ 时，函数（也称似然函数）$L(\theta_1,\theta_2,\cdots,\theta_r)=\prod\limits_{i=1}^{n}p(x_i,\theta_1,\theta_2,\cdots,\theta_r)$ 取最大值，即

$$L(\hat{\theta}_1,\hat{\theta}_2,\cdots,\hat{\theta}_r)=\max_{\theta_1,\theta_2,\cdots,\theta_r}L(\theta_1,\theta_2,\cdots,\theta_r) ,$$

称 $\hat{\theta}_1,\hat{\theta}_2,\cdots,\hat{\theta}_r$ 为 $\theta_1,\theta_2,\cdots,\theta_r$ 的极大似然估计.

例 8.5 从一个正态总体中抽取容量为 n 的样本,求总体参数 μ 及 σ^2 的极大似然估计.

解 $N(\mu,\sigma^2)$ 的密度函数为 $f(x)=\dfrac{1}{\sqrt{2\pi}\sigma}e^{-\frac{(x-\mu)^2}{2\sigma^2}}$,由 $x_1,x_2,\cdots,x_n$ 的独立性得似然函数为

$$L(x_1,x_2,\cdots,x_n;\ \mu,\sigma^2)=\prod_{i=1}^{n}\frac{1}{\sqrt{2\pi}\sigma}e^{-\frac{(x_i-\mu)^2}{2\sigma^2}}=\left(\frac{1}{\sqrt{2\pi}\sigma}\right)^n e^{-\frac{1}{2\sigma^2}\sum_{i=1}^{n}(x_i-\mu)^2}.$$

$\ln L=-\dfrac{n}{2}\ln 2\pi-\dfrac{n}{2}\ln\sigma^2-\dfrac{1}{2\sigma^2}\sum_{i=1}^{n}(x_i-\mu)^2$,为了便于求导数,令 $\dfrac{\partial L}{\partial\mu}=-\dfrac{1}{2\sigma^2}\sum_{i=1}^{n}2(x_i-\mu)$

$(-1)=0$, $\dfrac{\partial L}{\partial\sigma^2}=-\dfrac{n}{2\sigma^2}+\dfrac{1}{2\sigma^4}\sum_{i=1}^{n}(x_i-\mu)^2=0$,

解得 $\hat\mu=\dfrac{1}{n}\sum_{i=1}^{n}x_i=\overline{x}$, $\hat\sigma^2=\dfrac{1}{n}\sum_{i=1}^{n}(x_i-\overline{x})^2$.

8.3 期望与方差的区间估计

定义 8.5(置信区间与置信度) 设 $x_1,x_2,\cdots,x_n$ 来自密度 $f(x;\theta)$ 的样本,对给定的 $\alpha:0<\alpha<1$,如果能找到两个统计量 $\underline{\theta}(x_1,x_2,\cdots,x_n)$ 和 $\overline{\theta}(x_1,x_2,\cdots,x_n)$ 使得

$$P(\underline{\theta}(x_1,x_2,\cdots,x_n)\leqslant\theta\leqslant\overline{\theta}(x_1,x_2,\cdots,x_n))=1-\alpha,$$

则称 $1-\alpha$ 是置信度(或信度)或置信概率,区间 $[\underline{\theta}(x_1,x_2,\cdots,x_n),\overline{\theta}(x_1,x_2,\cdots,x_n)]$ 是置信度为 $1-\alpha$ 的 θ 的置信区间.

设 $x_1,x_2,\cdots,x_n$ 是独立同 $N(\mu,\sigma^2)$ 分布的随机变量.

(1)若 σ^2 已知,一般有 $\mu\in\left[\overline{x}-\dfrac{\sigma}{\sqrt{n}}u_{\frac{\alpha}{2}},\overline{x}+\dfrac{\sigma}{\sqrt{n}}u_{\frac{\alpha}{2}}\right]$;

例 8.6 从正态分布 $N(\mu,1)$ 中抽取容量为 4 的样本,样本均值为 13.2,求 μ 的置信度为 0.95 的置信区间.

解 因 $u_{\frac{\alpha}{2}}=1.96$,故

$$\mu\in\left[\overline{x}-u_{\frac{\alpha}{2}}\frac{\sigma}{\sqrt{n}},\overline{x}+u_{\frac{\alpha}{2}}\frac{\sigma}{\sqrt{n}}\right]=\left[13.2-1.96\frac{1}{\sqrt{4}},13.2+1.96\frac{1}{\sqrt{4}}\right]=[12.22,14.18].$$

(2)若 σ^2 未知,则 $\mu\in\left[\overline{x}-t_{\frac{\alpha}{2}}(n-1)\dfrac{s}{\sqrt{n}},\overline{x}+t_{\frac{\alpha}{2}}(n-1)\dfrac{s}{\sqrt{n}}\right]$;

例 8.7 测试某种材料的抗拉强度,任意抽取 10 根,计算所测数值的均值,得

$$\overline{x}=\frac{1}{10}\sum_{i=1}^{10}x_i=20,\quad s^2=\frac{1}{10-1}\sum_{i=1}^{10}(x_i-\overline{x})^2=2.5.$$

假设抗拉强度服从正态分布,试以 95% 的可靠性估计这批材料的抗拉强度的置信区间.

解　$t_{\frac{\alpha}{2}}(n-1)=t(n-1,0.05)=t(9,0.05)=2.262$　$\left[\overline{x}-t_{\frac{\alpha}{2}}(n-1)\dfrac{s}{\sqrt{n}},\overline{x}+t_{\frac{\alpha}{2}}(n-1)\dfrac{s}{\sqrt{n}}\right]$

$$=\left[20-2.262\times\sqrt{\frac{2.5}{10}},20+2.262\times\sqrt{\frac{2.5}{10}}\right]$$

$$=[18.869,21.131].$$

（3）正态总体方差的区间估计.

若 μ 未知，则 $\sigma^2\in\left[\dfrac{(n-1)s^2}{\chi^2_{\frac{\alpha}{2}}(n-1)},\dfrac{(n-1)s^2}{\chi^2_{1-\frac{\alpha}{2}}(n-1)}\right]$，其中 $s^2=\dfrac{1}{n-1}\sum_{i=1}^{n}(x_i-\overline{x})^2$.

例 8.8　从某自动车床加工的零件中任意抽取 16 个，则得长度如下：12.15、12.12、12.01、12.08、12.09、12.16、12.03、12.01、12.06、12.13、12.07、12.11、12.08、12.01、12.03、12.06. 设零件长度服从 $N(\mu,\sigma^2)$，求 σ^2 =95%的置信区间.

解　可求得 $\overline{x}=12.075$，$(n-1)s^2=\sum_{i=1}^{n}(x_i-\overline{x})^2=0.0366$，又 $\alpha=0.05$，查附表 4 可得

$$\chi^2_{\frac{\alpha}{2}}(n-1)=\chi^2_{0.025}(15)=27.5,$$

$$\chi^2_{1-\frac{\alpha}{2}}(n-1)=\chi^2_{0.975}(15)=6.26,$$

$$\sigma^2\in\left[\frac{(n-1)s^2}{\chi^2_{\frac{\alpha}{2}}(n-1)},\frac{(n-1)s^2}{\chi^2_{1-\frac{\alpha}{2}}(n-1)}\right]=[0.0013,0.0058].$$

8.4　最小二乘估计

设实测数据为 $(x_1,y_1),(x_2,y_2),\cdots,(x_n,y_n)$，将它们描在平面直角坐标系中，如果关系式 $y_i=a+bx_i+\varepsilon_i$（$i=1,2,3,\cdots,n$）是适合的，则误差 $\varepsilon_i=y_i-a-bx_i(i=1,2,3,\cdots,n)$ 就不会大，即误差平方和 $Q(a,b)=\sum_{i=1}^{n}\varepsilon_i^2=\sum_{i=1}^{n}(y_i-a-bx_i)^2$ 不会大.

最小二乘法就是求 a、b 的估计值 $\hat{a}$、$\hat{b}$，使 $Q(\hat{a},\hat{b})=\sum_{i=1}^{n}\varepsilon_i^2=\sum_{i=1}^{n}(y_i-\hat{a}-\hat{b}x_i)^2$ 的值最小，也称最小平方法.

令 $\dfrac{\partial Q}{\partial a}=0$，$\dfrac{\partial Q}{\partial b}=0$，解得 $\hat{a}=\overline{y}-\hat{b}\overline{x}$，$\hat{b}=\dfrac{l_{xy}}{l_{xx}}$.

其中 $l_{xx}=\sum_{i=1}^{n}(x_i-\overline{x})^2$，$l_{yy}=\sum_{i=1}^{n}(y_i-\overline{y})^2$，$l_{xy}=\sum_{i=1}^{n}(x_i-\overline{x})(y_i-\overline{y})$.

于是得回归直线方程 $\hat{y}=\hat{a}+\hat{b}x$，其显著性检验方法为：设 $H_0:b=0$，$H_1:b\neq0$，计算

统计量 $F = (n-2)\dfrac{S_{回}^2}{S_{残}^2} = (n-2)\dfrac{l_{xy}^2}{l_{xx}l_{yy} - l_{xy}^2}$，查临界值 $F_{1-\alpha}(1, n-2)$．如果 $F > F_{1-\alpha}(1, n-2)$，方程有意义；$F < F_{1-\alpha}(1, n-2)$，方程无意义．

计算 $\hat{\sigma} = \sqrt{\dfrac{S_{残}^2}{n-2}}$ 的值，我们有 95% 的把握认为 $y \in [\hat{y} - 2\hat{\sigma}, \hat{y} + 2\hat{\sigma}]$，有 99% 的把握认为 $y \in [\hat{y} - 3\hat{\sigma}, \hat{y} + 3\hat{\sigma}]$．

例 8.9 在硝酸钠（$NaNO_3$）的溶解度实验中，测得在不同温度 x（℃）下溶解于 100 份水中的硝酸钠的份数 y 的数据如下：

x_i	0	4	10	15	21	29	36	51	68
y_i	66.7	71.0	76.3	80.6	85.7	92.9	99.4	113.6	125.1

其中 x 是自变量，y 是随机变量，求 y 关于 x 的线性回归方程．

解 $n = 9$，$\bar{x} = \dfrac{1}{n}\sum_{i=1}^{n} x_i = \dfrac{1}{9} \times 234 = 26$，$\bar{y} = \dfrac{1}{n}\sum_{i=1}^{n} y_i = \dfrac{1}{9} \times 811.3 = 90.1444$，

$l_{xx} = \sum_{i=1}^{n}(x_i - \bar{x})^2 = \sum_{i=1}^{n} x_i^2 - n\bar{x}^2 = 10144 - 9 \times 26^2 = 4060$，

$l_{yy} = \sum_{i=1}^{n}(y_i - \bar{y})^2 = \sum_{i=1}^{n} y_i^2 - n\bar{y}^2 = 76218.17 - 9 \times 90.1444^2 = 3083.9822$，

$l_{xy} = \sum_{i=1}^{n}(x_i - \bar{x})(y_i - \bar{y}) = \sum_{i=1}^{n} x_i y_i - n\bar{x}\bar{y} = 24628.6 - 9 \times 26 \times 90.1444 = 3543.8$，

$\hat{b} = \dfrac{l_{xy}}{l_{xx}} = 0.8729$，$\hat{a} = \bar{y} - \hat{b}\bar{x} = 67.5078$，回归方程为 $\hat{y} = \hat{a} + \hat{b}x = 67.5078 + 0.8729x$．

8.5 几种常见的假设检验法则

8.5.1 假设检验的几个步骤

第 1 步：将实际问题用统计的术语叙述成一个假设检验的问题；明确**零假设**和**备择假设**的内容和它们的实际意义，要注意正确选用 H_0．

第 2 步：寻找与命题 H_0 有关的统计量，常见的有 $U = \dfrac{|\bar{x} - \mu_0|}{\sigma/\sqrt{n}}$（$X \sim N(\mu, \sigma^2)$ 和 σ^2 已知）、$T = \dfrac{|\bar{x} - \mu_0|}{s/\sqrt{n}}$（$X \sim N(\mu, \sigma^2)$ 和 σ^2 未知）、$\chi^2 = \dfrac{s^2}{[\sigma_0/(n-1)]^2}$（$X \sim N(\mu, \sigma^2)$ 和 μ 未知）．

第 3 步：确定显著性水平 α，对给定的 α 去查统计量相应的分位点的值，这个值就是判断 H_0 是否成立的临界值．

第 4 步：由样本值去计算统计量的数值，将它与临界值比较，从而作出判断．

在这 4 个步骤中，第 2 步是需要数理统计学者们研究解决的，它涉及较多的数学推导和理论分析，实际工作者只需注意其余三步，把问题提清楚，在书上找到有关的统计量及相应的表，查表后对给定的显著性水平 α 确定临界值，再计算统计量的值来判断 H_0 是否成立.

8.5.2 U 检验法

已知 $\sigma^2 = \sigma_0^2$，检验 $H_0 : \mu = \mu_0$，$H_1 : \mu \neq \mu_0$，选择统计量为 $U = \dfrac{|\bar{x} - \mu_0|}{\sigma_0 / \sqrt{n}}$，当 H_0 成立时，$U \sim N(0,1)$，关于 H_0 的拒绝域为 $\{|U| = \dfrac{|\bar{x} - \mu_0|}{\sigma_0 / \sqrt{n}} \geqslant u_{\frac{\alpha}{2}}\}$.

在这个检验问题中，利用了正态概率密度曲线两侧的尾部面积来确定小概率事件，所以这样的检验又称为双侧检验. 这种利用统计量 U 服从正态分布的检验方法称为 U 检验法.

例 8.10 已知某钢铁厂的铁水含碳量在正常情况下服从 $N(4.55, 0.110^2)$，现测得 9 炉铁水，其含碳量分别为 4.27、4.32、4.52、4.44、4.51、4.55、4.35、4.28、4.45. 如果标准差没有改变，总体均值是否有显著变化？

解 （1）建立零假设 H_0 和备择假设 H_1.

$$H_0 : \mu = 4.55 \ , \quad H_1 : \mu \neq 4.55 \ ;$$

（2）选择统计量 $U = \dfrac{|\bar{x} - \mu_0|}{\sigma_0 / \sqrt{n}} = \dfrac{|4.41 - 4.55|}{0.110 / \sqrt{9}} \approx 3.82$ ；

（3）选择显著性水平 α，查附表 2，$\lambda_{1 - \frac{\alpha}{2}} = \lambda_{0.975} = 1.96$ （$\Phi(1.96) = 0.9750$）；

（4）判断得出结论：$U = 3.82 > 1.96$，含碳量与原来相比有显著差异.

8.5.3 T 检验法

方差 σ^2 未知，检验 $H_0 : \mu = \mu_0$，$H_1 : \mu \neq \mu_0$.

由于方差 σ^2 未知，所以 $U = \dfrac{|\bar{x} - \mu_0|}{\sigma_0 / \sqrt{n}}$ 不能作为统计量. 因为样本方差 $s^2 = \dfrac{1}{n-1} \sum_{i=1}^{n} (x_i - \bar{x})^2$ 是 σ^2 的无偏估计，故可用 s 代替 σ 得 T 统计量：$T = \dfrac{|\bar{x} - \mu_0|}{s / \sqrt{n}}$.

当 H_0 为真时，统计量 $T \sim t(n-1)$，对于给定的 α，有

$$P\{|T| \geqslant t_{\frac{\alpha}{2}}(n-1)\} = \alpha \ ,$$

这说明 $|T| \geqslant t_{\frac{\alpha}{2}}(n-1)$ 是一个小概率事件，可见其拒绝域为

$$\left\{ |T| = \dfrac{|\bar{x} - \mu_0|}{s / \sqrt{n}} \geqslant t_{\frac{\alpha}{2}}(n-1) \right\}.$$

例 8.11 由于工业排水引起附近水质污染，现测得鱼的蛋白质中含汞的浓度（ppm）为 0.37、0.266、0.135、0.095、0.101、0.213、0.228、0.167、0.766、0.054，从过去大量的资料判断，鱼的蛋白质中含汞的浓度服从正态分布，并且从工艺过程分析可以推算出理论上含汞

的浓度为 0.10ppm. 问：从这组数据来看，实测值与理论值是否符合？

解　$H_0 : \mu = 0.1$，$H_1 : \mu \neq 0.1$，

$$s^2 = \frac{1}{10-1} \sum_{i=1}^{10} (x_i - \bar{x})^2 = 0.0594，\quad T = \frac{|\bar{x} - \mu_0|}{s/\sqrt{n}} = \frac{0.206 - 0.1}{\sqrt{0.0594/10}} \approx 1.375.$$

查附表 3，$t_{\frac{\alpha}{2}}(9) = 2.262$，$T = 1.375 < t_{\frac{\alpha}{2}}(9) = 2.262$，故实测值与理论值是相符的.

例 8.12　16 种杂种犬按性别和体重分成 8 对，每对中的两只犬再随机分配到对照组和实验组. 在 4 个小时内，对照组吸入 $N_2O - O_2$，实验组吸入 $N_2O - O_2 - 1.3MAC$ 安氟醚. 实验结束 24 小时后测定血清 GPT 含量，结果见下表.

动物对别	血清 GPT 含量（U/L）		差数（X）	X^2
	对照组	实验组		
1	21.3	25.9	4.6	21.16
2	23.7	27.9	4.2	17.64
3	27.2	29.0	1.8	3.24
4	26.1	30.2	4.1	16.81
5	25.5	35.4	9.9	98.01
6	27.4	24.8	−2.6	6.76
7	22.9	33.0	10.1	102.01
8	20.6	28.8	8.2	67.24
合计			40.3	332.87

（1）将计算出的 X 和 X^2 值填入表内相应的位置.

（2）建立检验假设.

（3）计算差数的均数.

（4）计算差数的标准差和标准误差.

（5）吸入 N_2O-O_2-1.3MAC 安氟醚对犬血清 GPT 含量有无影响？

（$t_{0.05}(7) = 2.365$，$V_0 = 1\%$）

解　（1）计算结果已填入表内.

（2）$H_0 : \mu = 0$（吸入 1.3MAC 安氟醚对犬血清 GPT 含量没有影响，两组的差别仅由抽样误差所致），$H_1 : \mu \neq 0$（吸入 1.3MAC 安氟醚对犬血清 GPT 含量有影响）.

（3）$\bar{X} = \dfrac{\sum X}{n} = \dfrac{40.3}{8} = 5.038.$

（4）$s = \sqrt{\dfrac{\sum X^2 - \dfrac{1}{n}(\sum X)^2}{n-1}} = \sqrt{\dfrac{332.87 - 40.3^2/8}{7}} = 4.3071.$

$s_{\bar{X}} = \dfrac{S}{\sqrt{n}} = \dfrac{4.3071}{\sqrt{8}} = 1.5228.$

（5） $t = \dfrac{|\overline{X} - 0|}{s_{\overline{X}}} = \dfrac{5.038}{1.5228} = 3.3084$.

因 为 $t > t_{0.05}(7) = 2.365$ ，所 以 $p < 0.05$ ，说 明 差 数 并 非 抽 样 误 差 所 致，吸 入 $N_2O-O_2-1.3MAC$ 安氟醚 $4h$ 可引起血清 GPT 轻度升高.

例 8.13 某医生对 9 例苯中毒患者用"抗苯一号"治疗，结果如下：治疗前后白血球差数的和为 3.2（10^9/L），差数的平方和为 33.00. 试做显著性检验，判断该药是否影响白血球的变化？（$t_{0.05}(8) = 2.306$）

解 $H_0 : \mu = 0$ ，$H_1 : \mu \neq 0$.

因 $\overline{x} = \dfrac{3.2}{9} = 0.36(10^9/\text{L})$ ，$s = \sqrt{\dfrac{33.00 - \dfrac{1}{9}(0.36)^2}{9 - 1}} = \sqrt{4.1232} = 2.031(10^9/\text{L})$ ，

$s_{\overline{x}} = \dfrac{s}{\sqrt{n}} = \dfrac{2.031}{\sqrt{9}} = 0.677(10^9/\text{L})$ ，$T = \dfrac{|\overline{x} - \mu|}{s_{\overline{x}}} = \dfrac{|0.36 - 0|}{0.677} = 0.532$.

又 $t_{0.05}(8) = 2.306 > T = 0.532$ ，$p > 0.05$ ，不显著，故该药不影响白血球的变化. 建议增加例数，继续观察.

例 8.14 已知正常人的脉搏均数为 72 次/分，现测得 10 例慢性四乙铅中毒患者的脉搏均数为 67 次/分，标准差为 5.97 次/分，问四乙铅中毒患者的平均脉搏是否较正常人的平均脉搏慢？（$t_{0.05}(9) = 2.262$，$t_{0.01}(9) = 3.250$）

解 设 $H_0 : \mu = \mu_0 = 72$ ，$H_1 : \mu > \mu_0$ ，

又 $s_{\overline{x}} = \dfrac{s}{\sqrt{n}} = \dfrac{5.79}{\sqrt{10}} = 1.83$ ，$T = \dfrac{|\overline{x} - \mu|}{s_{\overline{x}}} = \dfrac{|67 - 72|}{1.83} = 2.73$ ，又 $t_{0.05}(n-1) = t_{0.05}(9) = 2.262$，

$t_{0.01}(9) = 3.250$ ，从而 $t_{0.05}(9) < T < t_{0.01}(9)$ ，即 $0.01 < p < 0.05$.

拒绝 H_0 ，接受 H_1 ，说明四乙铅中毒患者的平均脉搏较正常人平均脉搏慢.

8.5.4 χ^2 检验法

均值 μ 未知，检验 $H_0 : \sigma = \sigma_0$ ，$H_1 : \sigma \neq \sigma_0$.

选择统计量 $\chi^2 = \dfrac{(n-1)s^2}{\sigma_0^2}$ ，其中 s^2 是样本方差，它是 σ^2 的无偏估计. 因此 H_0 的拒绝域为 $\{ \chi^2 \leqslant \chi_{1-\frac{\alpha}{2}}^2(n-1) \}$ 或 $\{ \chi^2 \geqslant \chi_{\frac{\alpha}{2}}^2(n-1) \}$.

例 8.15 某车间生产金属丝，生产一向比较稳定，今从产品中任意抽取 10 根检查折断力得数据如下（单位：kg）：578、572、570、568、572、570、572、596、584、570. 问：是否可相信该车间生产的金属丝折断力的方差为 64？

解 $H_0 : \sigma^2 = 64$ ，$H_1 : \sigma^2 \neq 64$ ，$\overline{x} = 575.2$ ，$\chi^2 = \displaystyle\sum_{i=1}^{10}(x_i - \overline{x})^2 / \sigma_0^2 = 681.6/64 = 10.65$ ，查附表 4 得 $\chi_{0.975}^2(9) = 2.70$，$\chi_{0.025}^2(9) = 19.0$ ，$\chi^2 = 10.65 > \chi_{0.975}^2(9) = 2.7$ ，可相信该车间生产的金属丝折断力的方差为 64.

例 8.16 某类钢板的重量指标服从正态分布，按产品标准规定，钢板重量的方差不得超过 $\sigma_0^2 = 0.016$．现从某天生产的钢板中随机抽取 25 块，测得样本方差为 0.025，试问该天生产的钢板是否符合规定标准（$\alpha = 0.01$）（$\chi_{0.99}^2(24) = 42.98$）？

解 设 $H_0: \sigma^2 \leqslant \sigma_0^2 = 0.016$，$H_1: \sigma^2 > \sigma_0^2$，因为 $\chi^2 = \dfrac{(n-1)s^2}{\sigma_0^2} = \dfrac{(25-1) \times 0.025}{0.016} = 37.5$，

又 $\chi_{0.99}^2(24) = 42.98 > 37.5$，所以接受 H_0，说明该天生产的钢板符合规定标准．

设样本 $x_1, x_2, \cdots, x_n$ 来自正态总体 $N(\mu, \sigma^2)$，即

$$\overline{x} = \frac{1}{n}\sum_{i=1}^{n} x_i, \quad s^2 = \frac{1}{n}\sum_{i=1}^{n}(x_i - \overline{x})^2,$$

$t(n)$、$\chi^2(n)$ 分别表示 n 个自由度的 t 分布及 χ^2 分布．

问题	统计量	临界值	否定域
已知 $\sigma^2 = \sigma_0^2$ $H_0: \mu = \mu_0$ $H_1: \mu \neq \mu_0$	$U = \sqrt{n}\,\dfrac{\overline{x} - \mu_0}{\sigma_0}$ $U \sim N(0,1)$	$u_{1-\frac{\alpha}{2}}$ $u_{1-\alpha}$ u_α	$\|U\| > u_{1-\frac{\alpha}{2}}$ $U > u_{1-\alpha}$ $U < u_\alpha$
未知 σ^2 $H_0: \mu = \mu_0$ $H_1: \mu \neq \mu_0$	$t = \sqrt{n-1}\,\dfrac{\overline{x}-\mu_0}{s}$ $t \sim t(n-1)$	$t_{1-\frac{\alpha}{2}}(n-1)$ $t_{1-\alpha}(n-1)$ $t_\alpha(n-1)$	$\|t\| > t_{1-\frac{\alpha}{2}}(n-1)$ $t > t_{1-\alpha}(n-1)$ $t < t_\alpha(n-1)$
未知 μ $H_0: \sigma = \sigma_0$ $H_1: \sigma \neq \sigma_0$	$\chi^2 = \dfrac{ns^2}{\sigma_0^2}$ $\chi^2 \sim \chi^2(n-1)$	$\chi_{1-\frac{\alpha}{2}}^2(n-1)$ 或者 $\chi_{\frac{\alpha}{2}}^2(n-1)$ $\chi_{1-\alpha}^2(n-1)$ $\chi_\alpha^2(n-1)$	$\chi_{1-\frac{\alpha}{2}}^2(n-1) < \chi^2$ 或者 $\chi^2 > \chi_{\frac{\alpha}{2}}^2(n-1)$ $\chi^2 > \chi_{1-\alpha}^2(n-1)$ $\chi^2 < \chi_\alpha^2(n-1)$

说明：

（1）假设检验的依据是小概率原理（在一次试验中可以认为基本上不可能发生），如果在一次试验中小概率事件没有发生，则接受零假设 H_0，否则，就拒绝零假设 H_0．

（2）检验要检验假设 H_0 是否正确是根据一次试验得到的样本作出的判断，因此无论拒绝 H_0 还是接受 H_1，都要承担风险．

（3）假如 H_0 本来是真的，因为一次抽样发生小概率事件而拒绝 H_0，这就犯了所谓的"弃真错误"（又称第一类错误）；

假如 H_0 本来是假的，因为一次抽样没有发生小概率事件而接受 H_0，这就犯了所谓的"存伪错误"（又称第二类错误）．

例 8.17 某企业的产品畅销于国内市场．据以往调查，购买该产品的顾客有 50% 是 30 岁以上的男子．该企业负责人关心这个比例是否变化，而无论是增加还是减少．于是，该企业委托一家咨询机构进行调查，这家咨询机构从众多的购买者中随机抽选了 400 名进行调

查，结果有 210 名为 30 岁以上的男子．该企业负责人希望在显著性水平 $\alpha = 0.05$ 下检验"50% 的顾客是 30 岁以上男子"这个假设是否成立？（$z_{0.975} = 1.96$）

解　$H_0 : p_0 = 50\%$，　$H_1 : p_0 \neq 50\%$，　$z = \dfrac{\mu - np_0}{\sqrt{np_0(1-p_0)}} = \dfrac{210 - 400 \times 0.5}{\sqrt{400 \times 0.5 \times (1-0.5)}} = 1$，又 $z_{0.975} = 1.96 > z = 1$，故接受 H_0，即"50%的顾客是 30 岁以上男子"这个假设成立．

习题 8

1．数理统计的方法按指标的多少、定性或定量可分为几类？

2．试说明：统计处理问题的方法与通常的数学方法有什么不同？

3．已知某样本值为 2.06、2.44、5.91、8.15、8.75、12.50、13.42、15.78、17.23、18.22、22.72．试求样本平均值和样本方差 s^2．

4．设某种罐头的净重 $X \sim N(\mu, \sigma^2)$，其中参数 μ 及 σ^2 都是未知的，现随机抽测 8 听罐头，测得净重（单位：克）为 453、457、454、452.5、453.5、455、456、451．求：（1）μ 及 σ^2 的矩估计量；（2）利用给出的样本观测值计算 μ 及 σ^2 的矩估计值．

5．已知某种电子元件的使用寿命 X（指从开始用到初次失效为止）服从指数分布 $p(x,\lambda) = \lambda e^{-\lambda x}(x > 0,\ \lambda > 0)$，现随机抽取一组样本 $x_1, x_2, x_3, \cdots, x_n$，试用最大似然估计法估计该指数分布中的参数 λ．

6．设总体 X 服从 $[a,b]$ 上的均匀分布，概率密度函数为 $f(x) = \begin{cases} \dfrac{1}{b-a}, & a \leqslant x \leqslant b \\ 0, & \text{其他} \end{cases}$，试求未知参数 a 和 b 的矩估计量．

7．已知 $x_1, x_2, x_3, \cdots, x_n$ 是来自总体密度为 $\dfrac{1}{\theta} e^{-\frac{x}{\theta}}$（$x > 0$）的样本，求 θ 的最大似然估计．

8．某厂生产一型号的滚球，其直径 $X \sim N(\mu, 0.04^2)$，今从产品中随机抽取 10 只，测得直径（单位：毫米）如下：15.1、15、14.6、14.7、14.2、15、14.4、14.7、14.7、14.6，求滚球的平均直径 μ 的 95% 的置信区间．

9．为了对完成某项工作的所需时间建立一个标准，工厂随机抽选了 16 名有经验的工人分别去完成这项工作．结果发现他们所需的平均时间为 13 分钟，样本标准差是 3 分钟．假定完成这项工作的所需时间服从正态分布，试确定完成此项工作所需平均时间的 95% 的置信区间．

10．随机从一批铁钉中抽取 16 枚，测得其长度（单位：厘米）为 2.14、2.10、2.13、2.15、2.13、2.12、2.13、2.10、2.15、2.12、2.14、2.10、2.13、2.11、2.14、2.11．设钉长分布为正态分布，试求总体均值 μ 的 95% 的置信区间：（1）已知 $\sigma = 0.01$；（2）σ 未知．

11．已知某炼铁厂的铁水含碳量在正常生产情况下服从正态分布，其方差 $\sigma^2 = 0.108^2$．现测定了 9 炉铁水，其平均含碳量为 4.484．按此资料计算该厂铁水平均含碳量的置信区间，并要求有 95% 的可靠性.

12. 对某条河上的一座桥的长度进行了 9 次测量，测量结果分别为（单位：米）5.1、5.1、4.8、5.0、4.7、5.0、5.2、5.1、5.0.

已知测量值服从 $N(\mu,1)$，求桥长的信度为 0.95 的置信区间.（已知 $u_{1-\frac{\alpha}{2}}=1.96$，其中 $\alpha=0.05$）

13. 假设某工厂生产一种钢索，其断裂强度 X（kg/cm）服从正态分布，其平均断裂强度为 800kg/cm，标准差为 40kg/cm，现从一批钢索中抽取样本数为 9 的样本并测得数值，计算得 $\sum_{i=1}^{9} x_i =7020$kg/cm. 若方差不变化，则这批钢索的断裂强度的 95.44% 的估计区间是多少？

14. 检测两个随机变量 x、y 得到 5 组数据，由这些数据得到 $\sum_{i=1}^{5} x_i =17.5$，$\sum_{i=1}^{5} y_i =16$，$\sum_{i=1}^{5} x_i^2 =69.25$，$\sum_{i=1}^{5} y_i^2 =60$，$\sum_{i=1}^{5} x_i y_i =63.25$. 求对 x 的回归直线方程.

15. 某炼钢厂废品率与成本之间相应的关系资料如下：

废品率 x_i	1.5	1.7	1.8	1.8
成本 y_i（元/吨）	168	174	182	180

试求：成本 y 对废品率 x 的线性回归方程.

16. 某市居民区对西红柿月需求量（y）与西红柿的价格（x）之间的一组调查数据如下：

价格 x_i	0.8	1	1.5	1.6	1.8	2	2	2.5	3
需求量 y_i（吨）	3	2.5	2.5	2.4	1.8	1.4	1.2	0.8	0.5

求：（1）西红柿月需求量 y 与西红柿的价格 x 的回归直线方程；（2）进行 F 检验，判断回归直线方程的显著性（$\alpha = 0.05$）.

17. 已知某炼铁厂的铁水含碳量在正常情况下服从正态分布 $N(4.55,0.108^2)$，现在测得 5 炉铁水其含碳量分别为 4.28、4.42、4.40、4.37、4.35. 试问若方差没有改变，总体均值有无变化？（$\alpha = 0.05$）

18. 设某异常区磁场强度服从正态分布 $N(56,20^2)$，现有一台新型的仪器，用它对异常区进行磁测，抽测了 40 个点，其平均强度 $\bar{x} = 61.1$ 且方差无变化，试问此仪器测出的结果是否符合要求？（$\alpha = 0.05$）

19. 五名学生彼此独立地测量同一块土地，分别测得其面积（单位：平方公里）为 1.27、1.24、1.21、1.28、1.23. 设测定值服从正态分布，试根据这些数据检验假设 H_0：这块土地的实际面积为 1.23 平方公里.（$\alpha = 0.05$）

20. 某切割机在正常工作时，切割的每段金属棒长服从正态分布，且其平均长度为

10.5cm，标准差为 0.15cm．今从一批产品中随机抽取 16 段进行测量，计算平均长度为 10.48cm，假设方差不变，问切割机工作是否正常？

21．某种零件其长度服从正态分布 $N(32.50,1.21)$，今从一批这样的零件中抽取 9 个，测得尺寸（单位：毫米）为 32.56、29.66、30.05、31.64、31.86、31.03、29.87、33.02、32.41．假如方差没有变化，问在显著性水平 $\alpha = 0.05$ 下这批零件是否合格？

22．洗衣粉包装机正常时，包装量服从正态分布，规定标准量为每袋 500 克．某天开工后，随机抽测了 9 袋，测得净重（单位：克）为 506、497、518、524、488、511、510、515、512．问这天包装机工作是否正常？（$\alpha = 0.05$）

第9章　MATLAB 简介

9.1　初识 MATLAB

MATLAB 的名称源自 MatrixLaboratory，是一门计算语言，专门以矩阵的形式处理数据．MATLAB 将计算与可视化集成到一个灵活的计算机环境中，并提供了大量的内置函数，可以在广泛的工程问题中直接利用这些函数获得数值解．此外，用 MATLAB 编写程序，犹如在一张草稿纸上排列公式和求解问题一样高效率，因此被称为"演算纸式"的科学工程算法语言．在我们高等数学的学习过程中，可以结合 MATLAB 软件做一些简单的编程应用，在一定程度上弥补我们常规教学的不足，同时这也是我们探索高职高专数学课程改革迈出的一步．

MATLAB 具有以下功能：

（1）计算功能：MATLAB 以矩阵作为数据操作的基本单位，还提供了十分丰富的数值计算函数．

（2）MATLAB 和著名的符号计算语言 Maple 相结合，使得 MATLAB 具有符号计算功能．

（3）绘图功能：MATLAB 提供了两种层次的绘图操作，一种是对图形句柄进行的低层绘图操作，另一种是建立在低层绘图操作之上的高层绘图操作．

（4）编程语言：MATLAB 具有程序结构控制、函数调用、数据结构、输入输出、面向对象等程序语言特征，而且简单易学、编程效率高．

（5）工具箱：MATLAB 包含基本部分和各种可选的工具箱两部分，MATLAB 工具箱分为功能性工具箱和学科性工具箱两大类．

例 9.1　绘制正弦曲线和余弦曲线．

```
>>syms x
>>x=[0:0.5:360]*pi/180;
>>plot(x,sin(x),x,cos(x))
```

按回车键后得到图 9.1 所示的结果．

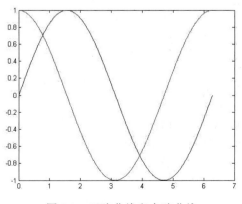

图 9.1　正弦曲线和余弦曲线

例 9.2   求方程 $3x^4 + 7x^3 + 9x^2 - 23 = 0$ 的全部根.

>>p=[3,7,9,0,-23];

>>x=roots(p)

按回车键后得方程的根如下：

x =

    -1.8857

    -0.7604 + 1.7916i

    -0.7604 - 1.7916i

     1.0732

例 9.3   求不定积分 $\int x^3 e^{-x^2} dx$.

>>syms x

>>f=x^3*exp(-x^2);

>>int(f)

按回车键后得函数的不定积分如下：

ans =

    -1/2*x^2/exp(x^2)-1/2/exp(x^2)

例 9.4   求解线性方程组 $\begin{cases} 2x_1 - 3x_2 + x_3 = 4 \\ 8x_1 + 3x_2 + 2x_3 = 2 \\ 45x_1 + x_2 - 9x_3 = 17 \end{cases}$.

>>a=[2,-3,1;8,3,2;45,1,-9];

>>b=[4;2;17];

>>x=inv(a)*b

按回车键后得方程组的解：

x =

    0.4784

   -0.8793

    0.4054

例 9.5   绘制函数 $y = 2\sin x$ 在一个周期内的图形.

>>x=0:pi/10:2*pi;

>>y=2*sin(x);

  subplot(2,2,1);bar(x,y,'g');

  title('bar(x,y,''g'')');axis([0,7,-2,2]);

  subplot(2,2,2);stairs(x,y,'b');

  title('stairs(x,y,''b'')');axis([0,7,-2,2]);

  subplot(2,2,3);stem(x,y,'k');

  title('stem(x,y,''k'')');axis([0,7,-2,2]);

  subplot(2,2,4);fill(x,y,'y');

  title('fill(x,y,''y'')');axis([0,7,-2,2]);

按回车键后得图 9.2 所示的结果.

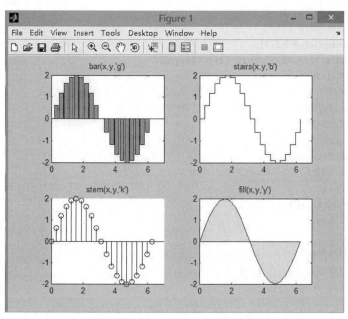

图 9.2　函数 $y = 2\sin x$ 在一个周期内的图形

例 9.6　绘制四个季度的饼图和相量图.

```
subplot(1,2,1);
pie([2347,1827,2043,3025]);
title('饼图');
legend('一季度','二季度','三季度','四季度');
subplot(1,2,2);
compass([7+2.9i,2-3i,-1.5-6i]);
title('相量图');
```

按回车键后得图 9.3 所示的结果.

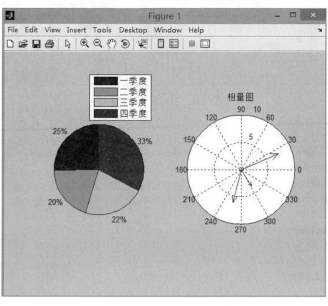

图 9.3　四个季度的饼图和相量图

例 9.7　绘制 3D 图形（1）.

```
>>[x,y]=meshgrid(-8:0.5:8);
z=sin(sqrt(x.^2+y.^2))./sqrt(x.^2+y.^2+eps);
subplot(2,2,1);
mesh(x,y,z);
title('mesh(x,y,z)')
subplot(2,2,2);
meshc(x,y,z);
title('meshc(x,y,z)')
subplot(2,2,3);
meshz(x,y,z)
title('meshz(x,y,z)')
subplot(2,2,4);
surf(x,y,z);
title('surf(x,y,z)')
```

按回车键后得图 9.4 所示的结果.

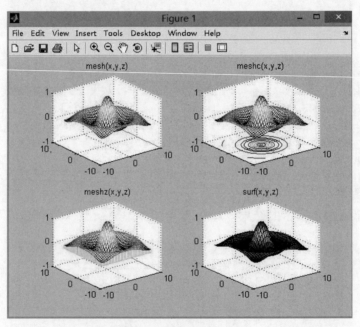

图 9.4　3D 图形（1）

例 9.8　绘制 3D 图形（2）.

```
>>t=0:pi/20:2*pi;
[x,y,z]= cylinder(2+sin(t),30);
subplot(2,2,1);
surf(x,y,z);
subplot(2,2,2);
[x,y,z]=sphere;
surf(x,y,z);
subplot(2,1,2);
[x,y,z]=peaks(30);
surf(x,y,z);_
```

按回车键后得图 9.5 所示的结果.

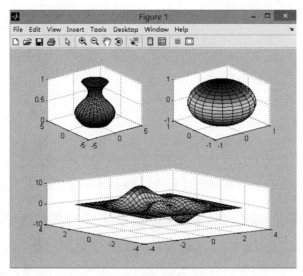

图 9.5　3D 图形（2）

例 9.9　绘制 3D 图形（3）.

```
>>[x,y,z]=sphere(20);
subplot(1,2,1);
surf(x,y,z);axis equal;
light('Posi',[0,1,1]);
shading interp;
hold on;
plot3(0,1,1,'p');text(0,1,1,' light');
subplot(1,2,2);
surf(x,y,z);axis equal;
light('Posi',[1,0,1]);
shading interp;
hold on;
plot3(1,0,1,'p');text(1,0,1,' light');_
```

按回车键后得图 9.6 所示的结果.

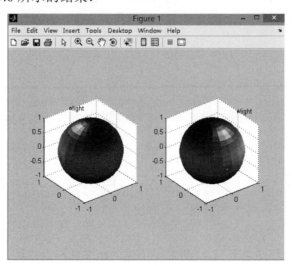

图 9.6　3D 图形（3）

9.2 MATLAB 集成环境

9.2.1 集成环境

启动 MATLAB 后将进入 MATLAB 集成环境，其中包括 MATLAB 主窗口、命令窗口（Command Window）、工作空间（Workspace）窗口、命令历史（Command History）窗口、当前目录（Current Directory）窗口和启动平台（Launch Pad）窗口，如图 9.7 所示.

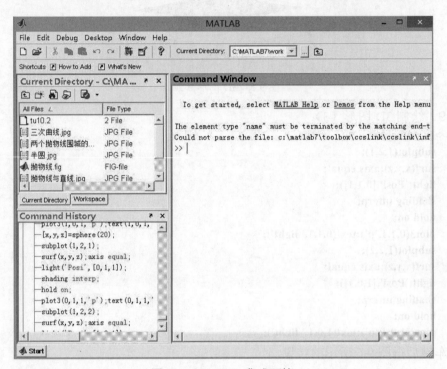

图 9.7　MATLAB 集成环境

9.2.2 主窗口

1. 菜单栏

在 MATLAB 7.0 主窗口的菜单栏中，共有 File、Edit、Debug、Desktop、Window 和 Help 六个菜单项.

2. 工具栏

MATLAB 7.0 主窗口的工具栏一共提供了 10 个命令按钮，这些命令按钮均有对应的菜单命令，但比菜单命令使用起来更快捷、更方便.

3. 命令窗口

命令窗口是 MATLAB 的主要交互窗口,用于输入命令并显示除图形以外的所有执行结果.

MATLAB 命令窗口中的 ">>" 为命令提示符，表示 MATLAB 正处于准备状态. 在命令提示符后输入命令并按下回车键后，MATLAB 就会解释执行所输入的命令，并在命令后面给出计算结果，如图 9.8 所示.

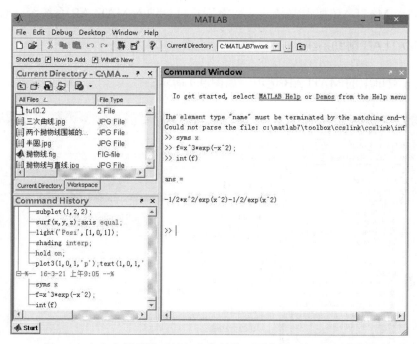

图 9.8　在命令提示符后键入命令并按下回车键后得出计算结果

如果一个命令行很长，在一个物理行之内写不下，就可以在第一个物理行之后加上 3 个小黑点并按下回车键，然后接着下一个物理行继续写命令的其他部分. 3 个小黑点称为续行符，即把下面的物理行看作该行的逻辑继续. 在 MATLAB 里，有很多的控制键和方向键可用于命令行的编辑.

9.2.3　工作空间窗口

工作空间是 MATLAB 用于存储各种变量和结果的内存空间. 在该窗口中显示工作空间中所有变量的名称、大小、字节数和变量类型说明，可对变量进行观察、编辑、保存和删除.

当前目录窗口：当前目录是指 MATLAB 运行文件时的工作目录，只有在当前目录或搜索路径下的文件、函数可以被运行或调用.

在当前目录窗口中可以显示或改变当前目录，还可以显示当前目录下的文件并提供搜索功能.

将用户目录设置成当前目录可以使用 cd 命令. 例如，将用户目录 c:\mydir 设置为当前目录，可在命令窗口输入命令：cd c:\mydir.

MATLAB 的搜索路径：当用户在 MATLAB 命令窗口输入一条命令后，MATLAB 按照一定次序寻找相关的文件. 基本的搜索过程是：

（1）检查该命令是不是一个变量.

（2）检查该命令是不是一个内部函数.

（3）检查该命令是不是当前目录下的 M 文件.

（4）检查该命令是不是 MATLAB 搜索路径中其他目录下的 M 文件. 用户可以将自己的工作目录列入 MATLAB 搜索路径，从而将用户目录纳入 MATLAB 系统统一管理.

9.2.4　MATLAB 帮助系统

选择 Help 菜单中的 MATLAB 选项，如图 9.9 所示.

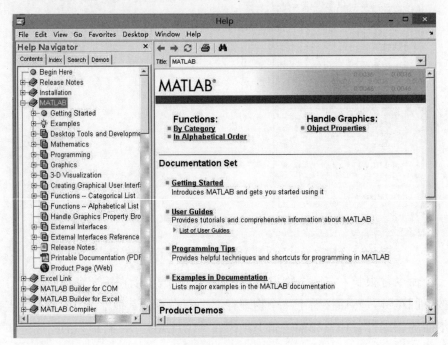

图 9.9　MATLAB

9.3　MATLAB 基本知识

9.3.1　基本运算符及表达式

表 9.1　基本运算符及表达式

数学表达式	MATLAB 运算符	MATLAB 表达式
加	+	$a+b$
减	−	$a-b$
乘	*	$a*b$
除	/或\	a/b 或 $a\backslash b$
幂	^	$a^\wedge b$

说明：

（1）所有运算定义在复数域上．对于方根问题，运算只返回处于第一象限的解．

（2）MATLAB 用左斜杠或右斜杠分别表示"左除"或"右除"运算．对于标量而言，这两者没有区别；但对矩阵来说，"左除"和"右除"将产生不同的影响．

（3）表达式由变量名、运算符和函数名组成．

（4）表达式将按与常规相同的优先级自左至右执行运算．

（5）优先级的规定是：指数运算级别最高，乘除运算级别次之，加减运算级别最低．

（6）括号可以改变运算的次序．

9.3.2　MATLAB 变量命名规则

MATLAB 变量命名规则如下：

（1）变量名、函数名的字母大小表示不同．

（2）变量名的第一个字符必须是英文字母，最多可包含 31 个字符（英文、数字和下划线）．

（3）变量名中不得包含空格、标点，但可以包含下划线．

9.3.3　数值计算结果的显示格式

MATLAB 数值计算结果显示格式的类型列于表 9.2 中．用户在 MATLAB 指令窗中直接输入相应的指令，或者在菜单弹出框中进行选择，都可获得所需的数值计算结果显示格式．

表 9.2　数据显示格式的控制指令

指令	含义	举例说明
formatshort	通常保证小数点后四位有效，最多不超过 7 位；对于大于 1000 的实数，用 5 位有效数字的科学记数形式显示	3.14159 被显示为 3.141590 3141.59 被显示为 3.1416e+ 003
formatlong	15 位数字表示	3.14159265358979
formatshorte	5 位科学记数表示	3.1416e+00
formatlonge	15 位科学记数表示	3.14159265358979e+00
Formatshortg	从 formatshort 和 formatshorte 中自动选择最佳记述方式	3.1416
formatlongg	从 formatlong 和 formatlonge 中自动选择最佳记述方式	3.14159265358979
formatrat	近似有理数表示	355/113
formathex	十六进制表示	400921fb54442d18

注：①formatshort 显示格式是默认的显示格式；②该表中实现的所有格式设置仅在 MATLAB 的当前执行过程中有效．

9.3.4　MATLAB 指令行中的标点符号

表 9.3　MATLAB 指令行中的标点符号

名称	标点	作用
逗号	,	用作要显示计算结果的指令与其后指令之间的分隔；用作输入量与输入量之间的分隔；用作数组元素分隔符
黑点	.	用作数值表示中的小数点
分号	;	用作不显示计算结果指令的"结尾"标志；用作不显示计算结果指令与其后指令的分隔；用作数组行间分隔符
冒号	:	用以生成一维数值数组；用作单下标援引时表示全部元素构成的长列；用作多下标援引时表示所在维上的全部元素
注释号	%	由它"启首"后的所有物理行部分被看作非执行的注释符
单引号对	' '	字符串标记符
方括号	[]	输入数组时用；函数指令输出宗量列表时用
圆括号	( )	数组援引时用；函数指令输入宗量列表时用
花括号	{}	元胞数组记述符
下连线	_	（为便于阅读）用作一个变量、函数或文件名中的连字符
连行号	…	由三个以上连续黑点构成，它把其下的物理行看作该行的"逻辑"继续，以构成一个"较长"的完整指令

9.3.5　MATLAB 指令窗的常用控制指令

表 9.4　MATLAB 指令窗的常用控制指令

指令	含义	指令	含义
cd	设置当前工作目录	exit	关闭/退出 MATLAB
clf	清除图形窗	quit	关闭/退出 MATLAB
clc	清除指令窗中显示的内容	md	创建目录
clear	清除 MATLAB 工作空间中保留的变量	more	使其后的显示内容分页进行
dir	列出指定目录下的文件和子目录清单	type	显示指定M文件的内容

9.3.6　数学函数

表 9.5　数学函数

1．函数　sin、sinh	6．函数　cot、coth
功能　正弦函数与双曲正弦函数	功能　余切函数与双曲余切函数
格式　Y = sin(X)　　Y = sinh(X)	格式　Y = cot(X)　　Y = coth(X)
2．函数　asin、asinh	7．函数　acot、acoth
功能　反正弦函数与反双曲正弦函数	功能　反余切函数与反双曲余切函数
格式　Y = asin(X)　　Y = asinh(X)	格式　Y = acot(X)　　Y = acoth(X)
3．函数　cos、cosh	8．函数　sec、sech
功能　余弦函数与双曲余弦函数	功能　正割函数与双曲正割函数
格式　Y = cos(X)　　Y = cosh(X)	格式　Y = sec(X)　　Y = sech(X)
4．函数　acos、acosh	9．函数　asec、asech
功能　反余弦函数与反双曲余弦函数	功能　反正割函数与反双曲正割函数
格式　Y = acos(X)　　Y = acosh(X)	格式　Y = asec(X)　　Y = asech(X)
5．函数　tan、tanh	10．函数　csc、csch
功能　正切函数与双曲正切函数	功能　余割函数与双曲余割函数
格式　Y = tan(X)　　Y = tanh(X)	格式　Y = csc(X)　　Y = csch(X)

第10章 数学实验

实验一 MATLAB 在极限中的应用

在 MATLAB 软件中，通常用 limit 函数来求极限，其用法如表 10.1 所示.

表 10.1 limit 函数的用法

表达式	函数格式	备注
$\lim\limits_{x \to a} f(x)$	limit(f,x,a)	若 $a=0$ 且是对 x 求极限，可简写为 limit(f)
$\lim\limits_{x \to a^-} f(x)$	limit(f,x,a,'left')	左趋近于 a
$\lim\limits_{x \to a^+} f(x)$	limit(f,x,a,'right')	右趋近于 a

例 10.1 计算下列极限：

（1）$\lim\limits_{x \to 0} \dfrac{\cos x - \mathrm{e}^{\frac{x^2}{2}}/2}{4}$；

（2）$\lim\limits_{x \to 2} \dfrac{x-2}{x^2-4}$；

（3）$\lim\limits_{x \to 0} \dfrac{2^x - \ln 2^x - 1}{1 - \cos x}$；

（4）$\lim\limits_{x \to 0^-} \dfrac{1}{x}$.

解

（1）
```
>>syms x % 把字符 x 定义为符号
>>limit((cos(x)-exp(x^2/2)/2)/4)
ans=

1/8
```
（2）
```
>>limit((x-2)/(x^2-4),x,2)
ans=

1/4
```
（3）
```
>>limit(2^x-log(2^x)-1)/(1-cos(x),x,0)
ans=

log(2)^2
```

（4）

>>limit(1/x,x,0,'left')
ans=

-inf

练习 1：

$$\lim_{x \to 0} \frac{1}{x};$$

_____

$$\lim_{x \to 0} \frac{\sin x}{x};$$

_____

$$\lim_{x \to +\infty} \left(1 + \frac{1}{x}\right)^x;$$

_____

$$\lim_{x \to +\infty} \left(1 + \frac{t}{2x}\right)^{4x}.$$

_____
_____

练习 2

（1）$\lim\limits_{x \to 0} \dfrac{\sin \sqrt{2}x}{x}$；

（2）$\lim\limits_{x \to 0} \dfrac{\sin 3x}{\sin 6x}$；

（3）$\lim\limits_{x \to \pi} \dfrac{\sin 3x}{x - \pi}$；

（4）$\lim\limits_{x \to 1} \dfrac{\tan(x-1)}{x^2 - 1}$；

（5）$\lim\limits_{x \to 0} \dfrac{\tan x - \sin x}{1 - \cos 2x}$；

（6）$\lim\limits_{x \to -1} \dfrac{x^3 + 1}{\sin(x+1)}$；

（7）$\lim\limits_{x \to 0^+} \dfrac{x}{\sqrt{1 - \cos x}}$；

（8）$\lim\limits_{x \to 0} \dfrac{\tan x - \sin x}{\sin^3 x}$；

（9）$\lim\limits_{x \to \infty} \left(1 + \dfrac{2}{x}\right)^{x+1}$；

（10）$\lim\limits_{x \to 0} \left(\dfrac{2 + x}{2}\right)^{\frac{1}{2x}}$.

解

（1）

_____
_____

（2）

_____

_____

（3）

_____

_____

（4）

_____

_____

（5）

_____

_____

（6）

_____

_____

（7）

_____

_____

（8）

_____

_____

（9）

_____

_____

（10）

_____

_____

实验二　MATLAB 在导数中的应用

MATLAB 软件提供的求函数导数的指令是 diff，具体使用格式如下：

（1）diff(f,x)表示对 f（这里 f 是一个函数表达式）求关于符号变量 x 的一阶导数. 若 x 缺省，则表示求 f 对预设独立变量的一阶导数.

（2）diff(f,x,n)表示对 f 求关于符号变量 x 的 n 阶导数. 若 x 缺省，则表示求 f 对预设独立变量的 n 阶导数.

例 10.2　已知 $f(x) = ax^3 + bx^2 + c$，求 $f(x)$ 的一阶、二阶导数.

```
>>syms a b c x
>>f=a*x^3+b*x^2+c;
>>diff(f,x)
ans=
3*a*x^2+2*b*x
>>diff(f,2)
ans=
6*a*x+2*b
```

例 10.3　已知 $f(x) = e^{2x} \ln(x^2 + 1) \tan(-x)$，求 $f(x)$ 的一阶导数.

```
>>syms x
>>f=exp(2*x)*log(x^2+1)*tan(-x);
>>diff(f,x)
ans=
    -2*exp(2*x)*log(x^2+1)*tan(x)-2*exp(2*x)*x/(x^2+1)*tan(x)-exp(2*x)*log(x^2+1)*(1+tan(x)^2)
```

练习 1　计算下列函数的一阶导数：

（1）　$y = \sin^2(\ln x)$；

（2）　$y = \ln \sin(x^2 + 1) + 2^{-x}$；

（3）　$y = e^{\arctan \sqrt{x+1}}$；

（4）　$y = \sin \dfrac{x}{\sqrt{x+1}}$；

（5）　$y = \sqrt{1 + \cos^2 x^2}$.

解

（1）

（2）

（3）

（4）

（5）

练习 2　对下列实际问题建模求解：

（1）（**野生动物乐园面积最大问题**）　现有全长为 12000m 的铁丝网，想利用这些铁丝网和一段直线河岸作为自然边界，围成两个长方形野生动物乐园．

假定要圈的野生动物乐园是两个相邻的长方形，它们都可以利用一段直线河岸作为自然边界（如图 10.1 所示），试确定该野生动物乐园的长宽尺寸，以使其总面积为最大．

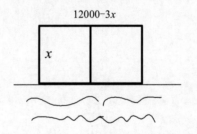

图 10.1　野生动物乐园面积最大问题

（2）（**抗弯截面模量的最大值问题**）　对于一根截面为矩形的横梁，当截面矩形的长和宽分别为 h 和 b（如图 10.2 所示）时，它的抗弯截面模量为 $W = \dfrac{1}{6}bh^2$．现在要求在一根截面圆半径为 R 的圆木上，截出一个抗弯截面模量最大的矩形横梁，试确定其长和宽的尺寸．

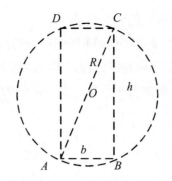

图 10.2　抗弯截面模量的最大值问题

（3）设糕点厂加工生产 A 类糕点的总成本函数和收入函数分别是
$$C(x)=100+2x+0.02x^2\ (\text{元}),\quad R(x)=7x+0.01x^2\ (\text{元}).$$

求：（1）边际利润函数及日产量分别是 200 公斤、250 公斤和 300 公斤时的边际利润，并说明其经济意义；（2）A 类糕点日产量的最佳生产水平及最大利润.

实验三　MATLAB 在积分中的应用

MATLAB 软件提供的求函数积分的指令是 int，具体使用格式如下：

（1）int(f)返回 f 对预设独立变量的积分值；

（2）int(f,v)返回 f 对独立变量 v 的积分值；

（3）int(f,a,b)返回 f 对预设独立变量的积分值，积分区间为[a,b]，a 和 b 为数值式；

（4）int(f,v,a,b)返回 f 对独立变量的积分值，积分区间为[a,b]，a 和 b 为数值式；

（5）int(f,m,n)返回 f 对预设变量的积分值，积分区间为[m,n]，m 和 n 为符号式.

例 10.4 求下列函数的积分：

（1）$\int x^3 e^{-x^2} dx$；

（2）$\int \dfrac{dx}{x\sqrt{x^2+1}}$；

（3）$\int_{\frac{\pi}{4}}^{\frac{\pi}{3}} \dfrac{x^2}{\sin^2 x} dx$；

（4）$\int_0^{\frac{\pi}{2}} \sin^4 x \cos^2 x dx$；

（5）$\int_0^1 \dfrac{2+x^2}{1+x^2} dx$.

解

（1）
```
>>syms x
>>f=sym('x^3*exp(-x^2)')%或 int('x^3*exp(-x^2)')
f=
x^3*exp(-x^2)
>>int(f)
ans=
-1/2*x^2/exp(x^2)-1/2/exp(x^2)
```

（2）
```
>>int('1/(x*sqrt(x^2+1))')
ans=
-atanh(1/(x^2+1)^(1/2))
```

（3）
```
>>syms x
>>I=int('x/sin(x)^2',x,pi/4,pi/3)
I=
-1/9*pi*3^(1/2)-1/2*log(2)+1/2*log(3)+1/4*pi
```

（4）
```
>>int('sin(x)^4*cos(x)^2',x,0,pi/2)
ans=
1/32*pi
```

（5）
```
>>syms x
>>I=int('(2+x^2)/(1+x^2)',x,0,1)
I =
  1+1/4*pi
```

练习 1 求下列积分：

（1）$\int \sec x(\sec x - \tan x) dx$；

（2）$\int \dfrac{\cos 2x}{\sin^2 x \cos^2 x} dx$；

（3）$\displaystyle\int \frac{\mathrm{d}x}{\sqrt{\mathrm{e}^x+1}}$ ；

（4）$\displaystyle\int \frac{\mathrm{d}x}{\sqrt{x(1-x)}}$ ；

（5）$\displaystyle\int \mathrm{e}^{-x}\cos 2x\mathrm{d}x$ ；

（6）$\displaystyle\int \ln(1+x^2)\mathrm{d}x$ ；

（7）$\displaystyle\int_{-\pi}^{\pi} x^3\sin^2 x\mathrm{d}x$ ；

（8）$\displaystyle\int_1^{\mathrm{e}} \cos\ln x\mathrm{d}x$ ；

（9）$\displaystyle\int_0^{\frac{\pi}{2}} \mathrm{e}^x\cos x\mathrm{d}x$.

（1）

（2）

（3）

（4）

（5）

（6）

（7）

（8）

（9）

练习 2　对下列实际问题建模求解：

（1）设有一形状为等腰梯形的闸门铅直竖立于水中，其上底为 8m、下底为 4m、高为 6m，闸门顶端与水面齐平，求水对闸门的压力，如图 10.3 所示.

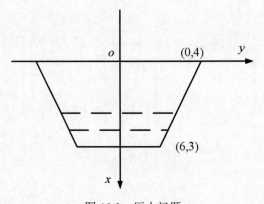

图 10.3　压力问题

提示：$\mathrm{d}F = \rho g x 2 y \mathrm{d}x = 2 \times 9.8 \times 10^3 \left(4 - \dfrac{x}{3}\right) x \mathrm{d}x$.

（2）设生产某商品的固定成本是 20 元，边际成本函数 $C'(q) = 0.4q + 2$ （元/单位），求总成本函数 $C(q)$．如果该商品的销售单价为 22 元且产品可以全部卖出，问每天的产量为多少个单位时可使利润达到最大？最大利润是多少？

实验四　MATLAB 在线性代数中的应用

一、数值矩阵的生成

MATLAB 的强大功能之一体现在能直接处理向量或矩阵．当然，首要任务是输入待处理的向量或矩阵．

不管是任何矩阵（向量），我们都可以直接按行方式输入每个元素：同一行中的元素用逗号（,）或者用空格符来分隔，且空格个数不限；不同的行用分号（;）分隔．所有元素处于一方括号（[ ]）内，当矩阵是多维（三维以上）且方括号内的元素是维数较低的矩阵时，会有多重的方括号．如：

```
>> Time = [11   12   1   2   3   4   5   6   7   8   9   10]
   Time =
          11   12   1   2   3   4   5   6   7   8   9   10
>> X_Data = [2.32   3.43;4.37   5.98]
   X_Data =
          2.32   3.43
          4.37   5.98
>> vect_a = [1   2   3   4   5]
   vect_a =
          1   2   3   4   5
>> Matrix_B = [1   2   3;2   3   4;3   4   5]
   Matrix_B = 1   2   3
              2   3   4
              3   4   5
>> Null_M = [ ]                %生成一个空矩阵
```

二、符号矩阵的生成

在 MATLAB 中输入符号向量或矩阵的方法和输入数值类型的向量或矩阵的方法在形式上很相似，只不过要用到符号矩阵定义函数 sym 或者是用到符号定义函数 syms，先定义一些必要的符号变量，再像定义普通矩阵一样输入符号矩阵.

1. 用命令 sym 定义矩阵

这时的函数 sym 实际是定义一个符号表达式，这时的符号矩阵中的元素可以是任何符号或表达式，而且长度没有限制，只是将方括号置于用于创建符号表达式的单引号中.

例 10.5

```
>> sym_matrix = sym('[a b c;Jack,Help Me!,NO WAY!]')
    sym_matrix =
                [a          b          c]
                [Jack    Help Me!    NO WAY!]
>> sym_digits = sym('[1 2 3;a b c;sin(x)cos(y)tan(z)]')
    sym_digits =
                [1          2          3]
                [a          b          c]
                [sin(x) cos(y) tan(z)]
```

2. 用命令 syms 定义矩阵

先定义矩阵中的每一个元素为一个符号变量，然后像普通矩阵一样输入符号矩阵.

例 10.6

```
>> syms  a  b  c;
>> M1 = sym('Classical');
>> M2 = sym('Jazz');
>> M3 = sym('Blues')
>> syms_matrix = [a   b   c; M1, M2, M3;int 2 str([2   3   5])]
    syms_matrix =
                [    a        b        c]
                [Classical  Jazz   Blues]
                [    2        3        5]
```

把数值矩阵转化成相应的符号矩阵.

三、特殊矩阵的生成

命令　全零阵

函数　zeros

格式　B = zeros(n)   %生成 $n \times n$ 全零阵

　　　B = zeros(m,n)   %生成 $m \times n$ 全零阵

　　　B = zeros([m n])   %生成 $m \times n$ 全零阵

　　　B = zeros(d1,d2,d3,…)   %生成 $d1 \times d2 \times d3 \times \cdots$ 全零阵或数组

　　　B = zeros([d1 d2 d3,…])   %生成 $d1 \times d2 \times d3 \times \cdots$ 全零阵或数组

　　　B = zeros(size(A))   %生成与矩阵 A 相同大小的全零阵

命令　单位阵

函数　eye

格式　Y=eye(n)　　　　　　　　　%生成 $n×n$ 单位阵

　　　Y=eye(m,n)　　　　　　　　%生成 $m×n$ 单位阵

　　　Y=eye(size(A))　　　　　　　%生成与矩阵 A 相同大小的单位阵

命令　全 1 阵

函数　ones

格式　Y = ones(n)　　　　　　　　%生成 $n×n$ 全 1 阵

　　　Y=ones(m,n)　　　　　　　　%生成 $m×n$ 全 1 阵

　　　Y=ones([m n])　　　　　　　%生成 $m×n$ 全 1 阵

　　　Y=ones(d1,d2,d3⋯)　　　　%生成 $d1×d2×d3×⋯$ 全 1 阵或数组

　　　Y=ones([d1 d2 d3⋯])　　　%生成 $d1×d2×d3×⋯$ 全 1 阵或数组

　　　Y=ones(size(A))　　　　　　%生成与矩阵 A 相同大小的全 1 阵

命令　均匀分布随机矩阵

函数　rand

格式　Y=rand(n)　　　　　　　　%生成 $n×n$ 随机矩阵，其元素在 $(0,1)$ 内

　　　Y=rand(m,n)　　　　　　　%生成 $m×n$ 随机矩阵

　　　Y=rand([m n])　　　　　　%生成 $m×n$ 随机矩阵

　　　Y=rand(m,n,p,⋯)　　　　%生成 $m×n×p×⋯$ 随机矩阵或数组

　　　Y=rand([m n p⋯])　　　　%生成 $m×n×p×⋯$ 随机矩阵或数组

　　　Y=rand(size(A))　　　　　　%生成与矩阵 A 相同大小的随机矩阵

　　　rand　　　　　　　　　　　%无变量输入时只产生一个随机数

　　　s=rand('state')　　　　　　%产生包括均匀发生器当前状态的 35 个元素的向量

　　　s=rand('state', s)　　　　　%重置状态为 s

　　　s=rand('state', 0)　　　　　%重置发生器到初始状态

　　　s=rand('state', j)　　　　　%对整数 j 重置发生器到第 j 个状态

　　　s=rand('state', sum (100*clock))　　　%每次重置到不同状态

例 10.7　产生一个 $3×4$ 随机矩阵.

```
>> R=rand(3,4)
R=
    0.9501    0.4860    0.4565    0.4447
    0.2311    0.8913    0.0185    0.6154
    0.6068    0.7621    0.8214    0.7919
```

例 10.8　产生一个在区间 $[10, 20]$ 内均匀分布的四阶随机矩阵.

```
>> a=10;b=20;
>> x=a+(b-a)*rand(4)
x =
    19.2181    19.3547    10.5789    11.3889
```

17.3821	19.1690	13.5287	12.0277
11.7627	14.1027	18.1317	11.9872
14.0571	18.9365	10.0986	16.0379

命令　正态分布随机矩阵

函数　randn

格式　Y = randn(n)　　　　　　　　%生成 $n×n$ 正态分布随机矩阵

　　　　Y = randn(m,n)　　　　　　%生成 $m×n$ 正态分布随机矩阵

　　　　Y = randn([m n])　　　　　%生成 $m×n$ 正态分布随机矩阵

　　　　Y = randn(m,n,p,…)　　　%生成 $m×n×p×…$ 正态分布随机矩阵或数组

　　　　Y = randn([m n p…])　　 %生成 $m×n×p×…$ 正态分布随机矩阵或数组

　　　　Y = randn(size(A))　　　　%生成与矩阵 A 相同大小的正态分布随机矩阵

　　　　randn　　　　　　　　　　%无变量输入时只产生一个正态分布随机数

　　　　s = randn('state')　　　　　%产生包括正态发生器当前状态的 2 个元素的向量

　　　　s = randn('state', s)　　　　%重置状态为 s

　　　　s = randn('state', 0)　　　　%重置发生器为初始状态

　　　　s = randn('state', j)　　　　%对整数 j 重置状态到第 j 状态

　　　　s = randn('state', sum(100*clock))　　%每次重置到不同状态

四、矩阵运算

1．加、减运算

运算符："+"和"-"分别为加、减运算符．

运算规则：对应元素相加、减，即按线性代数中矩阵的"+"和"-"运算进行．

例 10.9

```
>>A=[1, 1, 1; 1, 2, 3; 1, 3, 6]
>>B=[8, 1, 6; 3, 5, 7; 4, 9, 2]
>>A+B=A+B
>>A-B=A-B
```

结果显示为

```
A+B=
    9    2    7
    4    7   10
    5   12    8
A-B=
   -7    0   -5
   -2   -3   -4
   -3   -6    4
```

2．乘法

运算符："*"．

运算规则：按线性代数中矩阵的乘法运算进行，即放在前面的矩阵的各行元素，分别与放在后面的矩阵的各列元素对应相乘并相加．

（1）两个矩阵相乘.

例 10.10

```
>>X= [2   3   4   5;
       1   2   2   1];
>>Y=[0   1   1;
      1   1   0;
      0   0   1;
      1   0   0];
Z=X*Y
```

结果显示为

```
Z=
     8   5   6
     3   3   3
```

（2）矩阵的数乘：数乘矩阵.

由上面的矩阵可以计算：a=2*X

则显示：a =

```
     4   6   8   10
     2   4   4   2
```

向量的点乘（内积）：维数相同的两个向量的点乘.

数组乘法：$A*B$ 表示 A 与 B 对应元素相乘.

（3）向量点积.

函数　dot

格式　$C = \mathrm{dot}(A,B)$　%若 A、B 为向量，则返回向量 A 与 B 的点积，A 与 B 长度相同；若 A、B 为矩阵，则 A 与 B 有相同的维数

　　　$C = \mathrm{dot}(A,B,dim)$　　%在 dim 维数中给出 A 与 B 的点积

例 10.11

```
>>X=[-1   0   2];
>>Y=[-2   -1   1];
>>Z=dot(X, Y)
```

结果显示为

```
Z =
     4
```

还可用另一种算法：

```
sum(X*Y)
ans=
     4
```

（4）向量叉乘.

在数学上，两向量的叉乘是一个过两相交向量的交点且垂直于两向量所在平面的向量，在 MATLAB 中可以用函数 cross 实现.

函数　cross

格式　C = cross(A,B)　　%若 A、B 为向量，则返回 A 与 B 的叉乘，即 $C=A\times B$，A、B 必须是 3 个元素的向量；若 A、B 为矩阵，则返回一个 $3\times n$ 矩阵，其中的列是 A 与 B 对应列的叉积，A、B 都是 $3\times n$ 矩阵

　　　　C = cross(A,B,dim)　　%在 dim 维数中给出向量 A 与 B 的叉积，A 和 B 必须具有相同的维数，size(A,dim)和 size(B,dim)必须是 3

例 10.12　计算垂直于向量(1, 2, 3)和(4, 5, 6)的向量.

```
>>a=[1   2   3];
>>b=[4   5   6];
>>c=cross(a,b)
```

结果显示为

```
c=
        -3      6      -3
```

可得垂直于向量(1, 2, 3)和(4, 5, 6)的向量为 $\pm(-3, 6, -3)$.

3. 矩阵转置

运算符："′".

运算规则：若矩阵 A 的元素为实数，则与线性代数中矩阵的转置相同；若 A 为复数矩阵，则 A 转置后的元素由 A 对应元素的共轭复数构成.

若仅希望转置，则用如下命令：$A.'$.

4. 方阵的行列式

函数　det

格式　d = det(X)　　　%返回方阵 X 的多项式的值

例 10.13

```
>> A=[1 2 3;4 5 6;7 8 9]
   A =
          1      2      3
          4      5      6
          7      8      9
   >> D=det(A)
     D =
          0
```

5. 矩阵的秩

函数　rank

格式　k = rank (A)　　　%求矩阵 A 的秩

　　　　k = rank (A,tol)　　　%tol 为给定误差

五、矩阵分解

1. Cholesky 分解

函数　chol

格式　R = chol(X)　　　%如果 X 为 n 阶对称正定矩阵，则存在一个实的非奇异上三角

矩阵 R，满足 $R'*R = X$；若 X 非正定，则产生错误信息

[R,p] = chol(X)　　%不产生任何错误信息，若 X 为正定矩阵，则 $p=0$，R 是一个实的非奇异上三角矩阵；若 X 非正定，则 p 为正整数，R 是有序的上三角矩阵

例 10.13

```
>> X=pascal(4)      %产生 4 阶 pascal 矩阵
   X=
        1    1    1    1
        1    2    3    4
        1    3    6   10
        1    4   10   20
>> [R,p]=chol(X)
   R=
        1    1    1    1
        0    1    2    3
        0    0    1    3
        0    0    0    1
   p =
        0
```

2. LU 分解

矩阵的三角分解又称 LU 分解，它的目的是将一个矩阵分解成一个下三角矩阵 L 和一个上三角矩阵 U 的乘积，即 $A=LU$.

函数　lu

格式　[L,U] = lu(X)　　%U 为上三角矩阵，L 为下三角矩阵或其变换形式，满足 $LU=X$

[L,U,P] = lu(X)　　%U 为上三角矩阵，L 为下三角矩阵，P 为单位矩阵的行变换矩阵，满足 $LU=PX$

例 10.14

```
>> A=[1 2 3;4 5 6;7 8 9];
>> [L,U]=lu(A)
   L=
        0.1429    1.0000         0
        0.5714    0.5000    1.0000
        1.0000         0         0
   U=
        7.0000    8.0000    9.0000
             0    0.8571    1.7143
             0         0    0.0000
>> [L,U,P]=lu(A)
   L=
        1.0000         0         0
        0.1429    1.0000         0
        0.5714    0.5000    1.0000
   U=
```

7.0000	8.0000	9.0000
0	0.8571	1.7143
0	0	0.0000

P=

0	0	1
1	0	0
0	1	0

3. QR 分解

将矩阵 A 分解成一个正交矩阵与一个上三角矩阵的乘积.

函数　qr

格式　[Q,R] = qr(A)　　　%求得正交矩阵 Q 和上三角矩阵 R，Q 和 R 满足 $A=QR$

　　　[Q,R,E] = qr(A)　　　%求得正交矩阵 Q 和上三角矩阵 R，E 为单位矩阵的变换形式，R 的对角线元素按大小降序排列，满足 $AE=QR$

　　　[Q,R] = qr(A,0)　　　%产生矩阵 A 的"经济大小"分解

　　　[Q,R,E] = qr(A,0)　%E 的作用是使 R 的对角线元素降序，且 $Q*R=A(:,E)$

　　　R = qr(A)　　　　　%稀疏矩阵 A 的分解，只产生一个上三角阵 R，满足 $R'*R=A'*A$，用这种方法计算 $A'*A$ 时减少了内在数字信息的损耗

　　　[C,R] = qr(A,b)　　　%用于稀疏最小二乘问题 minimize$\|Ax-b\|$的两步解：$[C,R]=$qr(A,b)，$x = R\backslash c$.

　　　R = qr(A,0)　　　　%针对稀疏矩阵 A 的经济型分解

　　　[C,R] = qr(A,b,0)　　%针对稀疏最小二乘问题的经济型分解

函数　qrdelete

格式　[Q,R] = qrdelete(Q,R,j)　　%返回将矩阵 A 的第 j 列移去后的新矩阵的 qr 分解

例 10.15

```
>>A =[ 1   2   3;4   5   6;7   8   9;10   11   12];
>>[Q,R] = qr(A)
    Q=
    -0.0776    -0.8331    0.5444    0.0605
    -0.3105    -0.4512    -0.7709    0.3251
    -0.5433    -0.0694    -0.0913    -0.8317
    -0.7762    0.3124    0.3178    0.4461
    R=
    -12.8841    -14.5916    -16.2992
    0    -1.0413    -2.0826
    0    0    0.0000
    0    0    0
```

六、线性方程组的求解

求方程组的唯一解：对增广矩阵施行初等行变换.

例 10.16　求 $\begin{cases} 5x_1 + 6x_2 = 1 \\ x_1 + 5x_2 + 6x_3 = 0 \\ x_2 + 5x_3 + 6x_4 = 0 \\ x_3 + 5x_4 + 6x_5 = 0 \\ x_4 + 5x_5 = 1 \end{cases}$ 的解.

解法一：

```
>> A=[5,6,0,0,0,1;1,5,6,0,0,0;0,1,5,6,0,0;0,0,1,5,6,0;0,0,0,1,5,1];
>> C=rref(A)
C =
1.0000        0        0        0        0    2.2662
     0   1.0000        0        0        0   -1.7218
     0        0   1.0000        0        0    1.0571
     0        0        0   1.0000        0   -0.5940
     0        0        0        0   1.0000    0.3188
>>D=C(:,6:6)
D =
2.2662
-1.7218
1.0571
-0.5940
0.3188
```

解法二：

```
>> A=[5,6,0,0,0;1,5,6,0,0;0,1,5,6,0;0,0,1,5,6;0,0,0,1,5];
>>b=[1,0,0,0,1];
>>R_A=rank(A)
X=A\b
X =
2.2662
-1.7218
1.0571
-0.5940
0.3188
```

求齐次线性方程组的通解：求出解空间的一组基（基础解系）.

例 10.17　求齐次线性方程组 $\begin{cases} x_1 + 2x_2 + 2x_3 + x_4 = 0 \\ 2x_1 + x_2 - 2x_3 - 2x_4 = 0 \\ x_1 - x_2 - 4x_3 - 3x_4 = 0 \end{cases}$ 的通解.

解法一：

```
>> A=[1,2,2,1;2,1,-2,-2;1,-1,-4,-3];
>> B=rref(A)
B =
1.0000        0   -2.0000   -1.6667
     0   1.0000    2.0000    1.3333
     0        0        0        0
```

基础解系为 $X_1 = (2 \quad -2 \quad 1 \quad 0)^T$，$X_2 = (\frac{5}{3} \quad -\frac{4}{3} \quad 0 \quad 1)^T$.

解法二：

```
>> A=[1,2,2,1;2,1,-2,-2;1,-1,-4,-3];
>> format rat              %指定有理式格式输出
>> B=null(A,'r')           %求解空间的有理基
B =
2        5/3
-2       -4/3
1         0
0         1
```

求非齐次线性方程组的通解步骤如下：第 1 步，判断 $AX=b$ 是否有解，若有解则进行第 2 步；第 2 步，求 $AX=b$ 的一个特解；第 3 步，求 $AX=0$ 的通解；第 4 步，（ $AX=b$ 的通解）＝（ $AX=0$ 的通解）＋（ $AX=b$ 的特解）.

附　　录

附表 1　泊松分布数值表

$$P\{\xi = m\} = \frac{\lambda^m}{m!} e^{-\lambda}$$

m \ λ	0.1	0.2	0.3	0.4	0.5	0.6	0.7	0.8	0.9	1.0	1.5	2.0	2.5	3.0
0	0.9048	0.8187	0.7408	0.6703	0.6065	0.5488	0.4966	0.4493	0.4066	0.3679	0.2231	0.1353	0.0821	0.0498
1	0.0905	0.1637	0.2223	0.2681	0.3033	0.3293	0.3476	0.3595	0.3659	0.3679	0.3347	0.2707	0.2052	0.1494
2	0.0045	0.0164	0.0333	0.0536	0.0758	0.0988	0.1216	0.1438	0.1647	0.1839	0.2510	0.2707	0.2565	0.2240
3	0.0002	0.0011	0.0033	0.0072	0.0126	0.0198	0.0284	0.0383	0.0494	0.0613	0.1255	0.1805	0.2138	0.2240
4		0.0001	0.0003	0.0007	0.0016	0.0030	0.0050	0.0077	0.0111	0.0153	0.0471	0.0902	0.1336	0.1681
5				0.0001	0.0002	0.0003	0.0007	0.0012	0.0020	0.0031	0.0141	0.0361	0.0668	0.1008
6							0.0001	0.0002	0.0003	0.0005	0.0035	0.0120	0.0278	0.0504
7										0.0001	0.0008	0.0034	0.0099	0.0216
8											0.0002	0.0009	0.0031	0.0081
9												0.0002	0.0009	0.0027
10													0.0002	0.0008
11													0.0001	0.0002
12														0.0001

m \ λ	3.5	4.0	4.5	5	6	7	8	9	10	11	12	13	14	15
0	0.0302	0.0183	0.0111	0.0067	0.0025	0.0009	0.0003	0.0001						
1	0.1057	0.0733	0.0500	0.0337	0.0149	0.0064	0.0027	0.0011	0.0004	0.0002	0.0001			
2	0.1850	0.1465	0.1125	0.0842	0.0446	0.0223	0.0107	0.0050	0.0023	0.0010	0.0004	0.0002	0.0001	
3	0.2158	0.1954	0.1687	0.1404	0.0892	0.0521	0.0286	0.0150	0.0076	0.0037	0.0018	0.0008	0.0004	0.0002
4	0.1888	0.1954	0.1898	0.1755	0.1339	0.0912	0.0573	0.0337	0.0189	0.0102	0.0053	0.0027	0.0013	0.0006
5	0.1322	0.1563	0.1708	0.1755	0.1606	0.1277	0.0916	0.0607	0.0378	0.0224	0.0127	0.0071	0.0037	0.0019
6	0.0771	0.1042	0.1281	0.1462	0.1606	0.1490	0.1221	0.0911	0.0631	0.0411	0.0255	0.0151	0.0087	0.0048
7	0.0385	0.0595	0.0824	0.1044	0.1377	0.1490	0.1396	0.1171	0.0901	0.0646	0.0437	0.0281	0.0174	0.0104
8	0.0169	0.0298	0.0463	0.0653	0.1033	0.1304	0.1396	0.1318	0.1126	0.0888	0.0655	0.0457	0.0304	0.0195
9	0.0065	0.0132	0.0232	0.0363	0.0688	0.1014	0.1241	0.1318	0.1251	0.1085	0.0874	0.0660	0.0473	0.0324

m \ λ	3.5	4.0	4.5	5	6	7	8	9	10	11	12	13	14	15
10	0.0023	0.0053	0.0104	0.0181	0.0413	0.0710	0.0993	0.1186	0.1251	0.1194	0.1048	0.0859	0.0663	0.0486
11	0.0007	0.0019	0.0043	0.0082	0.0225	0.0452	0.0722	0.0970	0.1137	0.1194	0.1144	0.1015	0.0843	0.0663
12	0.0002	0.0006	0.0015	0.0034	0.0113	0.0264	0.0481	0.0728	0.0948	0.1094	0.1144	0.1099	0.0984	0.0828
13	0.0001	0.0002	0.0006	0.0013	0.0052	0.0142	0.0296	0.0504	0.0729	0.0926	0.1056	0.1099	0.1061	0.0956
14		0.0001	0.0002	0.0005	0.0023	0.0071	0.0169	0.0324	0.0521	0.0728	0.0905	0.1021	0.1061	0.1025
15			0.0001	0.0002	0.0009	0.0033	0.0090	0.0194	0.0347	0.0533	0.0724	0.0885	0.0989	0.1025
16				0.0001	0.0003	0.0015	0.0045	0.0109	0.0217	0.0367	0.0543	0.0719	0.0865	0.0960
17					0.0001	0.0006	0.0021	0.0058	0.0128	0.0237	0.0383	0.0551	0.0713	0.0847
18						0.0002	0.0010	0.0029	0.0071	0.0145	0.0255	0.0397	0.0554	0.0706
19						0.0001	0.0004	0.0014	0.0037	0.0084	0.0161	0.0272	0.0408	0.0557
20							0.0002	0.0006	0.0019	0.0046	0.0097	0.0177	0.0286	0.0418
21							0.0001	0.0003	0.0009	0.0024	0.0055	0.0109	0.0191	0.0299
22								0.0001	0.0004	0.0013	0.0030	0.0065	0.0122	0.0204
23									0.0002	0.0006	0.0016	0.0036	0.0074	0.0133
24									0.0001	0.0003	0.0008	0.0020	0.0043	0.0083
25										0.0001	0.0004	0.0011	0.0024	0.0050
26											0.0002	0.0005	0.0013	0.0029
27											0.0001	0.0002	0.0007	0.0017
28												0.0001	0.0003	0.0009
29													0.0002	0.0004
30													0.0001	0.0002
31														0.0001

λ=20						λ=30					
m	p	m	p	m	p	m	p	m	p	m	p
5	0.0001	20	0.0889	35	0.0007	10		25	0.0511	40	0.0139
6	0.0002	21	0.0846	36	0.0004	11		26	0.0590	41	0.0102
7	0.0006	22	0.0769	37	0.0002	12	0.0001	27	0.0655	42	0.0073
8	0.0013	23	0.0669	38	0.0001	13	0.0002	28	0.0702	43	0.0051
9	0.0029	24	0.0557	39	0.0001	14	0.0005	29	0.0727	44	0.0035
10	0.0058	25	0.0446			15	0.0010	30	0.0727	45	0.0023
11	0.0106	26	0.0343			16	0.0019	31	0.0703	46	0.0015
12	0.0176	27	0.0254			17	0.0034	32	0.0659	47	0.0010
13	0.0271	28	0.0183			18	0.0057	33	0.0599	48	0.0006

λ=20						λ=30					
m	p	m	p	m	p	m	p	m	p	m	p
14	0.0382	29	0.0125			19	0.0089	34	0.0529	49	0.0004
15	0.0517	30	0.0083			20	0.0134	35	0.0453	50	0.0002
16	0.0646	31	0.0054			21	0.0192	36	0.0378	51	0.0001
17	0.0760	32	0.0034			22	0.0261	37	0.0306	52	0.0001
18	0.0844	33	0.0021			23	0.0341	38	0.0242		
19	0.0889	34	0.0012			24	0.0426	39	0.0186		

附表 2　标准正态分布函数值表

$$\Phi(x) = \frac{1}{\sqrt{2\pi}} \int_{-\infty}^{x} e^{-\frac{u^2}{2}} du = \int_{-\infty}^{x} \varphi(u) du$$

x	0.00	0.01	0.02	0.03	0.04	0.05	0.06	0.07	0.08	0.09
0.0	0.5000	0.5040	0.5080	0.5120	0.5160	0.5199	0.5239	0.5279	0.5319	0.5359
0.1	0.5398	0.5438	0.5478	0.5517	0.5557	0.5596	0.5636	0.5675	0.5714	0.5753
0.2	0.5793	0.5832	0.5871	0.5910	0.5948	0.5987	0.6026	0.6064	0.6103	0.6141
0.3	0.6179	0.6217	0.6255	0.6293	0.6331	0.6368	0.6406	0.6443	0.6480	0.6517
0.4	0.6554	0.6591	0.6628	0.6664	0.6700	0.6736	0.6772	0.6808	0.6844	0.6879
0.5	0.6915	0.6950	0.6985	0.7019	0.7054	0.7088	0.7123	0.7157	0.7190	0.7224
0.6	0.7257	0.72.91	0.7324	0.7357	0.7389	0.7422	0.7454	0.7486	0.7517	0.7549
0.7	0.7580	0.7611	0.7642	0.7673	0.7703	0.7734	0.7764	0.7794	0.7823	0.7852
0.8	0.7881	0.7910	0.7939	0.7967	0.7995	0.8023	0.8051	0.8078	0.8106	0.8133
0.9	0.8159	0.8186	0.8212	0.8238	0.8264	0.8289	0.8315	0.8340	0.8365	0.8389
1.0	0.8413	0.8438	0.8461	0.8485	0.8508	0.8531	0.8554	0.8577	0.8599	0.8621
1.1	0.8643	0.8665	0.8686	0.8708	0.8729	0.8749	0.8770	0.8790	0.8810	0.8830
1.2	0.8849	0.8869	0.8888	0.8907	0.8925	0.8944	0.8962	0.8980	0.8997	0.9015
1.3	0.9032	0.9049	0.9066	0.9082	0.9099	0.9115	0.9131	0.9147	0.9162	0.9177
1.4	0.9192	0.9207	0.9222	0.9236	0.9251	0.9265	0.9278	0.9292	0.9306	0.9319
1.5	0.9332	0.9345	0.9357	0.9370	0.9382	0.9394	0.9406	0.9418	0.9430	0.9441
1.6	0.9452	0.9463	0.9474	0.9484	0.9495	0.9505	0.9515	0.9525	0.9535	0.9545
1.7	0.9554	0.9564	0.9573	0.9582	0.9591	0.9599	0.9608	0.9616	0.9625	0.9633
1.8	0.9641	0.9648	0.9656	0.9664	0.9671	0.9678	0.9686	0.9693	0.9700	0.9706
1.9	0.9713	0.9719	0.9726	0.9732	0.9738	0.9744	0.9750	0.9756	0.9762	0.9767
2.0	0.9772	0.9778	0.9783	0.9788	0.9793	0.9798	0.9803	0.9808	0.9812	0.9817
2.1	0.9821	0.9826	0.9830	0.9834	0.9838	0.9842	0.9846	0.9850	0.9854	0.9857
2.2	0.9861	0.9864	0.9868	0.9871	0.9874	0.9878	0.9881	0.9884	0.9887	0.9890
2.3	0.9893	0.9896	0.9898	0.9901	0.9904	0.9906	0.9909	0.9911	0.9913	0.9916
2.4	0.9918	0.9920	0.9922	0.9925	0.9927	0.9929	0.9931	0.9932	0.9934	0.9936
2.5	0.9938	0.9940	0.9941	0.9943	0.9945	0.9946	0.9948	0.9949	0.9951	0.9952
2.6	0.9953	0.9955	0.9956	0.9957	0.9959	0.9960	0.9961	0.9962	0.9963	0.9964
2.7	0.9965	0.9966	0.9967	0.9968	0.9969	0.9970	0.9971	0.9972	0.9973	0.9974
2.8	0.9974	0.9975	0.9976	0.9977	0.9977	0.9978	0.9979	0.9979	0.9980	0.9981
2.9	0.9981	0.9982	0.9982	0.9983	0.9984	0.9984	0.9985	0.9985	0.9986	0.9986
3.0	0.9987	0.9987	0.9987	0.9988	0.9988	0.9989	0.9989	0.9989	0.9990	0.9990
3.2	0.9993	0.9993	0.9994	0.9994	0.9994	0.9994	0.9994	0.9995	0.9995	0.9995
3.4	0.9997	0.9997	0.9997	0.9997	0.9997	0.9997	0.9997	0.9997	0.9997	0.9998
3.6	0.9998	0.9998	0.9999	0.9999	0.9999	0.9999	0.9999	0.9999	0.9999	0.9999
3.8	0.9999	0.9999	0.9999	0.9999	0.9999	0.9999	0.9999	0.9999	0.9999	0.9999
$\Phi(4.0)=0.999968329$			$\Phi(5.0)=0.9999997133$				$\Phi(6.0)=0.999999999$			

附表 3　T 分布的双侧临界值表

$$P(|t(n)|> t_\alpha(n)) = \alpha$$

α n	0.9	0.8	0.7	0.6	0.5	0.4	0.3	0.2	0.1	0.05	0.02	0.01	0.001
1	0.158	0.325	0.510	0.727	1.000	1.376	1.963	3.078	6.314	12.706	31.821	63.657	636.619
2	0.142	0.289	0.445	0.617	0.816	1.061	1.386	1.886	2.920	4.303	6.965	9.925	31.598
3	0.137	0.277	0.424	0.584	0.765	0.978	1.250	1.638	2.353	3.182	4.541	5.841	12.924
4	0.134	0.271	0.414	0.569	0.741	0.941	1.190	1.533	2.132	2.776	3.747	4.604	8.610
5	0.132	0.267	0.408	0.559	0.727	0.920	1.156	1.476	2.015	2.571	3.365	4.032	6.859
6	0.131	0.265	0.404	0.553	0.718	0.906	1.134	1.440	1.943	2.447	3.143	3.707	5.959
7	0.130	0.263	0.402	0.549	0.711	0.896	1.119	1.415	1.895	2.365	2.998	3.499	5.405
8	0.130	0.262	0.399	0.546	0.706	0.889	1.108	1.397	1.860	2.306	2.896	3.355	5.041
9	0.129	0.261	0.398	0.543	0.703	0.883	1.100	1.383	1.833	2.262	2.821	3.250	4.781
10	0.129	0.260	0.397	0.542	0.700	0.879	1.093	1.372	1.812	2.228	2.764	3.169	4.587
11	0.129	0.260	0.396	0.540	0.697	0.876	1.088	1.363	1.796	2.201	2.718	3.106	4.437
12	0.128	0.259	0.395	0.539	0.695	0.873	1.083	1.356	1.782	2.179	2.681	3.055	4.318
13	0.128	0.259	0.394	0.538	0.694	0.870	1.079	1.350	1.771	2.160	2.650	3.012	4.221
14	0.128	0.258	0.393	0.537	0.692	0.868	1.076	1.345	1.761	2.145	2.624	2.977	4.140
15	0.128	0.258	0.393	0.536	0.691	0.866	1.074	1.341	1.753	2.131	2.602	2.947	4.073
16	0.128	0.258	0.392	0.535	0.690	0.865	1.071	1.337	1.746	2.120	2.583	2.921	4.015
17	0.128	0.257	0.392	0.534	0.689	0.683	1.069	1.333	1.740	2.110	2.567	2.898	3.965
18	0.127	0.257	0.392	0.534	0.688	0.862	1.067	1.330	1.734	2.101	2.552	2.878	3.922
19	0.127	0.257	0.391	0.533	0.688	0.861	1.066	1.328	1.729	2..093	2.539	2.861	3.883
20	0.127	0.257	0.391	0.533	0.687	0.860	1.064	1.325	1.725	2.086	2.528	2.845	3.850
21	0.127	0.257	0.391	0.532	0.686	0.859	1.063	1.323	1.721	2.080	2.518	2.831	3.819
22	0.127	0.256	0.390	0.532	0.686	0.858	1.061	1.321	1.717	2.074	2.508	2.819	3.792
23	0.127	0.256	0.390	0.532	0.685	0.858	1.060	1.319	1.714	2.069	2.500	2.807	3.767
24	0.127	0.256	0.390	0.531	0.685	0.857	1.059	1.318	1.711	2.064	2.492	2.797	3.745
25	0.127	0.256	0.390	0.531	0.684	0.856	1.058	1.316	1.708	2.060	2.485	2.787	3.725
26	0.127	0.256	0.390	0.531	0.684	0.856	1.058	1.315	1.706	2.056	2.479	2.779	3.707
27	0.127	0.256	0.389	0.531	0.684	0.855	1.057	1.314	1.703	2.052	2.473	2.771	3.690
28	0.127	0.256	0.389	0.530	0.683	0.855	1.056	1.313	1.701	2.048	2.467	2.763	3.674
29	0.127	0.256	0.389	0.530	0.683	0.854	1.055	1.311	1.699	2.045	2.462	2.756	3.659
30	0.127	0.256	0.389	0.530	0.683	0.854	1.055	1.310	1.697	2.042	2.457	2.750	3.646
40	0.126	0.255	0.388	0.529	0.681	0.851	1.050	1.303	1.684	2.021	2.423	2.704	3.551
60	0.196	0.254	0.387	0.527	0.679	0.848	1.046	1.296	1.671	2.000	2.390	2.660	3.460
120	0.126	0.254	0.386	0.526	0.677	0.845	1.041	1.289	1.658	1.980	2.358	2.617	3.373
∞	0.126	0.253	0.385	0.524	0.674	0.849	1.036	1.282	1.645	1.960	2.326	2.576	3.291

附表 4 T 分布的单侧临界值表

$$P(t(n) > t_\alpha(n)) = \alpha$$

n \ α	0.25	0.10	0.05	0.025	0.01	0.005
1	1.0000	3.0777	6.3138	12.7062	31.8207	63.6574
2	0.8165	1.8856	2.9200	4.3027	6.9646	9.9248
3	0.7649	1.6377	2.3534	3.1824	4.5407	5.8409
4	0.7407	1.5332	2.1318	2.7764	3.7469	4.6041
5	0.7267	1.4759	2.0150	2.5706	3.3649	4.0322
6	0.7176	1.4398	1.9432	2.4469	3.1427	3.7074
7	0.7111	1.4149	1.8946	2.3646	2.9980	3.4995
8	0.7064	1.3968	1.8595	2.3060	2.8965	3.3554
9	0.7027	1.3830	1.8331	2.2622	2.8214	3.2498
10	0.6998	1.3722	1.8125	2.2281	2.7638	3.1693
11	0.6974	1.3634	1.7959	2.2010	2.7181	3.1058
12	0.6955	1.3562	1.7823	2.1788	2.6810	3.0545
13	0.6938	1.3502	1.7709	2.1604	2.6503	3.0123
14	0.6924	1.3450	1.7613	2.1448	2.6245	2.9768
15	0.6912	1.3406	1.7531	2.1315	2.6025	2.9467
16	0.6901	1.3368	1.7459	2.1199	2.5835	2.9208
17	0.6892	1.3334	1.7396	2.1098	2.5669	2.8982
18	0.6884	1.3304	1.7341	2.1009	2.5524	2.8784
19	0.6876	1.3277	1.7291	2.0930	2.5395	2.8609
20	0.6870	1.3253	1.7247	2.0860	2.5280	2.8453
21	0.6864	1.3232	1.7207	2.0796	2.5177	2.8314
22	0.6858	1.3212	1.7171	2.0739	2.5083	2.8188
23	0.6853	1.3195	1.7139	2.0687	2.4999	2.8073
24	0.6848	1.3178	1.7109	2.0639	2.4922	2.7969
25	0.6844	1.3163	1.7081	2.0595	2.4851	2.7874
26	0.6840	1.3150	1.7056	2.0555	2.4786	2.7787
27	0.6837	1.3137	1.7033	2.0518	2.4727	2.7707
28	0.6834	1.3125	1.7011	2.0484	2.4671	2.7633
29	0.6830	1.3114	1.6991	2.0452	2.4620	2.7564
30	0.6828	1.3104	1.6973	2.0423	2.4573	2.7500
31	0.6825	1.3095	1.6955	2.0395	2.4528	2.7440
32	0.6822	1.3086	1.6939	2.0369	2.4487	2.7385
33	0.6820	1.3077	1.6924	2.0345	2.4448	2.7333
34	0.6818	1.3070	1.6909	2.0322	2.4411	2.7284
35	0.6816	1.3062	1.6896	2.0301	2.4377	2.7238
36	0.6814	1.3055	1.6883	2.0281	2.4345	2.7195
37	0.6812	1.3049	1.6871	2.0262	2.4314	2.7154
38	0.6810	1.3042	1.6860	2.0244	2.4286	2.7116
39	0.6808	1.3036	1.6849	2.0227	2.4258	2.7079
40	0.6807	1.3031	1.6839	2.0211	2.4233	2.7045
41	0.6805	1.3025	1.6829	2.0195	2.4208	2.7012
42	0.6804	1.3020	1.6820	2.0181	2.4185	2.6981
43	0.6802	1.3016	1.6811	2.0167	2.4163	2.6951
44	0.6801	1.3011	1.6802	2.0154	2.4141	2.6923
45	0.6800	1.3006	1.6794	2.0141	2.4121	2.6896

附表5　χ^2分布表

$$P(\chi^2(n) > \chi_\alpha^2(n)) = \alpha$$

n \ α	0.995	0.99	0.975	0.95	0.90	0.75
1	-	-	0.001	0.004	0.016	0.102
2	0.010	0.020	0.051	0.103	0.211	0.575
3	0.072	0.115	0.216	0.352	0.584	1.213
4	0.207	0.297	0.484	0.711	11064	1.923
5	0.412	0.554	0.831	1I145	1.610	2.675
6	0.676	0.872	1.237	1.635	2.204	3.455
7	0.989	1.239	1.690	2.167	2.833	4.255
8	1.344	1.646	2.180	2.733	3.490	5.071
9	1.735	2.088	2.700	3.325	4.168	5.899
10	2.156	2.558	3.247	3.940	4.865	6.737
11	2.603	3.053	3.816	4.575	5.578	7.584
12	3.074	3.571	4.404	5.226	6.304	8.438
13	3.565	4.107	5.009	5.892	7.042	9.299
14	4.075	4.660	5.629	6.571	7.790	10.165
15	4.601	5.229	6.262	7.261	8.547	11.037
16	5.142	5.812	6.908	7.962	9.312	11.912
17	5.697	6.408	7.564	8.672	10.085	12.792
18	6.265	7.015	8.231	9.390	10.865	13.675
19	6.844	7.633	8.907	10.117	11.651	14.562
20	7.434	8.260	9.591	10.851	12.443	15.452
21	8.034	8.897	10.283	11.591	13.240	16.344
22	8.643	9.542	10.982	12.338	14.042	17.240
23	9.260	10.196	11.689	13.091	14.848	18.137
24	9.886	10.856	12.401	13.848	15.659	19.037
25	10.520	11.524	13.120	14.611	16.473	19.939
26	11.160	12.198	13.844	15.379	17.292	20.843
27	11.808	12.879	14.573	16.151	18.114	21.749
28	12.461	13.565	15.308	16.928	18.939	22.657
29	13.121	14.257	16.047	17.708	19.768	23.567
30	13.787	14.954	16.791	18.493	20.599	24.478
31	14.458	15.655	17.539	19.281	21.434	25.390
32	15.134	16.362	18.291	20.072	22.271	26.304
33	15.815	17.074	19.047	20.867	23.110	27.219
34	16.501	17.789	19.806	21.664	23.952	28.136
35	17.192	18.509	20.569	22.465	24.797	29.054
36	17.887	19.233	21.336	23.269	25.643	29.973
37	18.586	19.960	22.106	24.075	26.492	30.893
38	19.289	20.691	22.878	24.884	27.343	31.815
39	19.996	21.426	23.654	25.695	28.196	32.737
40	20.707	22.164	24.433	26.509	29.051	33.660
41	21.421	22.906	25.215	27.326	29.907	34.585
42	22.138	23.650	25.999	28.144	30.765	35.510
43	22.859	24.398	26.785	28.965	31.625	36.436
44	23.584	25.148	27.575	29.787	32.487	37.363
45	24.311	25.901	28.366	30.612	33.350	38.291

$$P(\chi^2(n) > \chi_\alpha^2(n)) = \alpha$$

n \ α	0.25	0.10	0.05	0.025	0.01	0.005
1	1.323	2.706	3.841	5.024	6.635	7.879
2	2.773	4.605	5.991	7.378	9.210	10.597
3	4.108	6.251	7.815	9.348	11.345	12.838
4	5.385	7.779	9.488	11.143	13.277	14.860
5	6.626	9.236	11.071	12.833	15.086	16.750
6	7.841	10.645	12.592	14.449	16.812	18.548
7	9.037	12.017	14.067	16.013	18.475	20.278
8	10.219	13.362	15.507	17.535	20.090	21.955
9	11.389	14.684	16.919	19.023	21.666	23.589
10	12.549	15.987	18.307	20.483	23.209	25.188
11	13.701	17.275	19.675	21.920	24.725	26.757
12	14.845	18.549	21.026	23.337	26.217	28.299
13	15.984	19.812	22.362	24.736	27.688	29.819
14	17.117	21.064	23.685	26.119	29.141	31.319
15	18.245	22.307	24.996	27.488	30.578	32.801
16	19.369	23.542	26.296	28.845	32.000	34.267
17	20.489	24.769	27.587	30.191	33.409	35.718
18	21.605	25.989	28.869	31.526	34.805	37.156
19	22.718	27.204	30.144	32.852	36.191	38.582
20	23.828	28.412	31.410	34.170	37.566	39.997
21	24.935	29.615	32.671	35.479	38.932	41.401
22	26.039	30.813	33.924	36.781	40.289	42.796
23	27.141	32.007	35.172	38.076	41.638	44.181
24	28.241	33.196	36.415	39.364	42.980	45.559
25	29.339	34.382	37.652	40.646	44.314	46.928
26	30.435	35.563	38.885	41.923	45.642	48.290
27	31.528	36.741	40.113	43.194	46.963	49.645
28	32.620	37.916	41.337	44.461	48.278	50.993
29	33.711	39.087	42.557	45.722	49.588	52.336
30	34.800	40.256	43.773	46.979	50.892	53.672
31	35.887	41.422	44.985	48.232	52.191	55.003
32	36.973	42.585	46.194	49.480	53.486	56.328
33	38.058	43.745	47.400	50.725	54.776	57.048
34	39.141	44.903	48.602	51.966	56.061	58.964
35	40.223	46.059	49.802	53.203	57.342	60.275
36	41.304	47.212	50.998	54.437	58.619	61_581
37	42.383	48.363	52.192	55.668	59.892	62.883
38	43.462	49.513	53.384	56.896	61.162	64.181
39	44.539	50.660	54.572	58.120	62.428	65.476
40	45.616	51I805	55.758	59.342	63.691	66.766
41	46.692	52.949	56.942	60.561	64.950	68.053
42	47.766	54.090	58.124	61.777	66.206	69.336
43	48.840	55.230	59.304	62.990	67.459	70.616
44	49.913	56.369	60.481	64.201	68.710	71.893
45	50.985	57.505	61.656	65.410	69.957	73.166

附表 6　F 分布表

$$P(F(n_1, n_2) > F_\alpha(n_1, n_2)) = \alpha$$

$$\alpha = 0.01$$

n_1 / n_2	1	2	3	4	5	6	7	8	9	10	12	15	20	24	30	40	60	120	∞
1	4052	4999	5403	5625	5764	5859	5928	5982	6022	6056	6106	6157	6209	6235	6261	6287	6313	6339	6366
2	98.50	99.00	99.17	99.25	99.30	99.33	99.36	99.37	99.39	99.40	99.42	99.43	99.45	99.46	99.47	99.47	99.48	99.49	99.50
3	34.12	30.82	29.46	28.71	28.24	27.91	27.67	27.49	27.35	27.23	27.05	26.87	Z6.69	26.60	26.50	26.41	26.32	26.22	26.13
4	21.20	18.00	16.69	15.98	15.52	15.21	14.98	14.80	14.66	14.55	14.37	14.20	14.02	13.93	13.84	13.75	13.65	13.56	13.46
5	16.26	13.27	12.06	11.39	10.97	10.67	10.46	10.29	10.16	10.05	9.89	9.72	9.55	9.47	9.38	9.29	9.20	9.11	9.02
6	13.75	10.92	9.78	9.15	8.75	8.47	8.26	8.10	7.98	7.87	7.72	7.56	7.40	7.31	7.23	7.14	7.06	6.97	6.88
7	12.25	9.55	8.45	7.85	7.46	7.19	6.99	6.84	6.72	6.62	6.47	6.31	6.16	6.07	5.99	5.91	5.82	5.74	5.65
8	11.26	8.65	7.59	7.01	6.63	6.37	6.18	6.03	5.91	5.81	5.67	5.52	5.36	5.28	5.20	5.12	5.03	4.95	4.86
9	10.56	8.02	6.99	6.42	6.06	5.80	5.61	5.47	5.35	5.26	5.11	.96	4.81	4.73	4.65	4.57	4.48	4.40	4.31
10	10.04	7.56	6.55	5.99	5.64	5.39	5.20	5.06	4.94	4.85	4.71	4.56	4.41	4.33	4.25	.4.17	4.08	4.00	3.91
11	9.65	7.21	6.22	5.67	5.32	5.07	4.89	4.74	4.63	4.54	4.40	4.25	4.10	4.02	3.94	3.86	4.78	3.69	3.60
12	9.33	6.93	5.95	5.41	5.06	4.82	4.64	4.50	4.39	4.30	4.16	4.01	3.86	3.78	3.70	3.62	3.54	3.45	3.36
13	9.07	6.70	5.74	5.21	4.86	4.62	4.44	4.30	4.19	3.10	3.96	3.82	3.66	3.59	3.51	3.43	3.34	3.25	3.17
14	8.86	6.51	5.56	5.04	4.69	4.46	4.28	.4.14	4.03	3.94	3.80	3.66	3.51	3.43	3.35	3.27	3.18	3.09	3.00
15	8.68	6.36	5.42	4.89	4.56	4.32	4.14	4.00	3.89	3.80	3.67	3.52	3.37	3.29	3.21	3.13	3.05	2.96	2.87
16	8.53	6.23	5.29	4.77	4.44	4.20	4.03	3.89	3.78	3.69	3.55	3.41	3.26	3.18	3.10	3.02	2.93	2.84	2.75
17	8.40	6.11	5.18	4.67	4.34	4.10	3.93	3.79	3.68	3.59	3.46	3.31	3.16	3.08	3.00	2.92	2.83	2.75	2.65
18	8.29	6.01	5.09	4.58	4.25	4.01	3.84	3.71	3.60	3.51	3.37	3.23	3.08	3.00	2.92	2.84	2.75	2.66	2.57
19	8.18	5.93	5.01	4.50	4.17	3.94	3.77	3.63	3.52	3.43	3.30	3.15	3.00	2.92	2.84	2.76	2.67	2.58	2.49
20	8.10	5.85	4.94	4.43	4.10	3.87	3.70	3.56	3.46	3.37	3.23	3.09	2.94	2.86	2.78	2.69	2.61	2.52	2.42
21	8.02	5.78	4.87	4.37	4.04	3.81	3.64	3.51	3.40	3.31	3.17	3.03	2.88	2.80	2.72	2.64	2.55	2.46	2.36
22	7.95	5.72	4.82	4.31	3.99	3.76	3.59	3.45	3.35	3.26	3.12	2.98	2.83	2.75	2.67	2.58	2.50	2.40	2.31
23	7.88	5.66	4.76	4.26	3.94	3.71	3.54	3.41	3.30	3.21	3.07	2.93	2.78	2.70	2.62	2.54	2.45	2.35	2.26
24	7.82	5.61	4.72	4.22	3.90	3.67	3.50	3.36	3.26	3.17	3.03	2.89	2.74	2.66	2.58	2.49	2.40	2.31	2.21
25	7.77	5.57	4.68	4.18	3.85	3.63	3.46	3.32	3.22	3.13	2.99	2.85	2.70	2.62	2.54	2.45	2.36	2.27	2.17
26	7.72	5.53	4.64	4.14	3.82	3.59	3.42	3.29	3.18	3.09	2.96	2.81	2.66	2.58	2.50	2.42	2.33	2.23	2.13
27	7.68	5.49	4.60	4.11	3.78	3.56	3.39	3.26	3.15	3.06	2.93	2.78	2.63	2.55	2.47	2.38	2.29	2.20	2.10
28	7.64	5.45	4.57	4.07	3.75	3.53	3.36	3.23	3.12	3.03	2.90	2.75	2.60	2.52	2.44	2.35	2.26	2.17	2.06
29	7.60	5.42	4.54	4.04	3.73	3.50	3.33	3.20	3.09	3.00	2.87	2.73	2.57	2.49	2.41	2.33	2.23	2.14	2.03
30	7.56	5.39	4.51	4.02	3.70	3.47	3.30	3.17	3.07	2.98	2.84	2.70	2.55	2.47	2.39	2.30	2.21	2.11	2.01
40	7.31	5.18	4.31	3.83	3.51	3.29	3.12	2.99	2.89	2.80	2.66	2.52	2.37	2.29	2.20	2.11	2.02	1.92	1.80
60	7.08	4.98	4.13	3.65	3.34	3.12	2.95	2.82	2.72	2.63	2.50	2.35	2.20	2.12	2.03	1.94	1.84	1.73	1.60
120	6.85	4.79	3.95	3.48	3.17	2.96	2.79	2.66	2.56	2.47	2.34	2.19	2.03	1.95	1.86	1.76	1.66	1.53	1.38
∞	6.63	4.61	3.78	3.32	3.02	2.80	2.64	2.51	2.41	2.32	2.18	2.04	1.88	1.79	1.70	1.59	1.47	1.32	1.00

$$P(F(n_1,n_2) > F_\alpha(n_1,n_2)) = \alpha$$

$$\alpha = 0.025$$

n_1 / n_2	1	2	3	4	5	6	7	8	9	10	12	15	20	24	30	40	60	120	∞
1	647.8	799.5	864.2	899.6	921.8	937.1	948.2	956.7	963.3	968.6	976.7	984.9	993.1	997.2	1001	1006	1010	1014	1018
2	38.51	39.00	39.17	39.25	39.30	39.33	39.36	39.37	39.39	39.40	39.41	39.43	39.45	39.46	39.46	39.47	39.48	39.49	39.50
3	17.44	16.04	15.44	15.10	14.88	14.73	14.62	14.54	14.47	14.42	14.34	14.25	14.17	14.12	14.08	14.04	13.99	13.95	13.90
4	12.22	10.65	9.98	9.60	9.36	9.20	9.07	8.98	8.90	8.84	8.75	8.66	8.56	8.51	8.46	8.41	8.36	8.31	8.26
5	10.01	8.43	7.76	7.39	7.15	6.98	6.85	6.76	6.68	6.62	6.52	6.43	6.33	6.28	6.23	6.18	6.12	6.07	6.02
6	8.81	7.26	6.60	6.23	5.99	5.82	5.70	5.60	5.52	5.46	5.37	5.27	5.17	5.12	5.07	5.01	4.96	4.90	4.85
7	8.07	6.54	5.89	5.52	5.29	5.12	4.99	4.90	4.82	4.76	4.67	4.57	4.47	4.42	4.36	4.31	4.25	4.20	4.14
8	7.57	6.06	5.42	5.05	4.82	4.65	4.53	4.43	4.36	4.30	4.20	4.10	4.00	3.95	3.89	3.84	3.78	3.37	3.67
9	7.21	5.71	5.08	4.72	4.48	4.32	4.20	4.10	4.03	3.96	3.87	3.77	3.67	3.61	3.56	3.51	3.45	3.39	3.33
10	6.94	5.46	4.83	4.47	4.24	4.07	3.95	3.85	3.78	3.72	3.62	3.52	3.42	3.37	3.31	3.26	3.20	3.14	3.08
11	6.72	5.26	4.63	4.28	4.04	3.88	3.76	3.66	3.59	3.53	3.43	3.33	3.23	3.17	3.12	3.06	3.00	2.94	2.88
12	6.55	5.10	4.47	4.12	3.89	3.73	3.61	3.51	3.44	3.37	3.28	3.18	3.07	3.02	2.96	2.91	2.85	2.79	2.72
13	6.41	4.97	4.35	4.00	3.77	3.60	3.48	3.39	3.31	3.25	3.15	3.05	2.95	2.89	2.84	2.78	2.72	2.66	2.60
14	6.30	4.86	4.24	3.89	3.66	3.50	3.38	3.29	3.21	3.15	3.05	Z.95	2.84	2.79	2.73	2.67	2.61	2.55	2.49
15	6.20	4.77	4.15	3.80	3.58	3.41	3.29	3.20	3.12	3.06	2.96	2.86	2.76	2.70	2.64	2.59	2.52	2.46	2.40
16	6.12	4.69	4.08	3.73	3.50	3.34	3.22	3.12	3.05	2.99	2.89	2.79	2.86	2.63	2.57	2.51	2.45	2.38	2.32
17	6.04	4.62	4.01	3.66	3.44	3.28	3.16	3.06	2.98	2.92	2.82	2.72	2.62	2.56	2.50	2.44	2.38	2.32	2.25
18	5.98	4.56	3.95	3.61	3.38	3.22	3.10	3.01	2.93	2.87	2.77	2.67	2.56	2.50	2.44	2.38	2.32	2.26	2.19
19	5.92	4.51	3.90	3.56	3.33	3.17	3.05	2.96	2.88	2.82	2.72	2.62	2.51	2.45	2.39	2.33	2.27	2.20	2.13
20	5.87	4.46	3.86	3.51	3.29	3.13	3.01	2.91	2.84	2.77	2.68	2.57	2.46	2.41	2.35	2.29	2.22	2.16	2.09
21	5.83	4.42	3.82	3.48	3.25	3.09	2.97	2.87	2.80	2.73	2.64	2.53	2.42	2.37	2.31	2.25	2.18	2.11	2.04
22	5.79	4.38	3.78	3.44	3.22	3.05	2.93	2.84	2.76	2.70	2.60	2.50	2.39	2.33	2.27	2.21	2.14	2.08	2.00
23	5.75	4.35	3.75	3.41	3.18	3.02	2.90	2.81	2.73	2.67	2.57	2.47	2.36	2.30	2.24	2.18	2.11	2.04	1.97
24	5.72	4.32	3.72	3.38	3.15	2.99	2.87	2.78	2.70	2.64	2.54	2.44	2.33	2.27	2.21	2.15	2.08	2.01	1.94
25	5.69	4.29	3.69	3.35	3.13	2.97	2.85	2.75	2.68	2.61	2.51	2.41	2.30	2.24	2.18	2.12	2.05	1.98	1.91
26	5.66	4.27	3.67	3.33	3.10	2.94	2.82	2.73	2.65	2.59	2.49	2.39	2.28	2.22	2.16	2.09	2.03	1.95	1.88
27	5.63	4.24	3.65	3.31	3.08	2.92	2.80	2.71	2.63	2.57	2.47	2.36	2.25	2.19	2.13	2.07	2.00	1.93	1.85
28	5.61	4.22	3.63	3.29	3.06	2.90	2.78	2.69	2.61	2.55	2.45	2.34	2.23	2.17	2.11	2.05	1.98	1.91	1.83
29	5.59	4.20	3.61	3.27	3.04	2.88	2.76	2.67	2.59	2.53	2.43	2.32	2.21	2.15	2.09	2.03	1.96	1.89	1.81
30	5.57	4.18	3.59	3.25	3.03	2.87	2.75	2.65	2.57	2.51	2.41	2.31	2.20	2.14	2.07	2.01	1.94	1.87	1.79
40	5.42	4.05	3.46	3.13	2.90	2.74	3.62	2.53	2.45	2.39	2.29	2.18	2.07	2.01	1.94	1.88	1.80	1.72	1.64
60	5.29	3.93	3.34	3.01	2.79	2.63	2.51	2.41	2.33	2.27	2.17	2.06	1.94	1.88	1.82	1.74	1.67	1.58	1.48
120	5.15	3.80	3.23	2.89	2.67	2.52	2.39	2.30	2.22	2.16	2.05	1.94	1.82	1.76	1.69	1.61	1.53	1.43	1.31
∞	5.02	3.69	3.12	2.79	2.57	2.41	2.29	2.19	2.11	2.05	1.94	1.83	1.71	1.64	1.57	1.48	1.39	1.27	1.00

$$P(F(n_1,n_2) > F_\alpha(n_1,n_2)) = \alpha$$

$$\alpha = 0.05$$

n_2 \ n_1	1	2	3	4	5	6	7	8	9	10	12	15	20	24	30	40	60	120	∞
1	161.4	199.5	215.7	224.6	230.2	234.0	236.8	238.9	240.5	241.9	243.9	245.9	248.0	249.1	250.1	251.1	252.2	253.3	254.3
2	18.51	19.00	19.16	19.25	19.30	19.33	19.35	19.37	19.38	19.40	19.41	19.43	19.45	19.45	19.46	19.47	19.48	19.49	19.50
3	10.13	9.55	9.28	9.12	9.01	8.94	8.89	8.85	8.81	8.79	8.74	8.70	8.66	8.64	8.62	8.59	8.57	8.55	8.53
4	7.71	6.94	6.59	6.39	6.26	6.16	6.09	6.04	6.00	5.96	5.91	5.86	5.80	5.77	5.75	5.72	5.69	5.66	5.63
5	6.61	5.79	5.41	5.19	5.05	4.95	4.88	4.82	4.77	4.74	4.68	4.62	4.56	4.53	4.50	4.46	4.43	4.40	4.36
6	5.99	5.14	4.76	4.53	4.39	4.28	4.21	4.15	4.10	4.06	4.00	3.94	3.87	3.84	3.81	3.77	3.74	3.70	3.67
7	5.59	4.74	4.35	4.12	3.97	3.87	3.79	3.73	3.68	3.64	3.57	3.51	3.44	3.41	3.38	3.34	3.30	3.27	3.23
8	5.3Z	4.46	4.07	3.84	3.69	3.58	3.50	3.44	3.39	3.35	3.28	3.22	3.15	3.12	3.08	3.04	3.01	2.97	2.93
9	5.12	4.26	3.86	3.63	3.48	3.37	3.29	3.23	3.18	3.14	3.07	3.01	2.94	2.90	2.86	2.83	2.79	2.75	2.71
10	4.96	4.10	3.71	3.48	3.33	3.22	3.14	3.07	3.02	2.98	2.91	2.85	2.77	2.74	2.70	2.66	2.62	2.58	2.54
11	4.84	3.98	3.59	3.36	3.20	3.09	3.01	2.95	2.90	2.85	2.79	2.72	2.65	2.61	2.57	2.53	2.49	2.45	2.40
12	4.75	3.89	3.49	3.26	3.11	3.00	2.91	2.85	2.80	2.75	2.69	2.62	2.54	2.51	2.47	2.43	2.38	2.34	2.30
13	4.67	3.81	3.41	3.18	3.03	2.92	2.83	2.77	2.71	2.67	2.60	2.53	2.46	2.42	2.38	2.34	2.30	2.25	2.21
14	4.60	3.74	3.34	3.11	2.96	2.85	2.76	2.70	2.65	2.60	2.53	2.46	2.39	2.35	2.31	2.27	2.22	2.18	2.13
15	4.54	3.68	3.29	3.06	2.90	2.79	2.71	2.64	2.59	2.54	2.48	2.40	2.33	2.29	2.25	2.20	2.16	2.11	2.07
16	4.49	3.63	3.24	3.01	2.85	2.74	2.66	2.59	2.54	2.49	2.42	2.35	2.28	2.24	2.19	2.15	2.11	2.06	2.01
17	4.45	3.59	3.20	2.96	2.81	2.70	2.61	2.55	2.49	2.45	2.38	2.31	2.23	2.19	2.15	2.10	2.06	2.01	1.96
18	4.41	3.55	3.16	2.93	2.77	2.66	2.58	2.51	2.46	2.41	2.34	2.27	2.19	2.15	2.11	2.06	2.02	1.97	1.92
19	4.38	3.52	3.13	2.90	2.74	2.63	2.54	2.48	2.42	2.38	2.31	2.23	2.16	2.11	2.07	2.03	1.98	1.93	1.88
20	4.35	3.49	3.10	2.87	2.71	2.60	2.51	2.45	2.39	2.35	2.28	2.20	2.12	2.08	2.04	1.99	1.95	1.90	1.84
21	4.32	3.47	3.07	2.84	2.68	2.57	2.49	2.42	2.37	2.3Z	2.25	2.18	2.10	2.05	2.01	1.96	1.92	1.87	1.81
22	4.30	3.44	3.05	2.82	2.66	2.55	2.46	2.40	2.34	2.30	2.23	2.15	2.07	2.03	1.98	1.94	1.89	1.84	1.78
23	4.28	3.42	3.03	2.80	2.64	2.53	2.44	2.37	2.32	2.27	2.20	2.13	2.05	2.01	1.96	1.91	1.86	1.81	1.76
24	4.26	3.40	3.01	2.78	2.62	2.51	2.42	2.36	2.30	2.25	2.18	2.11	2.03	1.98	1.94	1.89	1.84	1.79	1.73
25	4.24	3.39	2.99	2.76	2.60	2.49	2.40	2.34	2.28	2.24	2.16	2.09	2.01	1.96	1.92	1.87	1.82	1.77	1.71
26	4.23	3.37	2.98	2.74	2.59	2.47	2.39	2.32	2.27	2.22	2.15	2.07	1.99	1.95	1.90	1.85	1.80	1.75	1.69
27	4.21	3.35	2.96	2.73	2.57	2.46	2.37	2.31	2.25	2.20	2.13	2.06	1.97	1.93	1.88	1.84	1.79	1.73	1.67
28	4.20	3.34	2.95	2.71	2.56	2.45	2.36	2.29	2.24	2.19	2.12	2.04	1.96	1.91	1.87	1.82	1.77	1.71	1.65
29	4.18	3.33	2.93	2.70	Z.55	2.43	2.35	2.28	Z.22	2.18	2.10	2.03	1.94	1.90	1.85	1.81	1.75	1.70	1.64
30	4.17	3.32	2.92	2.69	2.53	2.42	2.33	2.27	2.21	2.16	2.09	2.01	1.93	1.89	1.84	1.79	1.74	1.68	1.62
40	4.08	3.23	2.84	2.61	2.45	2.34	2.25	2.18	2.12	2.08	2.00	1.92	1.84	1.79	1.74	1.69	1.64	1.58	1.51
60	4.00	3.15	2.76	2.53	2.37	2.25	2.17	2.10	2.04	1.99	1.92	1.84	1.75	1.70	1.65	1.59	1.53	1.47	1.39
120	3.92	3.07	2.68	Z.45	2.29	2.17	2.09	2.02	1.96	1.91	1.83	1.75	1.66	1.61	1.55	1.50	1.43	1.35	1.25
∞	3.84	3.00	2.60	2.37	2.21	2.10	2.01	1.94	1.88	1.83	1.75	1.67	1.57	1.52	1.46	1.39	1.32	1.22	1.00

$$P(F(n_1,n_2) > F_\alpha(n_1,n_2)) = \alpha$$

$$\alpha = 0.10$$

n_1 / n_2	1	2	3	4	5	6	7	8	9	10	12	15	20	24	30	40	60	120	∞
1	39.86	49.50	53.59	55.83	57.24	58.20	58.91	59.44	59.86	60.19	60.71	61.22	61.74	62.00	62.26	62.53	62.79	63.06	63.33
2	8.53	9.00	9.16	9.24	9.29	9.33	9.35	9.37	9.38	9.39	9.41	9.42	9.44	9.45	9.46	9.47	9.47	9.48	9.49
3	5.54	5.46	5.39	5.34	5.31	5.28	5.27	5.25	5.24	5.23	5.22	5.20	5.18	5.18	5.17	5.16	5.15	5.14	5.13
4	4.54	4.32	4.19	4.11	4.05	4.01	3.98	3.95	3.94	3.92	3.90	3.87	3.84	3.83	3.82	3.80	3.79	3.78	3.76
5	4.06	3.78	3.62	3.52	3.45	3.40	3.37	3.34	3.32	3.30	3.27	3.24	3.21	3.19	3.17	3.16	3.14	3.12	3.10
6	3.78	3.46	3.29	3.18	3.11	3.05	3.01	2.98	2.96	2.94	2.90	2.87	2.84	2.82	2.80	2.78	2.76	2.74	2.72
7	3.59	3.26	3.07	2.96	2.88	2.83	2.78	2.75	2.72	2.70	2.67	2.63	2.59	2.58	2.56	2.54	2.51	2.49	2.47
8	3.46	3.11	2.92	2.81	2.73	2.67	2.62	2.59	2.56	2.54	2.50	2.46	2.42	2.40	2.38	2.36	2.34	2.32	2.29
9	3.36	3.01	2.81	2.69	2.61	2.55	2.51	2.47	2.44	2.42	2.38	2.34	2.30	2.28	2.25	2.23	2.21	2.18	2.16
10	3.29	2.92	2.73	2.61	2.52	2.46	2.41	2.38	2.35	2.32	2.28	2.24	2.20	2.18	2.16	2.13	2.11	2.08	2.06
11	3.23	2.86	2.66	2.54	2.45	2.39	2.34	2.30	2.27	2.25	2.21	2.17	2.12	2.10	2.08	2.05	2.03	2.00	1.97
12	3.18	2.81	2.61	2.48	2.39	2.33	2.28	2.24	2.21	2.19	2.15	2.10	2.06	2.04	2.01	1.99	1.96	1.93	1.90
13	3.14	2.76	2.56	2.43	2.35	2.28	2.23	2.20	2.16	2.14	2.10	2.05	2.01	1.98	1.96	1.93	1.90	1.88	1.85
14	3.10	2.73	2.52	2.39	2.31	2.24	2.19	2.15	2.12	2.10	2.05	2.01	1.96	1.94	1.91	1.89	1.86	1.83	1.80
15	3.07	2.70	2.49	2.36	2.27	2.21	2.16	2.12	2.09	2.06	2.02	1.97	1.92	1.90	1.87	1.85	1.82	1.79	1.76
16	3.05	2.67	2.46	2.33	2.24	2.18	2.13	2.09	2.06	2.03	1.99	1.94	1.89	1.87	1.84	1.81	1.78	1.75	1.72
17	3.03	2.64	2.44	2.31	2.22	2.15	2.10	2.06	2.03	2.00	1.96	1.91	1.86	1.84	1.81	1.78	1.75	1.72	1.69
18	3.01	2.62	2.42	2.29	2.20	2.13	2.08	2.04	2.00	1.98	1.93	1.89	1.84	1.81	1.78	1.75	1.72	1.69	1.66
19	2.99	2.61	2.40	2.27	2.18	2.11	2.06	2.02	1.98	1.96	1.91	1.86	1.81	1.79	1.76	1.73	1.70	1.67	1.63
20	2.97	2.59	2.38	2.25	2.16	2.09	2.04	2.00	1.96	1.94	1.89	1.84	1.79	1.77	1.74	1.71	1.68	1.64	1.61
21	2.96	2.57	2.36	2.23	2.14	2.08	2.02	1.98	1.95	1.92	1.87	1.83	1.78	1.75	1.72	1.69	1.66	1.62	1.59
22	2.95	2.56	2.35	2.22	2.13	2.06	2.01	1.97	1.93	1.90	1.86	1.81	1.76	1.73	1.70	1.67	1.64	1.60	1.57
23	2.94	2.55	2.34	2.21	2.11	2.05	1.99	1.95	1.92	1.89	1.84	1.80	1.74	1.72	1.69	1.66	1.62	1.59	1.55
24	2.93	2.54	2.33	2.19	2.10	2.04	1.98	1.94	1.91	1.88	1.83	1.78	1.73	1.70	1.67	1.64	1.61	1.57	1.53
25	2.92	2.53	2.32	2.18	2.09	2.02	1.97	1.93	1.89	1.87	1.82	1.77	1.72	1.69	1.66	1.63	1.59	1.56	1.52
26	2.91	2.52	2.31	2.17	2.08	2.01	1.96	1.92	1.88	1.86	1.81	1.76	1.71	1.68	1.65	1.6i	1.58	1.54	1.50
27	2.90	2.51	2.30	2.17	2.07	2.00	1.95	1. 91	1.87	1.85	1.80	1.75	1.70	1.67	1.64	1.60	1.57	1.53	1.49
28	2.89	2.50	2.29	2.16	2.06	2.00	1.94	1.90	1.87	1.84	1.79	1.74	1.69	1.66	1.63	1.59	1.56	1.52	1.48
29	2.89	2.50	2.28	2.15	2.06	1.99	1.93	1.89	1.86	1.83	1.78	1.73	1.68	1.65	1.62	1.58	1.55	1.51	1.47
30	2.88	2.49	2.28	2.14	2.05	1.98	1.93	1.88	1.85	1.82	1.77	1.72	1.67	1.64	1.61	1.57	1.54	1.50	1.46
40	2.84	2.44	2.23	2.09	2.00	1.93	1.87	1.83	1.79	1.76	1.71	1.66	1.61	1.57	1.54	1.51	1.47	1.42	1.38
60	2.79	2.39	2.18	2.04	1.95	1.87	1.82	1.77	1.74	1.71	1.66	1.60	1.54	1.51	1.48	1.44	1.40	1.35	1.29
120	2.75	2.35	2.13	1.99	1.90	1.82	1.77	1.72	1.68	1.65	1.60	1.55	1.48	1.45	1.41	1.37	1.32	1.26	1.19
∞	2.71	2.30	2.08	1.94	1.85	1.77	1.72	1.67	1.63	1.60	1.55	1.49	1.42	1.38	1.34	1.30	1.24	1.17	1.00